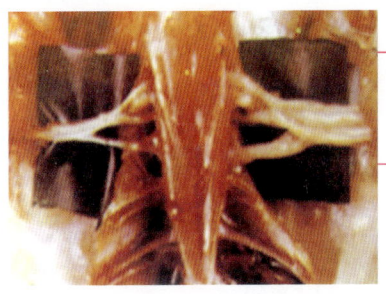

彩图6 鸡马立克氏病：患病鸡一侧坐骨神经肿粗

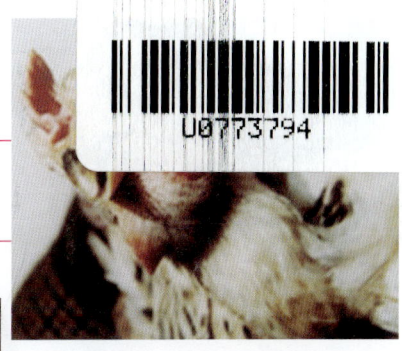

彩图7 禽流感：患病鸡下颌部高度肿胀与发热

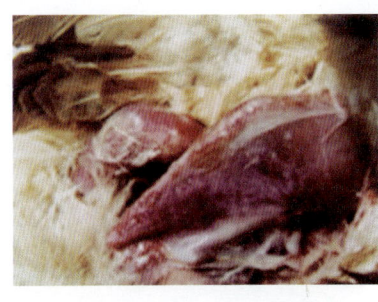

彩图8 禽流感：患病鸡胸肌淤血，胸骨滑液囊组织黄色胶冻样浸润

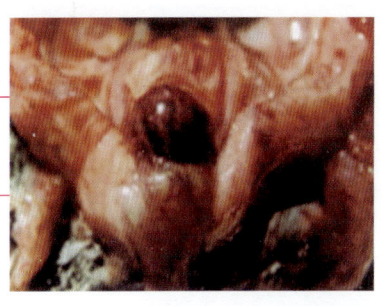

彩图9 禽流感：患病鸡法氏囊出血

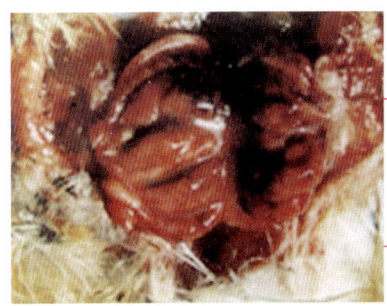

彩图10 鸡传染性法氏囊病：患病鸡黏膜水肿，黏膜表面附着多量奶油样黏液

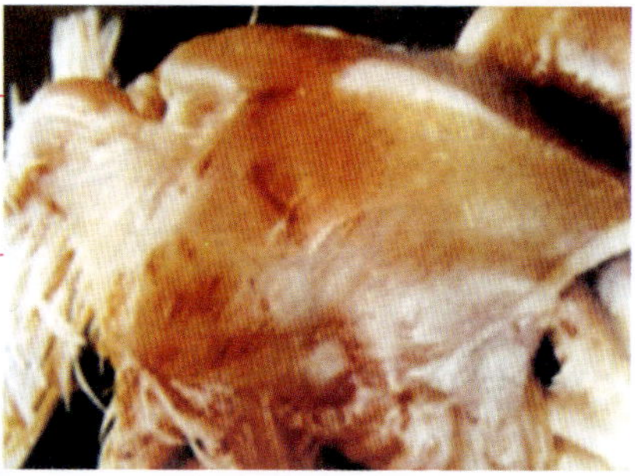

彩图11　鸡传染性法氏囊病：患病鸡胸肌出血

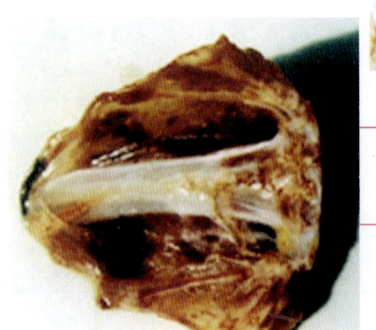

彩图12　鸡传染性法氏囊病：患病鸡龙骨两侧的胸部肌肉严重出血

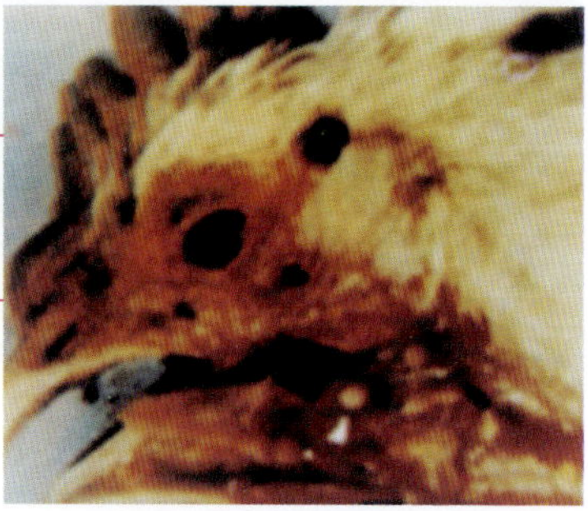

彩图13　鸡痘（白喉型）：患病鸡口腔、咽及食管黏膜病变

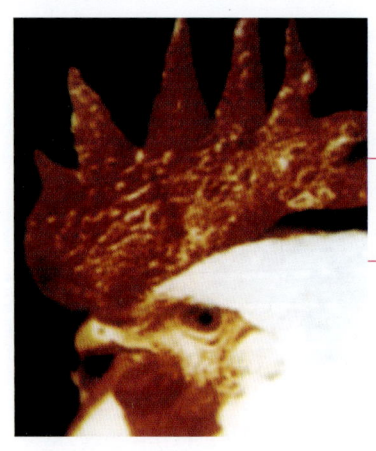

彩图14　鸡痘（皮肤型）：患病鸡冠部病变

彩图15　鸡传染性喉气管炎：患病鸡精神沉郁，厌食，张口喘气，咳嗽

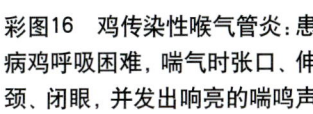

彩图16 鸡传染性喉气管炎:患病鸡呼吸困难,喘气时张口、伸颈、闭眼,并发出响亮的喘鸣声

彩图17 鸡传染性喉气管炎:患病鸡喉头气管黏膜出血,气管内有暗红色的血凝块

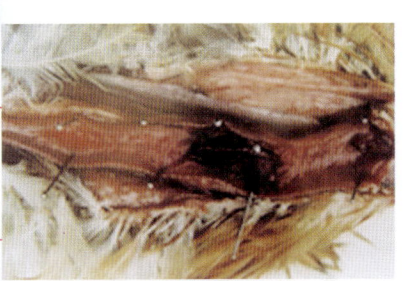

彩图18 鸡传染性喉气管炎:患病鸡喉头黏膜出血,气管腔内有黄色柱状纤维素性渗出物

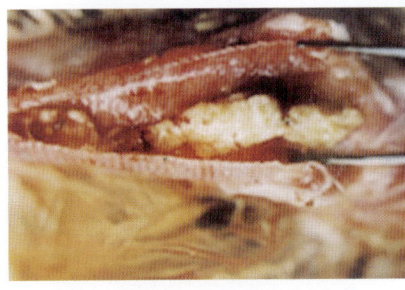

彩图19 鸡传染性支气管炎:患病鸡呼吸困难,张口喘气

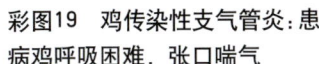

彩图20 鸡传染性支气管炎:患病鸡支气管腔内有灰白色条索状干酪样渗出物

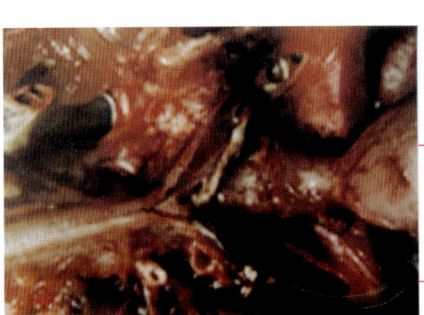

彩图21 鸡传染性支气管炎：患病鸡肾脏肿大苍白，肾小管充满白色尿酸盐

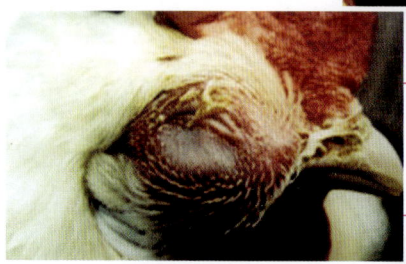

彩图22 鸡传染性鼻炎：患病鸡鼻窦部肿胀，眼和鼻孔周围有干酪样分泌物附着

彩图23 鸡减蛋综合征：患病母鸡所产的蛋形状畸形、变小，卵壳褪色、粗糙、变软、变薄、易破碎

彩图24 鸡白痢：病雏精神萎靡、衰弱

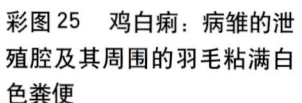

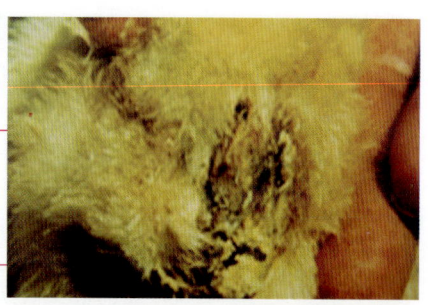

彩图25 鸡白痢：病雏的泄殖腔及其周围的羽毛粘满白色粪便

鸡病防治 200 问

(修订版)

席克奇　赵玉勇　编著
史广维　李久纯

科学技术文献出版社

Scientific and Technical Documents Publishing House

北　京

(京)新登字 130 号

内 容 简 介

《鸡病防治200问》自初版问世已有10余年了,在这10年中,我国养鸡业有了很大发展,逐渐步入规模化、集约化和现代化生产,随着饲养模式的改变,疾病流行更加广泛,同一鸡场多种疾病并存现象十分普遍,混合感染十分严重。为了适应这些新的变化,满足鸡病防治工作的需要,作者参考了大量中外禽病防治专著及有关技术资料,借鉴各地鸡病防治成功经验,结合自己的工作体会,对《鸡病防治200问》一书进行了修订,以便更具针对性、实用性。

本书重点介绍了鸡病的感染及预防、鸡病的诊断及投药、鸡的免疫接种、养鸡常用药及使用、鸡病毒性传染病、鸡细菌性传染病、鸡的胚胎病、鸡寄生虫病、鸡营养代谢病、鸡中毒性疾病、鸡其他普通病等方面内容。语言通俗易懂,简明扼要,内容系统,注重实际操作,可供养鸡生产者及畜牧兽医人员参考。

科学技术文献出版社是国家科学技术部系统惟一一家中央级综合性科技出版机构,我们所有的努力都是为了使您增长知识和才干。

前　言

《鸡病防治200问》是一本有关养鸡技术的通俗读物,自初版问世以来,至今已近10年。在这10年中,我国养鸡业又有了很大发展,逐渐步入规模化、集约化饲养和现代化生产,绝大多数的养鸡场和养鸡大户都取得了较好的经济效益。但是,随着养鸡生产的不断发展,也增加了种鸡、种蛋、鸡雏的流动性,为一些疫病的传播和流行创造了条件,尤其是饲养模式的改变,给养鸡生产带来了一些不可回避的问题,那就是疾病的流行更加广泛,多种疾病在同一个鸡场同时存在的现象十分普遍,混合感染十分严重,一些疾病出现了非典型和温和型,这一切都给养鸡场或养鸡大户的疾病控制提出了新问题,特别是很多疾病在临床上有很多相似的症状出现,给疾病的现场诊断带来很大困难。为了适应我国目前养鸡业的发展,满足鸡病防治工作的需要,作者学习和参考大量中外禽病防治专著及有关技术资料,借鉴各地鸡病防治成功经验,结合自己的工作体会,对《鸡病防治200问》一书进行了改版修订工作。

在养鸡生产中,必须实施科学饲养和贯彻预防为主、防治结合的疾病防治原则,这是具有同等重要地位的两个环节。实践证明,坚持用科学的方法加强饲养管理和疾病防治工作的一些养鸡场、养鸡大户,就会取得鸡群健壮、肉蛋丰产、事半功倍的生产效果;反之,不讲究科学养鸡,不重视防治工作的鸡群则成批发病、死亡,劳动成果毁于一旦。

本书在写作上力求语言通俗易懂,简明扼要,内容系统,注重实际操作。在书中重点介绍了鸡病的感染及预防、鸡病的诊断及投药、鸡的免疫接种、养鸡常用药及使用、鸡病毒性传染病、鸡细菌性传染病、鸡的胚胎病、鸡寄生虫病、鸡营养代谢病、鸡中毒性疾病等方面内容,可供养鸡生产者及畜牧兽医工作人员参考。

本书在编写过程中,曾参考一些专家、学者撰写的文献资料,因篇幅所限,未能一一列出,仅在此表示感谢。

由于作者的理论和技术水平有限,书中不妥、错误之处在所难免,敬请广大读者批评指正。

目 录

一、鸡病的感染及预防 …………………………………………（1）
1. 引发鸡病的病原微生物有哪些？…………………………（1）
2. 鸡的传染病是如何进行传播的？…………………………（3）
3. 鸡群是如何感染和发病的？………………………………（5）
4. 预防鸡病应采取哪些基本措施？…………………………（6）
5. 扑灭鸡群传染病的措施有哪些？…………………………（8）

二、鸡病的诊断与投药…………………………………………（10）
6. 怎样诊断鸡病？……………………………………………（10）
7. 怎样做药敏试验？…………………………………………（11）
8. 鸡的投药方法有哪些？……………………………………（13）
9. 临床用药应注意哪些问题？………………………………（13）

三、鸡的免疫接种………………………………………………（17）
10. 鸡群为什么要进行疫苗接种？……………………………（17）
11. 鸡群的免疫程序如何制订？………………………………（17）
12. 鸡免疫接种的常用方法有哪些？…………………………（20）
13. 鸡常用的疫苗种类有哪些？………………………………（22）
14. 怎样进行疫苗的保存和运输？……………………………（25）
15. 怎样检查疫苗的质量？……………………………………（26）
16. 什么叫疫苗接种的保护率和免疫期？生产中对疫苗
    接种的保护率和免疫期有何要求？………………………（27）
17. 什么叫免疫反应和免疫干扰？怎样避免？………………（27）

18. 鸡群免疫接种应注意哪些问题？ (29)
19. 鸡群免疫接种失败的原因有哪些？ (30)
20. 如何进行鸡群接种疫苗后的免疫监测？ (30)

四、养鸡常用药物及使用 (32)

21. 鸡场常用的消毒方法有哪些？ (32)
22. 鸡场选用化学消毒剂应遵循哪些原则？ (33)
23. 鸡场常用的消毒剂有哪些剂型？如何选择和使用？ (34)
24. 如何对鸡场进行消毒？ (35)
25. 养鸡常用哪些防腐消毒类药物？怎样合理使用？ (37)
26. 养鸡常用哪些抗生素类药物？怎样合理使用？ (41)
27. 养鸡常用哪些磺胺类药物？怎样合理使用？ (44)
28. 养鸡常用哪些喹诺酮类药物？怎样合理使用？ (45)
29. 养鸡常用哪些咪唑类药物？怎样合理使用？ (46)
30. 养鸡常用哪些抗菌增效剂？怎样合理使用？ (47)
31. 养鸡常用的喹恶啉类和吡啶类制剂有哪些？怎样合理使用？ (47)
32. 养鸡常用哪些抗寄生虫类药物？怎样合理使用？ (48)
33. 养鸡常用哪些作用于消化系统的药物？怎样合理使用？ (50)
34. 养鸡常用哪些中枢兴奋药、安定药及醒抱药？怎样合理使用？ (51)
35. 养鸡常用哪些解毒类药物？怎样合理使用？ (51)
36. 养鸡常用哪些杀鼠药？怎样合理使用？ (52)
37. 要合理用药，必须避免哪些错误做法？ (53)
38. 滥用、乱用药物会带来哪些危害？ (54)
39. 怎样做到合理用药？药物会引起哪些不良反应？ (54)
40. 产蛋鸡应忌用哪些药物？ (55)

41. 应用饲料添加剂注意哪些问题? …………………… (57)

五、鸡病毒性传染病的防治 …………………………… (58)

42. 怎样防治禽流感? …………………………………… (58)
43. 怎样防治鸡新城疫? ………………………………… (61)
44. 怎样防治鸡马立克氏病? …………………………… (66)
45. 怎样防治鸡传染性法氏囊病? ……………………… (72)
46. 怎样防治鸡痘? ……………………………………… (74)
47. 怎样防治鸡传染性支气管炎? ……………………… (77)
48. 怎样防治鸡传染性喉气管炎? ……………………… (82)
49. 怎样防治鸡传染性脑脊髓炎? ……………………… (84)
50. 怎样防治鸡病毒性肾炎? …………………………… (87)
51. 怎样防治鸡白血病? ………………………………… (88)
52. 怎样防治鸡轮状病毒感染? ………………………… (92)
53. 怎样防治鸡减蛋综合征? …………………………… (94)
54. 怎样防治鸡包涵体肝炎? …………………………… (96)
55. 怎样防治鸡病毒性关节炎? ………………………… (98)
56. 怎样防治鸡传染性生长障碍综合征? ……………… (99)
57. 怎样防治鸡网状内皮增生病? ……………………… (100)
58. 怎样防治鸡传染性贫血病? ………………………… (101)
59. 怎样防治鸡蓝翅病? ………………………………… (102)
60. 怎样防治鸡肿头综合征? …………………………… (103)
61. 怎样防治鸡心包积水综合征? ……………………… (104)
62. 怎样防治鸡喘咳症? ………………………………… (104)

六、鸡细菌性传染病的防治 …………………………… (106)

63. 怎样防治禽霍乱? …………………………………… (106)
64. 怎样防治鸡白痢? …………………………………… (110)
65. 怎样防治鸡伤寒? …………………………………… (115)
66. 怎样防治鸡副伤寒? ………………………………… (117)

67. 怎样防治鸡慢性呼吸道病？……………………（118）
68. 怎样防治鸡大肠杆菌病？……………………（121）
69. 怎样防治鸡布氏杆菌病？……………………（127）
70. 怎样防治鸡李氏杆菌病？……………………（128）
71. 怎样防治鸡丹毒杆菌病？……………………（128）
72. 怎样防治鸡传染性鼻炎？……………………（129）
73. 怎样防治鸡葡萄球菌病？……………………（131）
74. 怎样防治鸡链球菌病？………………………（134）
75. 怎样防治禽念珠菌病？………………………（136）
76. 怎样防治禽绿脓杆菌病？……………………（137）
77. 怎样防治鸡奇异变形杆菌病？………………（138）
78. 怎样防治鸡曲霉菌病？………………………（139）
79. 怎样防治鸡结核病？…………………………（141）
80. 怎样防治鸡伪结核病？………………………（142）
81. 怎样防治鸡坏死性肠炎？……………………（143）
82. 怎样防治鸡溃疡性肠炎？……………………（144）
83. 怎样防治鸡弧菌性肝炎？……………………（146）
84. 怎样防治鸡空肠弯曲杆菌病？………………（147）
85. 怎样防治鸡弧菌性肠炎？……………………（148）
86. 怎样防治鸡传染性滑膜炎？…………………（148）
87. 怎样防治鸡坏疽性皮炎？……………………（149）
88. 怎样防治鸡爱荷华霉形体病？………………（150）
89. 怎样防治鸡疏螺旋体病？……………………（151）
90. 怎样防治鸡顶辐孢霉病？……………………（153）
91. 怎样防治鸡衣原体病？………………………（154）
92. 怎样防治鸡肉毒梭菌中毒？…………………（155）
93. 怎样防治鸡冠癣？……………………………（156）

七、鸡胚胎病的防治 ……………………………（158）

94. 怎样诊断鸡胚胎疾病? ……………………………… (158)
95. 怎样防治鸡营养性胚胎病? ……………………… (159)
96. 怎样防治鸡传染性胚胎病? ……………………… (161)
97. 怎样防治孵化条件造成的鸡胚胎病? …………… (163)

八、鸡寄生虫病 ………………………………………… (165)
98. 怎样防治鸡球虫病? ……………………………… (165)
99. 怎样防治鸡蛔虫病? ……………………………… (171)
100. 怎样防治鸡盲肠虫病? ………………………… (172)
101. 怎样防治鸡胃虫病? …………………………… (173)
102. 怎样防治鸡气管虫病? ………………………… (175)
103. 怎样防治鸡绦虫病? …………………………… (176)
104. 怎样防治鸡前殖吸虫病? ……………………… (177)
105. 怎样防治鸡组织滴虫病? ……………………… (179)
106. 怎样防治鸡弓形虫病? ………………………… (181)
107. 怎样防治鸡隐孢子虫病? ……………………… (182)
108. 怎样防治鸡六鞭原虫病? ……………………… (184)
109. 怎样防治鸡住白细胞原虫病? ………………… (185)
110. 怎样防治鸡虱? ………………………………… (187)
111. 怎样防治鸡螨? ………………………………… (188)

九、鸡营养代谢病的防治 ……………………………… (190)
112. 怎样防治鸡维生素 A 缺乏症? ………………… (190)
113. 怎样防治鸡维生素 D 缺乏症? ………………… (194)
114. 怎样防治鸡维生素 E 缺乏症? ………………… (197)
115. 怎样防治鸡维生素 K 缺乏症? ………………… (200)
116. 怎样防治鸡维生素 B_1 缺乏症? ……………… (201)
117. 怎样防治鸡维生素 B_2 缺乏症? ……………… (204)
118. 怎样防治鸡维生素 B_3 缺乏症? ……………… (205)
119. 怎样防治鸡维生素 PP 缺乏症? ……………… (206)

120. 怎样防治鸡维生素 B_6 缺乏症？ …………………… (207)
121. 怎样防治鸡维生素 B_{11} 缺乏症？ ………………… (208)
122. 怎样防治鸡维生素 B_{12} 缺乏症？ ………………… (209)
123. 怎样防治鸡胆碱缺乏症？ ………………………… (209)
124. 怎样防治鸡生物素缺乏症？ ……………………… (211)
125. 怎样防治鸡维生素 C 缺乏症？ …………………… (212)
126. 怎样防治鸡钙缺乏与过量？ ……………………… (212)
127. 怎样防治鸡磷缺乏与过量？ ……………………… (213)
128. 怎样防治鸡钾缺乏与过量？ ……………………… (214)
129. 怎样防治鸡钠缺乏症？ …………………………… (215)
130. 怎样防治鸡氯缺乏症？ …………………………… (215)
131. 怎样防治鸡锰缺乏与过量？ ……………………… (215)
132. 怎样防治鸡硒缺乏与过量？ ……………………… (217)
133. 怎样防治鸡铁缺乏与过量？ ……………………… (218)
134. 怎样防治鸡铜缺乏与过量？ ……………………… (219)
135. 怎样防治鸡锌缺乏与过量？ ……………………… (219)
136. 怎样防治鸡碘缺乏与过量？ ……………………… (220)
137. 怎样防治鸡镁缺乏与过量？ ……………………… (220)
138. 怎样防治鸡蛋白质缺乏症？ ……………………… (221)
139. 怎样防治鸡营养性衰竭症？ ……………………… (222)

十、鸡中毒性疾病的防治 …………………………………… (223)

140. 怎样防治鸡食盐中毒？ …………………………… (223)
141. 怎样防治鸡菜籽饼中毒？ ………………………… (224)
142. 怎样防治鸡棉籽饼中毒？ ………………………… (225)
143. 怎样防治鸡黄曲霉毒素中毒？ …………………… (226)
144. 怎样防治鸡亚硝酸盐中毒？ ……………………… (227)
145. 怎样防治鸡高氟饲料中毒？ ……………………… (228)
146. 怎样防治鸡马铃薯中毒？ ………………………… (229)

147. 怎样防治鸡蓖麻中毒？……………………………（230）

148. 怎样防治鸡夹竹桃中毒？………………………（230）

149. 怎样防治鸡鸦胆子中毒？………………………（231）

150. 怎样防治雏鸡水中毒？…………………………（231）

151. 怎样防治鸡链霉素中毒？………………………（232）

152. 怎样防治鸡磺胺类药物中毒？…………………（233）

153. 怎样防治鸡痢特灵中毒？………………………（234）

154. 怎样防治鸡氯苯胍中毒？………………………（235）

155. 怎样防治鸡喹乙醇中毒？………………………（236）

156. 怎样防治雏鸡氯霉素中毒？……………………（237）

157. 怎样防治鸡左旋咪唑中毒？……………………（238）

158. 怎样防治鸡高锰酸钾中毒？……………………（238）

159. 怎样防治鸡硫酸铜中毒？………………………（239）

160. 怎样防治鸡甲醛中毒？…………………………（239）

161. 怎样防治鸡砷中毒？……………………………（241）

162. 怎样防治鸡有机磷农药中毒？…………………（241）

163. 怎样防治鸡磷化锌中毒？………………………（242）

164. 怎样防治鸡氨气中毒？…………………………（243）

165. 怎样防治鸡一氧化碳中毒？……………………（243）

十一、鸡其他普通病的防治 ………………………（245）

166. 怎样防治雏鸡脱水？……………………………（245）

167. 怎样防治鸡脂肪肝综合征？……………………（246）

168. 怎样防治笼养鸡产蛋疲劳症？…………………（247）

169. 怎样防治鸡痛风？………………………………（248）

170. 怎样防治鸡圆心病？……………………………（250）

171. 怎样防治鸡饥饿综合征？………………………（251）

172. 怎样防治鸡应激综合征？………………………（252）

173. 怎样防治鸡滑腱症？……………………………（253）

174. 怎样防治鸡嗉囊炎? ………………………………… (255)
175. 怎样防治鸡嗉囊阻塞? ………………………………… (255)
176. 怎样防治鸡嗉囊下垂? ………………………………… (256)
177. 怎样防治鸡腺胃黏膜炎? ……………………………… (257)
178. 怎样防治鸡肌胃糜烂? ………………………………… (257)
179. 怎样防治鸡肠炎? ……………………………………… (258)
180. 怎样防治鸡输卵管炎? ………………………………… (259)
181. 怎样防治鸡泄殖腔炎? ………………………………… (260)
182. 怎样防治鸡卵石症? …………………………………… (260)
183. 怎样防治鸡脱肛? ……………………………………… (261)
184. 怎样防治鸡难产? ……………………………………… (262)
185. 怎样防治鸡畸形蛋? …………………………………… (263)
186. 怎样防治鸡抱窝? ……………………………………… (264)
187. 怎样防治鸡啄癖? ……………………………………… (265)
188. 怎样防治鸡的局部脓肿? ……………………………… (267)
189. 怎样防治鸡皮下气肿? ………………………………… (267)
190. 怎样防治初生雏脐炎? ………………………………… (268)
191. 怎样防治雏鸡软腿综合征? …………………………… (268)
192. 怎样防治鸡感冒? ……………………………………… (272)
193. 怎样防治鸡肺炎? ……………………………………… (272)
194. 怎样防治鸡中暑? ……………………………………… (273)
195. 怎样防治初产母鸡瘫痪症? …………………………… (274)
196. 怎样防治初产母鸡猝死综合征? ……………………… (275)
197. 怎样防治肉鸡猝死综合征? …………………………… (275)
198. 怎样防治肉鸡腹水综合征? …………………………… (277)
199. 怎样防治肉仔鸡胸部囊肿? …………………………… (279)
200. 怎样防治肉用仔鸡的腿病? …………………………… (280)

一、鸡病的感染及预防

1. 引发鸡病的病原微生物有哪些？

传染病是由人们肉眼看不见而具有致病性的微小生物——病原微生物引起的，包括病毒、细菌、霉形体、真菌及衣原体等。

（1）病毒 病毒是很小的微生物，一般圆形病毒的直径为几十至一百多纳米，必须用电子显微镜放大数万倍才能观察到。

病毒不能独立进行新陈代谢，每种病毒必须寄生在对其具有易感性的动物、植物或微生物的活细胞内，才能正常的生存和繁殖。当病毒寄生在细胞之内时，如果细胞死亡，病毒也同时死亡。由病鸡消化道、呼吸道及羽囊等排出的各种病毒，都是释放在细胞之外的，它们在自然界中不能繁殖，但能存活数十天至数百天之久，当有机会侵入鸡体时，又在细胞内繁殖，引起疾病。

病毒有耐冷怕热的共性，温度越低，存活越久，但在高热环境中存活的时间很短。例如鸡传染性支气管炎病毒，在 $-20\sim-25$℃能存活142天，56℃经15～45分钟即可死亡。不同病毒对酸、碱、日光、紫外线及各种消毒剂有不同的耐受力，但大多数不能耐受碱和长时间（半小时以上）的日光直射。

病毒性鸡病与细菌性鸡病的一个不同之处，是前者用疫苗预防的效果比效好，但一般来说没有特效药物可以治疗。抗生素及磺胺类药物的作用是破坏细菌的新陈代谢，而病毒靠寄生生存，没有自身的代谢，因而不受这些药物的影响。有些病毒性鸡病可以用高免血清治疗,虽有特效,但费用昂贵,只能用于某些种鸡,目前仅传染性法氏囊炎高免血清可以用于普通雏鸡和青年鸡。

(2)细菌　细菌是单细胞的微生物,直径或长度一般为几微米到几十微米,用普通光学显微镜放大1000多倍可以观察。依细菌的形态可分为球菌、杆菌和螺旋菌三种类型,有些球菌和杆菌在分裂之后,仍有一般显微镜下看不到的原浆带相连,从而排列成一定形态,分别称为双球菌、链球菌、葡萄球菌、链状杆菌等。

细菌与病毒不同,它能独立进行新陈代谢。只要有适宜的温度、湿度、酸碱度及营养等条件,细菌就可以大量地分裂繁殖。例如,大肠杆菌在适宜条件下,每20分钟左右就分裂一次。一般病原菌在10~45℃的温度下都可以繁殖,以37℃最为适宜。当外界环境不利时,细菌会减缓乃至停止繁殖,但能较长时间的存活,待环境有利时再恢复繁殖。

有些细菌能在细胞壁外面形成肥厚的胶状物,包裹整个菌体,这种胶状物称为荚膜,它具有抵抗动物细胞的吞噬和消除抗体的作用,从而增强细菌的致病能力。还有些杆菌在外界环境不利时能形成一种有坚实厚壁的圆形或椭圆形囊状结构,称为芽孢,可大大增强对高温、干燥及消毒药的抵抗力。能否形成荚膜和芽孢以及芽孢呈现什么形态是菌种的特征,因而是鉴别细菌的依据之一。

细菌可以在人工培养基上进行培养,在固体培养基上培养时,细菌大量繁殖所形成的肉眼可见的聚集物称为菌落,不同细菌的菌落呈不同形态,这也是鉴别细菌和诊断传染病的依据之一。

鸡的细菌性传染病都可以用药物进行预防和治疗,但除禽霍乱外,没有可供免疫接种的菌苗,禽霍乱菌苗的效果也不够理想,仅在必要时使用。

(3)支原体　其大小介于细菌、病毒之间,结构比细菌简单,但能独立生存。霉形体没有真性细胞壁,只有极薄的胞质膜,不足以保持固定形态,因而呈多形性,如球形、杆形、星形、螺旋形等。多种抗生素如土霉素、金霉素对霉形体有效,但青霉素的作用是破坏细胞壁的合成,而霉形体并无真性细胞壁,所以青霉素对霉形体无效。

(4)真菌 真菌包括担子菌、酵母菌和霉菌,一般担子菌、酵母菌对动物无致病性。霉菌种类繁多,对鸡有致病性的主要是某些霉菌,如烟曲霉菌使饲料、垫料发霉,引起鸡的曲霉菌病,黄曲霉菌常使花生饼变质,喂鸡后引起中毒。

霉菌能够进行独立的新陈代谢,在温暖(22～28℃)、潮湿和偏酸性(pH4～6)的环境中繁殖很快,并可产生大量的孢子浮游在空气中,易被鸡吸入肺部。一般消毒药对霉菌无效或效力甚微。

(5)衣原体 衣原体是一种介于病毒和细菌之间的微生物,生长繁殖的一定阶段寄生在细胞内,对抗生素敏感。鹦鹉衣原体常使鹦鹉、鸽子等发生鹦鹉热,但鸡感染的较少。

2. 鸡的传染病是如何进行传播的?

某些病原微生物侵入鸡体后,在鸡体内生长繁殖,损伤鸡体组织,扰乱其生理机能而引起疾病。这种疾病可由一只病鸡传染给同群的其他健康鸡,也可由一个鸡群传染给其他鸡群而发生同样的疾病,因而称为传染病。

鸡传染病的传播扩散,必须具备传染源、传染途径和易感鸡群3个基本环节,如果打破、切断和消除这3个环节中的任何一个环节,这些传染病就会停止流行。

(1)传染源 即病原微生物的来源。主要传染源是病鸡和带菌(毒)的鸡,病鸡不仅体内有病原微生物繁殖,而且通过各种排泄物将病原微生物排出体外,传播扩散,使健康鸡发生传染病。但带菌(毒)的隐性感染鸡,由于缺乏病症,不被人们注意,往往会被认为是健康鸡,这样就潜伏了极大危险,易造成大面积传染。另外,患传染病鸡的尸体处理不当,带菌(毒)的鸟、鼠等,也是散播病原微生物的重要传染源。

(2) 传播途径　鸡传染病的病原微生物,由传染源向外传播的途径有3种,即垂直传播、孵化器内传播和水平传播。

① 垂直传播:也叫经蛋传递。是种鸡感染了(包括隐性感染)某些传染病时,体内的病菌或病毒能侵入种蛋内部,传播给下一代雏鸡,能垂直传播的鸡病有沙门氏菌病(白痢、伤寒、副伤寒)、霉形体病(败血霉形体病、传染性滑膜炎)、脑脊髓炎、大肠杆菌病、白血病、包涵体肝炎、结核病等。

② 孵化器内传播:孵化器内的温度、湿度非常适宜于细菌繁殖。蛋壳上的气孔比一般细菌大数倍,所以有鞭毛、能运动的病菌,特别是鸡副伤寒病菌、大肠肝菌等,当其存在于蛋壳表面时,在孵化期间即侵入蛋内,使胚胎感染。另外,一些存于蛋壳表面的病毒和病菌,虽然一般不进入蛋内,但雏鸡刚一出壳时,即由呼吸道等门户入侵。马立克氏病就常以这种方式传染。在出雏器内,带病出壳的雏鸡与健康雏鸡接触,也会造成传染,白痢和脑脊髓炎等病除垂直传播外,还可在出雏器内进一步扩散。

③ 水平传播:也叫横向传播,是指病原微生物通过各种媒介在同群鸡之间和地区之间的传播。这种传播方式面广量大,媒介物也很多。同群鸡之间的传播媒介主要是饲料、饮水、空气中的飞沫与灰尘等,远距离传播的媒介通常是鸡舍内清除出去的垫料和粪便、运鸡运蛋的器具和车辆、在各鸡场间周转的饲料包装袋及工作人员的衣物等。

(3) 鸡的易感性　病原微生物仅是引起传染病的外因,它通过一定的传播途径侵入鸡体后,是否导致发病,还要取决于鸡的内因,也就是鸡的易感性和抵抗力。鸡由于品种、日龄、免疫状况及体质强弱等不同,对各种传染病的易感性有很大差别。例如,在日龄方面,雏鸡对白痢、脑脊髓炎等病易感性高,成年鸡则对禽霍乱易感性高;在免疫状况方面,鸡群接种过某种传染病的疫苗或菌苗后,产生了对该病的免疫力,易感性即大大降低。当鸡群对某种传染病处于易感状态时,如果体质健壮,也有一定的抵抗力。

3. 鸡群是如何感染和发病的?

(1)感染的类型 某种病原微生物侵入鸡体后,必然引起鸡体防卫系统的抵抗,其结果必然出现以下三种情况:一是病原微生物被消灭,没有形成感染;二是病原微生物在鸡体内的一定部位定居并大量繁殖,引起病理变化和症状,也就是引起发病,称为显性感染;三是病原微生物与鸡体内防卫力量处于相对平衡状态,病原微生物能够在鸡体某些部位定居,进行少量繁殖,有时也引起比较轻微的病理变化,但没有引起症状,也就是没有引起发病,称为隐性感染。有些隐性感染的鸡是健康带菌、带毒者,会较长期地排出病菌、病毒,成为易被忽视的传染源。

(2)发病过程 显性感染的过程,可分为以下4个阶段。

①潜伏期:病原微生物侵入鸡体后,必须繁殖到一定数量才能引起症状,这段时间称为潜伏期。潜伏期的长短,与入侵的病原微生物毒力、数量及鸡体抵抗力强弱等因素有关。例如鸡新城疫的潜伏期,一般为3～5天,其最大范围为2～15天。

②前驱期:此时是鸡发病的征兆期,表现出精神不振,食欲减退、体温升高等一般症状,尚未表现出该病特征性症状。前驱期一般只有数小时至1天多。某些最急性的传染病如急性禽霍乱等,没有前驱期。

③明显期:此时鸡的病情发展到高峰阶段,表现出病的特征性症状。前驱期与明显期合称为病程。急性传染病的病程一般为数天至2周左右。慢性传染病则可达数月。

④转归期:即病程发展到结局阶段,病鸡有的死亡,有的恢复健康。康复鸡在一定时期内对该病具有免疫力,但体内仍残存并向外排放该病的病原微生物,成为健康带菌或带毒鸡。

4. 预防鸡病应采取哪些基本措施?

(1)鸡场选址要符合防疫要求。

①鸡场的场址应背风向阳,地势高燥,水源充足,排水方便。

②鸡场位置要远离村镇、机关、学校、工厂和居民区,与铁路、公路干线、运输河道也要有一定距离。

(2)对饲养人员和车辆要进行严格消毒,切断外来传染源。

①鸡场出入口大门应设置消毒池,池深约30厘米,宽约4米,长度要达到汽车轮胎能在池内转到一周,池内消毒液可用2%火碱或3%来苏儿水。要注意定期更换消毒液,以使其保持杀菌能力。

②鸡舍出入口也应设置消毒设施,饲养人员出入鸡舍要消毒。

③外来人员一定要严格消毒后方可进入场区。

④鸡舍一切用具不得串换使用,饲养人员不得随意到本职以外的鸡舍。凡进入鸡舍的人员一定要更换工作服。

⑤周转蛋箱一般要用2%火碱水浸泡消毒后,再用清水冲洗。装料袋最好本场专用,不能互相串换,以防带入病原。

(3)建立场内兽医卫生制度。

①不得把后备鸡群或新购入的鸡群与成年鸡群混养,以防止疫病接力传染。

②食槽、水槽要保持清洁卫生,定期清洗消毒。粪便要定期清除。

③鸡转群前或鸡舍进鸡前要彻底对鸡舍和用具进行消毒。

④定期对鸡群进行计划免疫和药物防病,平养鸡要定期驱虫,疫苗接种是防止某些传染病发生的可靠措施,在接种时要查看疫苗的有效期、接种方法及剂量等。预防性用药是根据某些病的发病规律提前用药,应注意各种抗菌类药物交替作用,以防病原菌产生抗药性。

⑤养鸡场要重视和做好除鼠、防蚊、灭蝇工作。

(4)加强鸡群的饲养管理,提高鸡的抗病能力。

①选择优质的雏鸡。若从外场购进雏鸡,在准备进鸡前要了解所购雏鸡的种鸡场的建筑水平、饲养管理水平以及孵化水平,特别是种鸡场的卫生管理、种鸡的饲料营养和消毒情况对雏鸡的健康影响较大。如果种蛋消毒不严,孵化水平低,雏鸡白痢、脐炎就比较严重;种鸡不接种脑脊髓炎疫苗,就可能使雏鸡在1周龄内发生脑脊髓炎。优质雏鸡抗病力强,育雏成活率高。

②供给全价饲粮。饲粮的营养水平不仅影响鸡的生产能力,而且缺乏某些成分可发生相应的缺乏症。所以要从正规的饲料厂购买饲料,贮存时注意时间不要过长,并防止霉变和结块。在自配饲粮时,要注意原料的质量,避免饲粮配方与实际应用相脱节。

③给予适宜的环境温度。适宜的环境温度有利于提高鸡群的生产能力。如果温度过高或过低,都会影响鸡群的健康,冷热不定很容易导致鸡群呼吸道病的发生。

④维持良好的通风换气条件。鸡舍内的粪便及残存的饲料受细菌的作用可产生大量的氨气,加上鸡呼吸排出的气体对鸡是很有害的。特别是氨气一旦达到使人感觉不适甚至流泪的程度,可导致鸡呼吸道黏膜损伤而发生细菌和病毒的感染。要减少鸡舍内的有害气体,一方面可采取在不突然降低温度的情况下开窗或排风扇排气,另一方面要保持地面干燥卫生,减少氨气的产生。

⑤保持合理的饲养密度。密度过大可造成鸡群拥挤和空气中有害气体增多,鸡群易患白痢病、球虫病、大肠杆菌病及慢性呼吸道病等。

⑥尽力减少鸡群应激反应。过大的声音、转群、药物注射以及饲养人员的穿戴和举止异常对鸡群是一种应激,在应激时鸡群容易发生球虫病、法氏囊病等。

(5)建立兽医疫情处理制度。

①兽医防疫人员每天要深入鸡舍观察鸡群,有疫情要立即诊断。

②发现传染病时,病鸡隔离,死鸡深埋或烧毁。对一些烈性传染病(如鸡新城疫等),应及时报告上级兽医机关,并封锁鸡场,进行紧急接种,直至最后一只病鸡死亡半月后不再有病鸡出现,方可报告上级部门解除封锁。

③对污染的鸡舍和用具要进行消毒处理,鸡的粪便需要堆积发酵后方可运出场外。

5. 扑灭鸡群传染病的措施有哪些?

一旦发生传染病时,为了扑灭疫情,避免造成大范围流行,必须立即查明和消灭传染源,切断传染途径,提高鸡群对传染病的抵抗力。

(1)发现异常,及早做出诊断。发现鸡群中有部分鸡发病或异常时,应立即请兽医人员亲临现场,做出病情诊断,并查明发病原因。如不能确诊,应把病鸡或刚死的鸡装在严密的容器内,立即送兽医权威部门进行确诊。必要时应把疫情通知周围鸡场或养鸡户,以便采取预防措施。

(2)针对疫情,及时采取防治措施。当确诊为鸡新城疫、鸡痘等烈性传染病时,如为流行初期,应立即对未发病鸡进行疫苗紧急接种,以便在短期内使流行逐渐停止。但是,已经感染正在潜伏期的病鸡,接种疫苗后,不但不能使其免疫,反而可能加速发病死亡。所以到了流行中期,已经感染而貌似健康的鸡为数很多,此时接种疫苗,往往收效不大。当确诊为患霍乱等细菌性传染病时,在流行初期除用菌苗进行紧急接种外,还可用磺胺类药物或抗生素进行治疗和预防,并加强饲养管理。

(3)严格隔离和封锁,防止疫情蔓延。对发生传染病的鸡群要进行全部检疫,对检出的病鸡要隔离治疗;疑似病鸡应隔离观察,对病鸡或疑似病鸡设专人饲养管理。对发生传染病的鸡群和鸡场,应及早划定疫区,进行严格封锁。在封锁期间,禁止雏鸡、种鸡、种蛋调进或调出。待场内病鸡已经全部痊愈或处理完毕,鸡舍、场地和用具经过严格消毒后,经2周再无新病例出现,然后再做一次严格大消毒,方可解除封锁。

(4) 坚决淘汰病鸡,彻底进行环境消毒。鸡群发病后,对所有病重的鸡要坚决淘汰。鸡毛、血水、废弃的内脏要集中深埋,肉尸要高温处理。病死鸡的尸体、粪便和垫草等应运往指定地点烧毁或深埋,防止猪、狗等扒吃。对被污染的鸡舍、运动场及饲养用具,都要用2%~3%的热火碱等高效消毒剂进行彻底消毒。

二、鸡病的诊断与投药

6. 怎样诊断鸡病?

(1)流行病学调查　有许多鸡病的临床表现非常相似,甚至雷同,但各种病的发病时机、季节、传播速度、发展过程、易感日龄、鸡的品种、性别及对各种药物的反应等方面各有差异,这些差异对鉴别诊断有非常重要的意义。如一般进行某些预防接种的,在接种免疫期内可排除相关的疫病。因此,在发生疫情时要进行流行病学调查,以便结合临床症状和化验结果,确定最后诊断。

(2)临床诊断

①现场观察:首先观察了解周围环境,并着重观察鸡群在自然管理条件下,管理措施、饲养方式、垫料、换气、温度、光线、饮水、饲料、饲槽、栖架、饲养密度等。然后再仔细观察鸡群,即站在鸡舍内一角,不惊扰鸡群,静静窥视鸡群的生活状态,寻求各种异常表现,为进一步诊断提供线索。

②病鸡个体检查:对整群鸡进行观察之后,再挑选出各种不同类型的病鸡进行个体检查。一般检查体温,接着检查全身各个部位。

(3)病理解剖检查　鸡体受到外界各种不利因素侵害后,其体内各器官发生的病理变化是不尽相同的。通过解剖,找出病变的部位,观察其形状、色泽、性质等特征,结合生前诊断,确定疾病的性质和死亡的原因。

(4)实验室诊断 在诊断鸡病的过程中,有些疾病特别是某些传染病,必须配合实验室检查才能确诊。当然,有了实验室检查结果,还必须结合流行病学调查、临床症状和病理剖检所见再进行综合分析,切不可单靠化验结果就盲目做出结论。

(5)鉴别诊断 随着养鸡生产的发展,鸡病的临床表现和病理变化变得错综复杂,给临床诊断带来了一定的困难。对于家庭鸡场而言,在鸡病诊断中,鉴别诊断相对难度较大,但非常重要,必须给予高度重视。要根据病原特性、流行特点、临床症状、病理特征,认真分析,仔细梳理,从可能会发生的多种疾病中逐一排除,最后做出正确诊断。

7. 怎样做药敏试验?

测定细菌对抗菌药物敏感性的试验称为药物敏感试验或简称药敏试验。由于养鸡业中抗菌药物的广泛使用,导致抗药菌株越来越多,盲目用药常常效果不佳。因此,进行药物敏感试验已成为正确使用抗菌药物的必要手段。药物敏感试验的方法有多种,如纸片扩散法、试管法、挖洞法等。其中,纸片扩散法简便易行,出结果快,是目前生产中最常见的方法,现将该种方法介绍如下。

(1)药敏纸片的准备 常用抗菌药敏纸片已有商品供应,一般可以买到,可直接利用。

(2)药敏培养基的制备

①普通肉汤琼脂:又称营养琼脂。蛋白胨 10 克、氯化钠($NaCl$)15 克、磷酸氢二钾(K_2HPO_4)1 克、琼脂 20 克、牛肉浸出液 1000 毫升(可用牛肉浸膏 10 克浸于 1000 毫升蒸馏水代替)。

牛肉浸出液的配制方法:取瘦牛肉去掉脂肪、腱膜等,绞碎或切碎,按 500 克牛肉加 1000 毫升蒸馏水混合,置 4℃冰箱内过夜,取出后加热到 80~90℃,经 1 小时后,以数层纱布滤除肉渣并挤出肉水,再用脱脂棉过滤,量其体积并用蒸馏水补足 1000 毫升,分装后20分钟高压蒸汽灭菌,即制成牛肉浸出液。

将以上其他成分加入到牛肉浸出液中,加热溶解,冷却后调pH至7.6,煮沸10分钟,用滤纸过滤后分装,再以10.4万帕高压蒸汽灭菌25分钟,取出后冷却至55℃左右,在90毫米直径灭菌的平皿上倾注成4毫米厚的平板。做好的平板,密封包装后可在冰箱中保存2~3周。使用前应将平皿置37℃温箱中培养24小时,确认无菌后再用于试验。

②鲜血琼脂:将灭菌的营养琼脂加热融化,至45~50℃时加入无菌鲜血5%(每100毫升营养琼脂中加入鲜血5~6毫升)倾注平皿。无菌鲜血,用无菌手术取健康动物(绵羊或家兔等)的血液,加入盛有无菌5%柠檬酸钠溶液的容器中(血与5%柠檬酸钠的比例为9:1)混匀,置冰箱中保存备用。

(3)试验方法 临床上分离到的细菌进行纯培养。用灭菌的接种环挑取被检菌的纯培养物划线或涂布于平板上,并尽可能使其密而均匀。用灭菌镊子将药敏纸片平放于平板上并轻压使其紧贴平板。直径9.0厘米的平皿可贴7张纸片,纸片间距不少于24毫米,纸片与平皿边缘距离不少于15毫米。贴好后将平板底部朝上置于37℃温箱中培养24小时,取出观察结果。

(4)结果判定 凡对被检菌有抑制力的抗菌药物,由于向周围扩散,抑制细菌的生长,故在纸片周围出现一个无细菌生长的圆圈,称为抑菌圈。抑菌圈越大,说明该菌对此种药物敏感度越高,反之越低。如果无抑菌圈,则说明该菌对此种药物具有耐药性。所以,判定结果时,以抑菌圈直径的大小作为细菌对该药物敏感度高低的标准。

一般来说,抑菌圈直径70毫米以上为极度敏感,15~20毫米为高度敏感,10~15毫米为中度敏感,10毫米以下为低敏感,无抑菌圈为不敏感。对多黏菌素的作用,抑菌圈在10毫米以上者为高度敏感,6~9毫米为低度敏感。

经药敏试验后,应该选择极度敏感或高度敏感的药物进行治疗。

8. 鸡的投药方法有哪些?

(1)混水给药　混水给药就是将药物溶解于水中,让鸡自由饮用。此法常用于预防和治疗鸡病,尤其是适用于已患病、采食量明显减少而饮水状况较好的鸡群。投喂的药物应该是较易溶于水的药片、药粉和药液,如葡萄糖、高锰酸钾、四环素、卡那霉素、北里霉素、磺胺二甲基嘧啶、亚硒酸钠等。

(2)混料给药　混料给药就是将药物均匀混入饲料中,让鸡吃料时能同时吃进药物。此法简便易行,切实可靠,适用于长期投药,是养鸡中最常用的投药方式。适用于混料的药物比较多,尤其对一些不溶于水而且适口性差的药物,采用此法投药更为恰当,如土霉素、复方新诺明、氯苯胍、微量元素、多种维生素、鱼肝油等。

(3)气雾给药　气雾给药是指让鸡只通过呼吸道吸入或作用于皮肤黏膜的一种给药方法。这里只介绍通过呼吸道吸入方式。由于鸡肺泡面积很大,并具有丰富的毛细血管,因而应用此法给药时,药物吸收快,作用出现迅速,不仅能起到局部作用,也能经肺部吸收后出现全身作用。

(4)外用给药　此法多用于鸡的外表,以杀灭体外寄生虫或微生物,也常用于消毒鸡舍、周围环境和用具等。

9. 临床用药应注意哪些问题?

在应用药物时,如超过了一定剂量或应用方法不当,药物就会呈现毒物作用,引起动物中毒或死亡。因此,只有严格掌握药物的剂量及严格遵循药物的使用方法,才能使药物充分发挥出应有的预防、治疗或诊断疾病的效果。

(1)药物的来源、剂型和保存

①药物的来源:药物的来源很广,但主要有天然形成和人工合成两种来源。天然形成的药物叫天然性药物,包括来源于植物、动物、矿物质、微生物的药物;此外,还有应用现代微生物和免疫学技术制成的疫苗、菌苗、血清、抗体等。

应用人工合成的方法合成的药物称为人工合成药,如磺胺类药物、抗生素类药物、抗寄生虫类药物等。本类药物已是目前临床使用药物的主要来源。

②药物的剂型:剂型是指药物经过适当加工处理后,制成便于保管、贮存或提高疗效的一种形态。在兽医临床上常用的剂型有固体剂型、半固体剂型及液体剂型。制剂是根据药典或"兽医药品法规"的规定和要求制成的一定规格的药剂。

③药物的保存:药物的保存是一项严肃细致的工作,它与药物的质量和畜禽的安全有着密切的关系。因此,在药物保存工作中必须注意以下几点:

a. 分类保存。应按药物的理化性质或临床用药分类进行保存。

b. 根据药物性质保存。根据药物的理化特性,可大致分为:易潮解药物、易风化药物、易光化药物、易氧化药物、易酸化药物、不能放置常温下的药物(如疫苗)。对此要进行分类保存。

c. 根据药品的批号及有效期保存。批号是指生产单位在药品生产过程中,将一次投料、同一生产工艺所生产的药品用一批号表示,根据批号推算出药品的有效期和存放时间的长短,可据此保存药物。

(2)药物的剂量和给药途径 剂量是指药物的用量。剂量直接影响药物作用的强度和性质。在一定范围内,剂量越大,作用越强,超过这个范围即引起作用的改变,往往引起中毒或死亡。因此,只有严格掌握药物应用的剂量,才能充分发挥药物的有利效应,达到用药的目的。

①药物的常用剂量:

a. 最小治疗量:也叫限量或最小有效量,是指刚能引起机体呈现药物作用的量。

b. 极量:也叫最大治疗量,是指应用药物的最大剂量,是临床用药时不能超过的量,一旦超过即会引起动物发生中毒或死亡。

c. 安全范围:是指最小治疗量和极量之间的剂量范围。

d. 治疗量:即常用量,临床上是指药物安全范围的 $1/2\sim1/3$ 之间的剂量。

e. 突击量:是指药物首次应用时采用的最大剂量,它高于第二次或以后用药的剂量。目的是使体内迅速达到有效的高浓度。

②药物的计量单位:固体或半固体的药物常用的计量单位为克或毫克。

液体药物常用的计量单位为毫升。

抗生素和维生素常用的计量单位为克、毫克或国际单位。

现在有些药物用 ppm 表示,一个 ppm 的意思是百万分之一浓度。

亦有用百分浓度或千分浓度表示的,如百分之几或千分之几。

③给药途径:即前面讲的投药方法,是指药物进入机体的途径。生产中常用的鸡群群体投药的方法有饮水、拌料、喷雾等,个体投药方法有口服、静脉注射、肌肉注射、嗉囊注射等。种蛋或胚胎投药方法有熏蒸、浸泡、注射等。应用时根据药物的特性及鸡的生理状况或病理状态,选择不同的给药途径。

(3)药物的配伍禁忌　配伍禁忌是指两种或两种以上的药物使用时,所发生的与处方目的相反的现象。根据发生的原因不同,常以 3 种类型出现。

①物理性配伍禁忌:

a. 分离:常见于水溶液与油溶液两种液体药物配合时出现。

b. 沉淀:常见于溶剂的改变与溶质的增多,如樟脑液与水的混合。

c. 潮解:含结晶水的固体药物,在相互作用下,结晶水被析出呈半固体。

d 液化:两种固体药物混合时,由于溶点降低,而由固体变成液体。

②化学性配伍禁忌:

a. 沉淀:由于两种以上药物溶液配伍时,产生一种或多种不溶性溶质的现象。

b. 产气:药物在配伍应用时,有气体逸出,有此反应时,不能再做药用。

c. 变色:某些药物应用时,可产生颜色的改变,不能再做药用。

d. 水解:某些药物在水溶液中易发生水解而失效,如青霉素在水中易水解为青霉二酸,而造成作用的丧失。

e. 燃烧和爆炸:有些药物配伍时,可发生燃烧与爆炸现象,要予以注意。

③药性配伍禁忌:本类药物配伍禁忌是由于药物的药理作用相反而呈现的。例如:中枢神经兴奋与中枢神经抑制药配伍、氧化剂与还原剂配伍、泻剂与止泻剂配伍、拟胆碱药与抗胆碱药配伍等。因此,只有正确掌握药物的药理作用,才能在临床用药时避免配伍禁忌的发生。另外,也必须了解配伍禁忌是根据临床实践总结出来的,有时会转变,它们在某一种防治作用上是配伍禁忌,而当另一药物中毒时,应用药理作用相反的药物就是正确的。

三、鸡的免疫接种

10. 鸡群为什么要进行疫苗接种?

在鸡病防治过程中,对于病毒性传染病,没有有效的药物治疗方法,而某些急性细菌性传染病,药物治疗的效果也不理想,只有通过疫苗接种的方法,才能达到预防鸡病的目的。鸡的免疫接种,是将疫苗或菌苗用特定的方法接种于鸡体,使鸡在不发病的情况下产生抗体,从而在一定时期内对某种传染病具有抵抗力。

疫苗和菌苗是由毒力(即致病力)较弱或已被处理致死的病毒、细菌制成的。用病毒制成的叫疫苗,用细菌制成的叫菌苗;含活的病毒、细菌的叫弱毒菌,含死的病毒、细菌的叫灭活苗。疫苗和菌苗按规定方法使用没有致病性,但有良好的抗原性。

11. 鸡群的免疫程序如何制订?

有些传染病需要多次进行免疫接种,在鸡多大日龄接种第一次,什么时候再接种第二次、第三次……,称为免疫程序。单独一种传染病的免疫程序,见本书关于该病的叙述;一群鸡从出壳至开产的综合免疫程序,要根据具体情况先确定对哪几种病进行免疫,然后合理安排。制定免疫程序时,应主要考虑以下几个方面的因素:当地家禽疾病的流行情况及严重程度;母源抗体的水平;上次免疫接种引起的残余抗体的水平;鸡的免疫应答能力;疫苗的种类;免疫接种的方法;各种疫苗接种的配合;免疫对鸡群健康及生产能力的影响等。各种传染病的免疫程序可参见有关传染病防治部分。生产中鸡群具体综合免疫程序可参见表3-1、表3-2、表3-3，养鸡场（户）可按实际需要具体选定。

表3-1　美国AA公司提供的种鸡计划免疫程序

接种日龄	疫苗（菌苗）名称	接种方法
1日龄	马立克氏病冻干疫苗	皮下注射
7日龄	新城疫、传染性气管炎二联疫苗	饮水、点眼、滴鼻
3周龄	传染性法氏囊病疫苗	饮水
3周龄	鸡痘疫苗	翅膀刺种
4周龄	新城疫Ⅱ系疫苗	饮水、点眼、滴鼻
8周龄	新城疫、传染性气管炎二联疫苗	饮水、点眼、滴鼻
11周龄	传染性法氏囊病疫苗	饮水
13周龄	新城疫Ⅰ系疫苗	气雾、饮水
17周龄	脑脊髓炎、鸡痘二联疫苗	翅膀刺种
20周龄	新城疫、传染性气管炎、传染性法氏囊病三联疫苗	肌注
30/30/50周龄	新城疫、传染性气管炎二联疫苗	饮水、点眼、滴鼻

表3-2　一般鸡场商品蛋鸡计划免疫程序

序号	日龄	疫苗（菌苗）名称	用法及用量	备注
1	1	鸡马立克氏病疫苗	按瓶签说明，用专用稀释液，皮下注射	在孵化场进行
2	3～5	鸡传染性支气管炎H_{120}苗	滴鼻或加倍剂量饮水	
3	8～10	鸡新城疫Ⅱ系、Ⅳ系疫苗	滴鼻、点眼或喷雾	
4	14～15	禽流感疫苗首免	肌肉注射，具体操作可参照瓶签	
5	16～17	鸡传染性法氏囊炎疫苗（中等毒力）	滴鼻或加倍剂量饮水	

续表

序号	日龄	疫苗(菌苗)名称	用法及用量	备注
6	23~25	鸡传染性法氏囊炎疫苗(中等毒力)	滴鼻或加倍剂量饮水剂量可适当加大	
7	30~35	鸡新城疫Ⅳ系疫苗	滴鼻或加倍剂量饮水剂量可适当加大	
8	36~38	禽流感疫苗加强免疫	肌肉注射,具体操作可参照瓶签	
9	45~50	鸡传染性支气管炎 H_{52} 苗	滴鼻或加倍剂量饮水	
10	60~65	鸡新城疫Ⅰ系疫苗	肌肉注射,参照瓶签	
11	70~80	鸡痘弱毒苗	刺种	发病早的地区可于7~21日龄和产蛋前各刺种1次
12	100~110	禽霍乱蜂胶灭活苗、鸡新城疫Ⅰ系苗	两种苗同时肌注于胸肌两侧各1针,Ⅰ系苗可用1.5~2倍量	产蛋前如不用Ⅰ系苗,而用新城疫油乳剂疫苗饮水则效果更好
13	110~130	禽流感疫苗加强免疫	肌肉注射,具体操作可参照瓶签	
14	120~130	鸡减蛋综合症油佐剂灭活苗	皮下或肌肉注射,具体可参照瓶签	

表 3-3　一般鸡场肉用仔鸡计划免疫程序

接种日龄	疫苗(菌苗)名称	接种方法	备注
1 日龄	马立克氏病冻干疫苗	皮下注射	在孵化场进行
7～10 日龄	新城疫Ⅱ系疫苗	滴鼻、点眼、饮水	
7～10 日龄	传染性气管炎疫苗	点眼、饮水	
10～12 日龄	鸡痘疫苗	翅膀刺种	视本地区发病情况而定
25～30 日龄	新城疫Ⅱ系疫苗	饮水、点眼、滴鼻	

12. 鸡免疫接种的常用方法有哪些?

不同的疫苗、菌苗,对接种方法有不同的要求,归纳起来,主要有滴鼻、点眼、饮水、气雾、刺种、肌肉注射及皮下注射等几种方法。

(1)滴鼻、点眼法　主要适用于鸡城新疫Ⅱ系、Ⅲ系、Ⅳ系疫苗,鸡传染性支气管炎疫苗及鸡传染性喉气管炎弱毒疫苗的接种。

滴鼻、点眼可用滴管、空眼药水瓶或 5 毫升注射器(针尖磨秃),事先用 1 毫升水试一下,看有多少滴。2 周龄以下的雏鸡以每毫升 50 滴为好,每只鸡 2 滴,每毫升滴 25 只鸡。如果一瓶疫苗是用于 250 只鸡的,就稀释成 250÷25＝10 毫升。比较大的鸡以每毫升 25 滴为宜,上述一瓶疫苗就要稀释成 20 毫升。

疫苗应当用生理盐水或蒸馏水稀释,不能用自来水,以免影响免疫接种效果。

滴鼻、点眼的操作方法:术者左手轻轻握住鸡体,其食指与拇指固定住小鸡的头部,右手用滴管吸取药液,滴入鸡的鼻孔或眼内,当药液滴在鼻孔上不吸入时,可用右手食指把鸡的另一只鼻孔堵住,药液便很快被吸入。

(2)饮水法　滴鼻、点眼免疫接种虽然剂量准确,效果不错,但对于大群鸡,尤其是日龄较大的鸡群,要逐只进行免疫接种,费时费力,且不能在短时间内完成全群免疫,因而生产中采用饮水法,即将某些疫苗混于饮水中,让鸡在较短时间内饮完,以达到免疫接种的目的。

适用于饮水法的疫苗有鸡新城疫Ⅱ系、Ⅲ系、Ⅳ系疫苗,鸡传染性支气管炎 H_{52} 及 H_{120} 疫苗、鸡传染性法氏囊病弱毒疫苗等。为使饮水免疫接种达到预期效果,必须注意以下几个问题:

①在投放疫苗前,要停供饮水 3~5 小时(依不同季节酌定),以保证鸡群有较强的渴欲,能在 2 小时内把疫苗水饮完。

②配制鸡饮用的疫苗水,需在用时按要求配制,不可事先配制备用。

③稀释疫苗的用水量要适当。在正常情况下,每 500 份疫苗,2 日至 2 周龄用水 5 升,2~4 周龄 7 升,4~8 周龄 10 升,8 周龄以上 20 升。

④水槽的数量应充足,可以供给全群鸡同时饮水。

⑤应避免使用金属饮水槽,水槽在用前不应消毒,但应充分洗刷干清,不含有饲料或粪便等杂物。

⑥水中需不含有氯和其他杀菌物质。盐、碱含量较高的水,应煮沸、冷却,待杂质沉淀后再用。

⑦要选择一天当中较凉爽的时间用苗,疫苗水应远离热源。

⑧有条件时可在疫苗水中加 5% 脱脂奶粉,对疫苗有一定的保护作用。

(3)翼下刺种法 主要适用于鸡痘疫苗、鸡新城疫Ⅰ系疫苗的接种。进行接种时,先将疫苗用生理盐水或蒸馏水按一定倍数稀释,然后用接种针或蘸水笔笔尖蘸取疫苗,刺种于鸡翅膀内侧无血管处。小鸡刺种一针即可,较大的鸡可刺种两针。

(4)肌肉注射法 主要适用于接种鸡新城疫Ⅰ系疫苗、鸡马立克氏病弱毒疫苗、禽霍乱 $G_{190}E_{40}$ 弱毒疫苗等。使用时,一般按规定倍数稀释后,较小的鸡每只注射 0.2~0.5 毫升,成鸡每只注射 1 毫升。注射部位可选择胸部肌肉、翼根内侧肌肉或腿部外侧肌肉。

(5) 皮下注射法　主要适用于接种鸡马立克氏病弱毒疫苗、鸡新城疫Ⅰ系疫苗等。接种鸡马立克氏病弱毒疫苗，多采用雏鸡颈背部皮下注射法。注射时先用左手拇指和食指将雏鸡颈背部皮肤轻轻捏住并提起，右手持注射器将针头刺入皮肤与肌肉之间，然后注入疫苗液。

(6) 气雾法　主要适用于接种鸡新城疫Ⅰ系、Ⅱ系、Ⅲ系、Ⅳ系疫苗和鸡传染性支气管炎弱毒疫苗等。此法是用压缩空气通过气雾发生器，使稀释的疫苗液形成直径为1～10微米的雾化粒子，均匀地悬浮于空气中，随呼吸而进入鸡体内。气雾免疫接种应注意以下几个问题：

①所用疫苗必须是高价的、倍量的。

②稀释疫苗应该用去离子水或蒸馏水，最好加0.1%的脱脂奶粉或明胶。

③雾滴大小适中，一般要求喷出的雾粒在70%以上，成鸡雾粒的直径应在5～10微米，雏鸡30～50微米。

④喷雾时房舍要密闭，要遮蔽直射阳光，保持一定的温度、湿度，最好在夜间鸡群密集时进行，待10～15分钟后打开门窗。

⑤气雾免疫接种对鸡群的干扰较大，尤其会加重鸡毒霉形体及大肠杆菌引起的气囊炎，应予注意，必要时于气雾免疫接种前后在饲料中加入抗菌药物。

13. 鸡常用的疫苗种类有哪些？

(1) 重组禽流感病毒灭活疫苗　用于预防H_5亚型禽流感病毒引起的禽流感。接种后14天产生免疫力，免疫期为6个月。

(2) 鸡新城疫Ⅰ系疫苗　用于预防鸡新城疫病。专供已经用鸡新城疫弱毒力疫苗（如鸡新城疫Ⅱ系、Ⅲ系、Ⅳ系苗）免疫过的2个月龄以上的鸡使用，一般情况下不能用于初生雏鸡。

(3)鸡新城疫Ⅱ系疫苗 用于预防鸡新城疫病。可用于各种日龄的鸡,但一般用7日龄以上的雏鸡较好。

(4)鸡新城疫Ⅲ系(F系)疫苗 用于预防鸡新城疫病。对各种日龄的鸡均可使用,但一般用于7日龄以上的雏鸡,如采取气雾法免疫接种,因考虑鸡群可能潜伏霉形体病,鸡龄应在1个月以上。

(5)鸡新城疫Ⅳ系(Lasota系)疫苗 用于预防鸡新城疫病。一般用于7日龄以上的雏鸡,如采取气雾法免疫接种,鸡龄应在1个月以上。

(6)鸡痘鹌鹑化弱毒疫苗 用于预防鸡痘疫病。初生雏鸡(6日龄以上)及育成鸡均可应用。

(7)鸡马立克氏病、火鸡疱疹弱毒疫苗(鸡马立克氏病冻干苗) 仅能干扰鸡马立克氏病病毒的感染,而无治疗作用,一般用于1～3日龄初出壳的雏鸡。

(8)鸡马立克氏病"814"弱毒疫苗 用于预防鸡马立克氏病,一般用于1～3日初出壳的雏鸡。

(9)鸡传染性支气管炎弱毒疫苗 用于预防鸡传染性支气管炎。本疫苗的毒株有H_{120}及H_{52}两种。H_{120}疫苗用于初生雏鸡。雏鸡用H_{120}疫苗免疫后,至1～2月龄时需用H_{52}疫苗进行加强免疫。

(10)鸡新城疫、传染性支气管炎弱毒冻干二联苗 本品可同时预防鸡新城疫和鸡传染性支气管炎。主要有下列3个类型。

①Ⅱ系(或Lasota系)、H_{120}二联苗:Ⅱ系、H_{120}苗适用于7日龄以上的鸡。用法是:将疫苗用生理盐水、蒸馏水或冷开水稀释10倍,每只鸡滴鼻0.05毫升;若采取饮水免疫接种,每只鸡应按实含病毒组织量0.01克混入饮水中。

②Ⅱ系(或Lasota系)、H_{52}二联苗:适用于21日龄以上的鸡。用法、用量与Ⅱ系、H_{120}二联苗相同。

③Ⅰ系、H_{52}二联苗:适用于经弱毒苗免疫后2个月龄以上的鸡,可按每只鸡实含0.01克病毒组织量,采用饮水免疫。

(11)鸡传染性法氏囊病弱毒疫苗 用于预防鸡传染性法氏囊病。目前国内生产中应用的鸡传染性法氏囊病弱毒疫苗主要有2种,即鸡传染病性法氏囊病细胞弱毒冻疫苗和鸡传染性法氏囊病弱毒鸡胚疫苗。

(12)鸡新城疫、法氏囊病二联灭活疫苗 新法二联灭活疫苗是采用具有高免疫原性的鸡传染性法氏囊病病毒和鸡新城疫病毒经福尔马林灭活后,与油乳剂混合而成。本品适用于种鸡的加强免疫接种,以预防鸡新城疫病毒的感染,同时免疫种鸡的后代雏鸡通过获得母源抗体,至少在4周龄内可以抵抗鸡传染性法氏囊病病毒的感染。

(13)鸡传染性喉气管炎弱毒疫苗 本品是采用致弱的鸡传染性喉气管炎病毒经鸡胚培养后,与稳定剂一起冻干而成,用于鸡的预防接种和紧急接种。

(14)鸡减蛋综合征灭活疫苗 用于蛋鸡及种鸡在开产前的免疫接种,以预防减蛋综合征病毒感染。

(15)鸡新城疫、减蛋综合征二联灭活苗 本品是采用鸡减蛋综合征-76病毒BC14和具有免疫原性的鸡新城疫病毒经福尔马林灭活后,与油乳剂混合而成。适用于种鸡和蛋鸡开产前接种,以预防鸡减蛋综合征和新城疫。

(16)鸡新城疫、法氏囊病、减蛋综合征三联灭活疫苗 本品是采用具有免疫活性的鸡新城疫病毒、传染性法氏囊病病毒和减蛋综合征病毒BC14株经福尔马林灭活后,与油乳剂混合而成。适用于种鸡免疫接种,免疫种鸡的后代雏鸡通过获得母源抗体,以预防鸡新城疫、法氏囊病和减蛋综合征病毒的感染。

(17)鸡新城疫、传染性支气管炎、减蛋综合征三联灭活苗 本品用于接种16~20周龄的蛋鸡和种鸡,但至少应在母鸡开产前3

周使用。为了获得最好的加强免疫效果,鸡群必须采用传染性支气管炎和新城疫弱毒苗作基础免疫。

(18)禽霍乱 $G_{190}E_{40}$ 弱毒菌苗 用于预防食霍乱,适用于3月龄以上的鸡。

(19)禽霍乱731弱毒菌苗 用于预防禽霍乱,适用于2月龄以上的鸡。

14. 怎样进行疫苗的保存和运输?

疫苗的保存、运输和使用方法是否得当,对其效果影响很大,在生产中必须给予重视。

(1)疫苗的保存 各种疫(菌)苗在使用前和使用过程中,必须按说明书上规定的条件保存,绝不能马虎大意。一般活菌苗要保存在2~15℃的阴暗环境内,但对弱毒疫苗,则要求低温保存。有些疫苗,如双价马立克氏病疫苗,要求在液氮容器中超低温(-190℃)条件下保存。这种疫苗对温度非常敏感,离开超低温环境几分钟就失效,因而应随用随取,不能取出来再放回。一般情况下,疫(菌)苗保存期越长,病毒(细菌)死亡越多,因此要尽量缩短保存期限。

(2)疫苗的运输 疫苗运输时,通常都达不到低温的要求,因而运输时间越长,疫苗中的病毒或细菌死亡越多,如果中途再转运几次,其影响就会更大。所以,在运输疫苗时,一方面应千方百计降低温度,如采用保温箱、保温筒、保温瓶等;另一方面要利用航空等高速度的运输工具,以缩短运转时间,提高疫(菌)苗的效力。

(3)疫苗的稀释 各种疫苗使用的稀释剂、稀释倍数及稀释方法都有一定的要求,必须严格按规定处理;否则,疫苗的滴度就会下降,影响免疫效果。例如,用于饮水的疫苗稀释剂,最好是用蒸馏水或去离子水,也可用洁净的深井水,但不能用自来水,因为自来水中的消毒剂会杀死疫苗病毒。又如用于气雾的疫苗稀释剂,应该用蒸馏水或去离子水,如果稀释水中含有盐,雾滴喷出后,由于水分蒸发,盐类浓度提高,会使疫苗灭活。如果能在饮水或气雾的稀释剂中加入 0.1% 的脱脂奶粉,会保护疫苗的活性。在稀释疫苗时,应用注射器先吸入少量稀释液注入疫苗瓶中,充分振摇溶解后,再加入其余的稀释液。如果疫苗瓶太小,不能装入全量的稀释液,需要把疫苗吸出放在另一容器内,再用稀释液把疫苗瓶冲洗几次,使全部疫苗所含病毒(或细菌)都被冲洗下来。

(4)疫苗的使用 疫苗在临用前由冰箱取出,稀释后应尽快使用。一般来说,活毒疫苗应在 4 小时内用完,马立克氏病疫苗应在半小时内用完。当天未能用完的疫苗应废弃,并妥善处理,不能隔天再用。疫苗在稀释前后都不应受热或晒太阳,更不许接触消毒剂。稀释疫苗的一切用具,必须洗涤干净,煮沸消毒。

总之,疫苗在使用时要勤抽快打,不要拖延时间,以免影响免疫效果。

15. 怎样检查疫苗的质量?

(1)物理性状的观察 生物制品使用前应认真检查有无破损,外观是否符合各类制品规定的要求。例如,冻干活菌(疫)苗应是疏松海棉状固体,稀释后团块迅速溶解均匀,无异物和干缩现象。凡玻璃瓶有裂纹、瓶塞松动以及药品色泽等物理性状与说明不相符者,不得使用。

(2)冻干活菌苗、疫苗真空度的测定 测定真空度采取高频火花测定器。测定时瓶内出现蓝色或紫色光者为真空(切勿直对瓶盖),不透光者为无真空。无真空疫苗不得使用,若使用这种冻干菌苗免疫必然导致免疫失败。

(3)效力检查 凡合法生物药品制造厂所生产的菌苗、疫苗,均应为经过检验的合格产品,产品附有批准文号、生产日期、批号、有效期等说明。但在生产实践中,往往由于保存、运输以及使用不当,造成菌苗、疫苗质量下降。为确保免疫效果,疫苗使用前应进行效力检验。检验方法应严格按国家农业部颁布的规程进行。

16. 什么叫疫苗接种的保护率和免疫期？生产中对疫苗接种的保护率和免疫期有何要求？

(1)疫苗接种的保护率 鸡群经过某一项免疫接种之后,由于个体差异及接种操作上的疏忽等原因,并不是所有的鸡都能产生较强的免疫力。鸡群接种后能抵抗强毒侵袭的鸡的比率,称为保护率。若保护率在90%以上,说明免疫效果比较好,能避免鸡群严重发病。

(2)疫苗接种的免疫期 不同的疫苗、菌苗接种之后,产生抗体快慢不一样。一般经几天至十几天可达到抵抗强毒为止,称为免疫期。各种疫苗、菌苗的免疫期,厂家均有说明。

17. 什么叫免疫反应和免疫干扰？怎样避免？

(1)免疫反应 弱毒疫苗、菌苗接种之后,由于病毒、细菌在鸡体内繁殖,在几天内鸡表现轻微的精神不振、食欲减退和产蛋率下降等,均属正常现象。反应的轻重与弱毒苗、菌苗的种类、接种剂量和鸡的体质有关。在目前常用的弱毒苗中,禽霍乱弱毒菌苗接种后反应较大,往往有个别鸡死亡;鸡新城疫Ⅰ系疫苗用于产蛋鸡时,对产蛋量有一定影响。其他疫苗接种后,一般无明显反应。

由于弱毒苗中的病毒、细菌在鸡体内能够繁殖,所以正常的预防性免疫接种,疫苗的用量只要达到规定的标准,就能收到预期的免疫效果。不要随意加大用量,以免引起不良反应。一般来说,采取注射法接种时,疫苗的用量应按规定掌握。而滴鼻、点眼、饮水等方法,疫苗总会有一些浪费,用量可加大10%~20%,但也不宜太多。

(2)免疫干扰 鸡群接种某种疫苗后,由于受到某些因素的影

响,其免疫效果受到一定影响。一般情况下,干扰免疫效果的因素主要有以下几种:

①母源抗体:种鸡的免疫抗体可经蛋传递给初生雏,并在雏鸡体内维持一定时期才消失,如在消失前接种抗原,那么接种的抗原会将母源抗体中和。解决这一问题的方法有多种,一是在母源抗体基本消失后再做首次免疫,例如鸡新城疫首次免疫安排在12日龄以后进行,即出于此种考虑;二是通过两次免疫接种来解决,第一次接种后母源抗体已被中和,第二次接种就不受影响,如雏鸡在7~10日龄接种鸡新城疫Ⅱ系(或Lasota系)疫苗首免,在25~30日龄再用鸡新城疫Ⅱ系(或Lasota系)疫苗进行第二次免疫;三是使用不受母源抗体影响的疫苗,如雏鸡1日龄用鸡新城疫油乳剂灭活苗注射,Ⅳ系苗滴鼻,两苗并用,即可排除母源抗体的干扰,及早产生较强的免疫力;四是加大疫苗用量,这一方法只适用于鸡马立克氏病的火鸡疱疹苗。

②其他疫苗:在目前常用疫苗中,鸡新城疫各系疫苗与鸡传染性支气管炎弱毒疫苗之间相互干扰,主要是鸡新城疫的免疫效果受到影响,但有关研究证实,这两种疫苗同时接种,相互并不干扰,间隔10天以上接种也不出现干扰,只是一前一后接种而又间隔不到10天才发生干扰。此外,在接种鸡法氏囊病疫苗之后,法氏囊常有充血和轻微肿胀现象,功能暂时受到影响,此时若接种其他疫苗,效果不好。所以在接种鸡法氏囊病疫苗的同时及其后一周内,最好不接种其他疫苗。

③病理状态:雏鸡的免疫力主要靠法氏囊产生,因而一些可损害法氏囊的疫病,如鸡传染性法氏囊病、鸡马立克氏病和鸡淋巴细胞性白血病等,都可使疫苗的免疫效果降低。伴随而来的是对许多传染病的易感性增加,从而又进一步降低疫苗的免疫效果。

④其他因素:环境条件、饲料品质等也影响免疫效果。例如饲料中蛋白质与维生素不足,可使疫苗的免疫效果降低。

18. 鸡群免疫接种应注意哪些问题?

(1)在接种前,应对鸡群进行详细了解和检查,注意营养状况和有无疾病,只要鸡群健康、饲养管理和卫生环境良好,就可保证接种的安全并能产生较强的免疫力;相反,饲养管理条件不好,就可能出现明显的接种反应,甚至发病,产生免疫力差。

(2)给幼雏接种时,应考虑母源抗体的滴度。一般来说,鸡传染性支气管炎的母源抗体可维持2周左右,鸡传染性法氏囊病的母源抗体可持续2~3周,鸡新城疫的母源抗体在3周龄后完全消失。而雏鸡的母源抗体又受种鸡循环抗体的影响。由于种鸡免疫接种经过的时间不同,或者孵化的种蛋来自不同的鸡场,其后代雏鸡的母源抗体水平就有较大的差异,所以就很难规定一个适用于各场的免疫程序。一般来说,对于母源抗体水平低而个体差异又较小的雏鸡,首次接种鸡新城疫疫苗应在早期进行;反之,母源抗体水平高的雏鸡,应推迟接种。对于母源抗体水平参差不齐,而又受到疫情威胁的雏鸡,应早接种,以提高母源抗体水平低的雏鸡的免疫力;以后再接种1次,以使原来母源抗体水平较高的雏鸡,也能对疫苗接种有良好的应答。这种重复接种,可根据监测红细胞凝集抑制(HI)抗体的情况而定。如果多数鸡的HI抗体下降至1:16以下时,就应进行强化免疫。

(3)在接种弱毒活菌苗前后各5天内,鸡群应停止使用各类抗菌药,以免影响免疫效果。

(4)要考虑好各种疫苗接种的相互配合,以减少相互之间的干扰作用,保证免疫接种效果。为了保证免疫效果,对当地流行最严重的传染病,最好能单独接种,以便产生坚强的免疫力。

(5)疫苗的保存、运输、稀释倍数、接种方法要按要求进行,以确保免疫效果。

(6)免疫接种后,要注意观察鸡群接种反应,如有不良反应或发病等情况,应根据具体情况采取适当的措施(如治疗),并通报有关部门。

19. 鸡群免疫接种失败的原因有哪些?

(1)接种时存在母源抗体。如果在雏鸡体内母源抗体未降低或消失时就接种疫苗,母源抗体就会与疫苗抗原发生中和作用,不能产生良好的免疫应答,导致免疫失效。

(2)疫苗失效。疫苗保存、运输不当,或超过有效期,均可造成疫苗失效或减效。

(3)疫苗间干扰。如接种鸡法氏囊病疫苗之后一段时间内,若接种其他疫苗,将影响另一种疫苗的免疫效果。

(4)接种方法不当。疫苗接种方法很多,如注射法、滴鼻、点眼法、刺种法、饮水法及气雾法等,由于鸡的日龄不同、鸡群的组合不同,所需的免疫方法、疫苗种类、稀释浓度、接种剂量均不相同,如果违反了操作规程,就达不到免疫目的。

(5)鸡群隐性感染某些传染病。如接种鸡新城疫疫苗时,若鸡群潜伏传染性法氏囊病、马立克氏病、白血病、传染性支气管炎等。接种的疫苗受到免疫抑制或病毒的干扰,而达不到免疫目的。

20. 如何进行鸡群接种疫苗后的免疫监测?

一般情况下,鸡群免疫接种后,多数不进行免疫监测,但在疫病严重污染地区,为了确保鸡群获得可靠的免疫效果,时常在疫苗接种之后,测定其是否确实获得免疫。因为在某些因素的影响下,如疫苗的质量差、用法不当或鸡体应答能力低等,虽然作了疫苗接种,但鸡群没有获得坚强的免疫力,若忽视了再次免疫接种,就不能抵抗一些传染病的侵袭。根据鸡体和疫苗应用情况,可将免疫监测分为四类。

(1)从未免疫的鸡群 疫苗接种后,若鸡群出现阳性血清反应,则认为免疫获得成功;否则认为免疫失败。某些疫病尚要求血清达到一定的效价,才认为是免疫成功。

(2)曾免疫过的鸡群　再次作疫苗接种,需作免疫前和免疫后血清效价升高的比较,若免疫后血清效价有明显的升高时,则认为免疫成功;否则需要重新进行免疫。

(3)观察疫苗在接种部位的反应　疫苗经皮肤刺种后,在刺种部位出现反应时,则认为免疫获得成功;若无反应,需重新接种。

(4)其他监测法　有些菌苗对鸡免疫后,既无局部反应,也不出现阳性血清反应,需要采取其他的特殊监测方法,如鸡伤寒9R菌苗即属于此种类型。

凡是经过监测之后,证明未能产生满意的免疫效果,一律需要重新再作免疫,直至获得满意的免疫效果为止。

四、养鸡常用药物及使用

21. 鸡场常用的消毒方法有哪些?

病原体是养鸡生产的大敌,而要消除和杀灭病原体,就必须搞好卫生消毒。作为一个养鸡场,如果没有完善的卫生消毒制度,就不可能预防和阻止传染病的发生;发生传染病后,若没有确实可靠的卫生消毒措施,就不可能阻止传染病的曼延,根除传染病的再发生。鸡场环境中病原体主要包括病毒、细菌、霉菌、寄生虫等,生产中按不同的分类方式有多种消毒方法。

(1) 按采取的方式分类　可分为3种。

①生物消毒法:根据生态学的原理,利用微生物间的拮抗作用或杀菌植物进行消毒;一般用于粪便、污水、垫料及其他废弃物的无害化处理消毒。

②物理消毒法:主要通过清扫、洗净、紫外线、焚烧、火焰、煮沸及高压蒸汽等方法进行消毒。

③化学消毒法:是生产中常用的消毒方法,即使用各种化学消毒药品进行消毒以杀灭病原体,主要包括浸泡、喷雾、熏蒸、饮水等消毒方法。

(2) 按用途分类　可分为3种。

①预防消毒:即对场所、鸡舍、用具、饮水等进行的定期消毒,目的是预防病原体侵入。

②紧急消毒:即在传染病发生流行期对场所、鸡舍、用具、粪便

及被污染物的及时性消毒,目的是防止传染病的扩散和蔓延。

③终末消毒:即在疫情后期,疫区即将解除封锁前的消毒,目的是全面彻底消灭疫区可能残留的病原体。

鸡场常用的消毒方法主要有以下几种:

(1)浸泡消毒　消毒对象主要是饲槽、饮水器、蛋盘、粪板等一些小的饲养设备和器具。为了提高消毒效果,消毒对象必须在新配制的消毒液中浸泡数小时,最少不得少于30分钟。

(2)喷洒消毒　是养鸡生产中使用频率最高的一种方法。即将消毒药配制成一定浓度的溶液,用喷雾器对消毒对象表面进行喷洒。一般按1000毫升/平方米的量使用。消毒时按照从上至下、从里至外的顺序进行。

(3)熏蒸消毒　此法主要用于消毒鸡舍、孵化器、种蛋贮存库等,常用福尔马林配合高锰酸钾进行。此法消毒全面、方便,但要求鸡舍必须密闭。由于甲醛气体的穿透能力弱,熏蒸前应将消毒对象散开,并在舍内洒水,保持相对湿度在70%左右,温度在18℃以上。一般按照每立方米消毒空间,使用福尔马林15~45毫升,高锰酸钾7.5~22.5克,消毒12~24小时后打开门窗,通风换气,若急用,可用氨气中和甲醛气体。

(4)火焰喷射　此法主要用于金属笼具、水泥地面、墙壁和消毒,具有方便、快速、高效的特点。

(5)发酵消毒　即利用堆积发酵等杀灭病原,主要适用于污染的粪便、饲料、场地的消毒净化。

22. 鸡场选用化学消毒剂应遵循哪些原则?

(1)广谱　能够抑制和杀灭多种病毒、细菌、真菌、芽孢等。

(2)高效　可快速杀灭病原体,且效力强大。一般低浓度使用10分钟杀灭率95%以上,30分钟达100%;较长时间使用不产生抗药性。

(3) 安全　对人、畜禽无毒、无害、无刺激性,对纤维制品及金属器具(用具)等无腐蚀性。

(4) 稳定　不受肥皂、洗涤剂、有机物(粪便、灰尘)、光线、温度、湿度、酸碱度、水的硬度的影响,且不易氧化分解,能长期储存。

(5) 使用方便　根据环境需要可采用喷雾、喷洒、冲洗、浸渍、饮水等方法消毒。

(6) 成本低　单位杀毒成本低,经济可行。

23. 鸡场常用的消毒剂有哪些剂型? 如何选择和使用?

(1) 常用消毒剂类型

①氧化物消毒剂:主要是次氯酸钙、二氯异氰尿酸盐、三氯尿酸盐,其优点是广谱、高效、稳定、腐蚀性小,不受环境有机物(粪便、灰尘)影响,价格便宜,适用于场舍、设备及用具、水、鸡体、粪便及产品消毒;缺点是消毒环境宜酸性为佳。市场上常见的有氯毒杀、消毒威、消毒灵、威岛消毒剂、华威1号等。

②醛类消毒剂:常用的有甲醛和戊二醛,甲醛由于对人和动物有毒和刺激性,已很少直接利用。戊二醛的优点是广谱、高效,性质稳定,速溶于水,低浓度常温即具超强效力且药效持久(2周)、无毒、无腐蚀性;缺点是单位杀毒成本较高,消毒环境宜碱性为宜。

③季铵盐类:市场上常见的有百毒杀、1210、易克林等。其优点是杀毒力强,作用迅速,性能稳定,无毒、无刺激、无腐蚀性,受外界环境和有机物影响较小;缺点是对杀灭非膜病毒、芽孢效果不佳。

④碘附类消毒剂:碘是强氧化剂,但不稳定。碘附意指将碘附在载体上,消毒时碘升华、分解、释放出来,起到杀菌作用。其优点是广谱、高效、低毒,能快速杀灭各种细菌、病毒、芽孢及真菌;缺点是易受阳光、碱性及还原物质影响。市场上常见的有威力碘、速效碘等。

⑤氧化型消毒剂：是一种广谱、高效消毒剂，能杀灭各种病原微生物、原虫及藻类，不受环境酸碱度影响，特别适于饮水消毒。其缺点是杀菌效力受环境温度及有机物（粪便、灰尘）影响。市场上常见的有过氧乙酸、过氧化氢等。

⑥酚类消毒剂：古老的酚类消毒剂有石炭酸、来苏儿等，其杀毒力强，但具有较强的毒性、腐蚀性和刺激性，只能用于环境消毒，不能用于带鸡消毒，因而逐步被淘汰。目前常见的菌毒敌、菌毒净、菌毒灭、华威Ⅱ号等。

(2) 消毒剂类型的选择 根据消毒目的、消毒对象（场所、设备、用具、饮水、粪便、垫料等）、消毒方式及所要杀灭的病原体（细菌、病毒、真菌、芽孢及寄生虫）等，选择理想的消毒种类、剂型。要认真阅读消毒剂说明书，查清所属类型、使用对象、使用方法及注意事项。如在酸性或碱性环境下应交替使用氧化物类和醛类消毒剂；当发生病毒性、芽孢性疫病时，必须使用碘附类或氯化物类消毒剂；饮水消毒应注意稀释浓度和持续时间，过低达不到消毒效果，过高易引起中毒，时间过长易引起蓄积中毒或破坏肠道正常菌群平衡。同时还应注意消毒剂的保质期及保存条件，如漂白粉易潮解，过氧乙酸受热和日光照射易分解产生气体，应现用现配，并在当天使用完毕。另外，最好选用2~5种不同类型的消毒剂交替使用，以免产生抗药性。

24. 如何对鸡场进行消毒？

(1) 主要通道口和场区的消毒 主要通道口设置消毒池，长度为进出车轮2个周长以上。消毒池上方最好建有顶棚，防止日晒雨淋。消毒液常用2%~4%的氢氧化钠溶液，每周更换2~3次。冬季寒冷地区可加盐防冻或用石灰代替消毒液。大型养鸡场应设有喷淋装置。场区要经常清扫，保持清洁，每月进行1次彻底消毒。每栋鸡舍的门前也要设置脚踏消毒槽，并做到每周至少更换

2次消毒液。工作人员进出鸡舍应换不同的专用橡胶长靴,将换下的靴子洗净后浸泡在另一消毒槽中,并进行洗手消毒。舍内应设消毒间,以便人员进入、消毒工作服,工作服不得带出舍外。

(2)空舍的消毒 为确保消毒效果,空舍消毒应按一定的顺序进行,即清扫→洗净→干燥→消毒→干燥→再消毒。

①清扫:首先清除饮水器、饲槽的残留物,对风扇、通风口、天花板、横梁、墙壁等部位的尘土进行清理,然后清除所有的垫料、残余粪便、羽毛及废弃物。为了防止尘土飞扬,清扫前可事先用清水或消毒液喷洒。清除的粪便、灰尘、羽毛及废弃物要集中烧毁。通过清扫,可使环境中的细菌含量减少20%左右。

②洗净:经过清扫后,用动力喷雾器或高压水枪进行洗净,洗净按照从上至下、从里至外的顺序进行。对较脏的地方,可事先进行人工刮除,要注意对角落、缝隙、设施背面的冲洗,做到不留死角。洗净后,舍内环境中的细菌可减少50%~60%。

③消毒:为了提高消毒效果,一般要求鸡舍使用2~3种不同类型的消毒药进行2~5次消毒。通常第一次使用碱性消毒药,第二次使用表面活性剂类、卤素类、酚类消毒药,第三次采用甲醛熏蒸消毒。经消毒后,可使舍内环境中的细菌减少90%。

(3)场内用具、蛋库及种蛋的消毒 蛋箱、料车、粪车、用具频繁出入鸡舍,必须定期严格消毒,塑料或金属用具按照清洗、浸泡、暴晒、干燥、熏蒸顺序进行消毒;纸质蛋箱、蛋托一般只用于运出场外,如在本场周转,应先清除污物,再熏蒸消毒。种蛋应尽早收集,剔除不合格部分,鸡舍内最好设置专门消毒柜以便及时消毒,也可送到场内专门消毒间集中熏蒸消毒,然后送入蛋库或孵化室。蛋库除应保持适宜的温度、湿度和通风外,也应定期冲洗消毒。

(4)饮水消毒 鸡的饮水必须清洁,无毒、无病原体,符合人的饮用水质标准。生产中使用的自来水、深井水本身是干净的,但可能受到场舍内粉尘、饲料中细菌、病毒的污染。另外,鸡的肠道内有时病原体含量太高,也需进行饮水消毒。饮水消毒必须选用无毒、无味、无刺激性,对人禽无害的药物,且按说明书的饮水浓度使用。目前常用的饮水消毒药物主要有氯制剂、碘制剂或季胺盐等。但季胺盐类可能对产蛋造成影响,因而产蛋禽不应使用。

(5)带鸡消毒　是指对鸡舍环境及鸡体表面定期或紧急喷雾消毒。一般鸡在10日龄前不可实施带鸡消毒,否则容易引起呼吸道疾病。育雏期宜每周消毒1次,育成期7~10天1次,产蛋期15~20天1次。发生疫情时可每天1次。据报道,喷雾粒子以80~100微米,喷雾距离1~2米为最好。冬季带鸡消毒,应提高舍温3~4℃,且药液温度以室温为宜。消毒剂应选择无毒、无味、无刺激、无腐蚀的药物,药物用量为60~240毫升/平方米,以地面、墙壁、天花板均匀湿润和鸡体表微湿为宜。特别需要指出的是,带鸡消毒必须避开活菌苗接种,即在活菌苗接种的当天,前后各一天不得消毒。

(6)粪便消毒　在感染传染病期间,舍内粪便亦进行消毒,最好使用生石灰粉,既可降低粪便水分、臭味、环境湿度,又可高效消毒。

(7)消毒效果检测　大型养鸡场每次消毒后及在生产过程中,应经常采样进行实验室培养,以检测消毒效果,及时修正消毒方法和程序。

25. 养鸡常用哪些防腐消毒类药物？怎样合理使用？

防腐消毒药是指一类杀灭或抑制病原微生物生长的药物。

(1)生石灰(氧化钙)　主要成分是氧化钙(CaO)。可加水配制成10%~20%的石灰乳剂,喷洒房舍墙壁、地面;生石灰粉可作为鸡舍地面撒布消毒,其消毒作用可维持6小时左右。

(2)漂白粉(含氯石灰)　5%~20%混悬液喷洒消毒细菌、芽孢及病毒污染的畜舍、场地、车辆等(芽孢需用20%溶液消毒5

次,每次间隔 1 小时);饮水消毒,每 1000 毫升加 0.3～1.5 克搅拌溶液。

(3)火碱(氢氧化钠)　2%热水溶液喷洒被病毒(新城疫、禽流感等)或细菌(沙门氏菌)等污染的鸡舍、饲槽、车辆等;3%～5%热水溶液喷洒炭疽芽孢污染的地面等。

(4)苯酚　喷洒、浸泡消毒,3%～5%溶液喷洒被病原微生物污染的鸡舍、场地及物品;3%～5%溶液消毒外科器械,浸泡 30～40 分钟;2%～3%溶液消毒手和术部。

(5)克辽林(臭药水、煤酚皂溶液)　3%～5%溶液消毒鸡舍、场地、用具、排泄物等;2%～3%溶液治疗创伤、溃疡。

(6)乳酸　每 100 立方米空间用乳酸 500 毫升(80%)蒸汽消毒,用 6～12 毫升加水稀释成 20%溶液,密闭门窗后加热蒸发,消毒 30～60 分钟。

(7)来苏儿　用于鸡舍、用具消毒时,浓度为 3%～5%;消毒排泄物的浓度为 5%～10%。

(8)甲醛　5%甲醛酒精溶液用于术部消毒;4%甲醛配合溶液用于固定和保存标本;1%甲醛溶液用于器械消毒(浸泡 1～2 小时)。

用于鸡舍、孵化室熏蒸消毒时用量:每立方米房舍空间需福尔马林 15～45 毫升,高锰酸钾 7.5～22.5 克,根据房舍污染程度和用途不同,使用不同的药量。用药时,福尔马林毫升数与高锰酸钾克数比例为 2∶1,以保证反应完全。消毒时,先密闭消毒房舍,然后把高锰酸钾放入容器内(容器的容量为福尔马林的 10 倍以上),再倒入福尔马林,两种药品混合后马上反应产生烟雾。消毒时间为 12 小时以上,消毒结束后打开门窗。为消除福尔马林的刺激性气味,可用浓氨水,每立方米容积用 2～5 毫升加热蒸发。熏蒸消毒必须有较高的气温和湿度,一般室内温度不低于 20℃,相对湿度为 60%～80%。

雏鸡体表消毒用量：每立方米容积用福尔马林 7 毫升、水 3.5 毫升、高锰酸钾 3.5 克，熏蒸 1 小时。熏蒸时可见雏鸡不安、闭眼、走动、甩鼻、张喙、蹦跳，半小时后逐渐安静，消毒后的雏鸡不影响生长发育。

种蛋熏蒸消毒用量：每立方米容积用福尔马林 14 毫升、高锰酸钾 7 克、水 7 毫升。若在孵化器内消毒，药物混合后立即关闭孵化器机门及通气孔道，熏蒸 20 分钟再将残余气体排出。

(9)聚甲醛　本品使用方便，对消毒时的温、湿度要求不严格，一般熏蒸消毒用量为每立方米空间 3～5 克，消毒时间为 10 小时。如用于鸡舍、孵化室等大面积消毒，每立方米空间可用 10 克。相对湿度 50% 即有效，不需要密闭条件。

(10)碳酸钠　4% 水溶液洗刷或浸泡被污染的衣服、用具、车辆或场地等，0.5%～2% 溶液用于皮肤清洁等。外科器械煮沸消毒时加入 1% 的碳酸钠，可促进器械的污物溶解，使灭菌更彻底，并能防止器械生锈。

(11)醋酸　用于加热蒸发进行空气消毒时，用量为每 100 立方米空间 20～40 毫升；如用食醋，每 100 立方米空间用 300～1000 毫升。

(12)过氧乙酸(过醋酸)　0.04%～0.2% 溶液用于用具和皮肤的浸泡消毒；0.2% 的溶液用于术前的消毒。空气消毒，可直接使用 20% 溶液的成品，每立方米空间 1～3 毫升，并封密 1～2 小时，最好采用 3%～5% 溶液加热熏蒸，因湿度提高可增强杀菌效力，一般以相对湿度 60%～80% 时效果最佳。喷雾消毒用 0.01%～0.5% 溶液，对室内空气和墙壁、门窗、地板、家具等物体表面消毒，消毒后室内要密闭 30 分钟至 1 小时。饮水消毒，每 1000 毫升加入本品 1 毫升放置 30 分钟。

(13)二氯异氰尿酸钠(优氯净)　以有效氯含量计算，饮水消毒浓度为 0.5 微克/毫升；鸡舍、用具、车辆消毒浓度为 50～100 微克/毫升。

(14)氯胺-T 用于饮水消毒时浓度为4毫克/毫升;木质和搪瓷器具消毒时浓度为0.5%～0.1%。

(15)威岛 使用时,水溶液浓度为0.02%～0.05%。

(16)农福 本品有含量50%和10%的百毒杀。两剂型适应范围相同,但后者剂量是前者的5倍。

50%百毒杀,带鸡消毒(鸡舍、环境、饮水器具、笼栏),3毫升加入10千克水中喷雾或冲刷;饮水消毒,0.5～1.5毫升加入10千克饮水中;发生传染病时紧急消毒(鸡舍、笼具、器具等),10毫升加入10千克水中浸泡或冲洗。

(17)新洁尔灭(苯扎溴铵) 1%溶液用于术部皮肤消毒;0.1%溶液用于术前器械消毒;0.01%～0.05%溶液用于黏膜冲洗;0.5%～1%溶液可用于食品工厂生产用具的消毒。

(18)洗必泰(双氯苯双胍己烷) 洗必泰0.5克加酒精(70%)至100毫升配成酊剂,用于手术前术部消毒;用0.05%水溶液冲洗创伤、伤口;用0.1%水溶液消毒器械;贮存器械用0.02%水溶液加入0.11%亚硝酸钠防锈,每2周换一次。

(19)碘酊(碘酒) 5%碘酊涂搽术部及注射部位消毒;2%碘酊涂搽创伤消毒;10%～20%碘酊涂搽治疗慢性肌炎、腱炎、腱鞘炎、关节炎及骨膜炎等。

(20)硫柳汞(乙基汞、硫代水杨酸钠) 0.1%酊剂用于手术前皮肤消毒及创面消毒;0.01%～0.02%溶液用于生物制品抑菌用。

(21)乙醇(酒精) 常用70%或75%浓度消毒器械或皮肤,30分钟可起消毒作用。以70%的酒精杀菌作用最强,浓度低于70%或高于75%时杀菌作用均降低。

(22)杜米芬 0.02%～0.1%溶液用于皮肤、黏膜消毒及局部感染湿敷;0.05%溶液用于手术器械及饲养用具的消毒。

(23)消毒净 0.1%水溶液浸泡手臂、皮肤(5～10分钟)及手术器械(30分钟以上,内加0.5%亚硝酸钠防锈);0.1%的酒精溶液涂搽术部皮肤;0.02%以下水溶液冲洗腔道黏膜。

(24)硝甲酚汞(米他芬) 0.015%～0.02%硝甲酚汞水溶液冲洗眼结膜、泌尿道、创伤及皮肤破损面;0.02%～0.1%浸泡器械。米他芬酊(由0.5克米他芬溶于10毫升丙酮、40毫升水和50毫升乙醇中)用于术部皮肤消毒。

(25)硼酸 外用:2%～4%的溶液,治疗眼创伤及各种黏膜炎。涂敷:硼酸甘油(31:100);5%硼酸软膏(硼酸5克,凡士林95克),治疗溃疡、湿疹及烧伤等。

(26)高锰酸钾 0.05%～0.1%溶液腔道冲洗与洗胃;0.1%～0.2%溶液冲洗创伤。

(27)雷佛奴尔(利凡诺) 外用:配成0.2%～0.5%溶液冲洗或纱布引流;0.1%～0.5%溶液消毒纱布、绷带,浸泡1小时。

(28)过氧化氢(双氧水) 3%溶液清洗创伤和冲洗去除痂皮;0.3%～1%溶液冲洗口腔或阴道。

(29)甲比(龙胆紫,晶紫) 外用,徐敷患处。

(30)汞溴红(红汞) 2%红药水,每11毫升含红汞2克,丙酮10毫升,乙醇54毫升。

(31)碘甘油 涂擦患处,每日2～3次。

26. 养鸡常用哪些抗生素类药物？怎样合理使用？

(1)青霉素G(苄星青霉素) 鸡饮水2000～5000单位/(只·次);成鸡肌肉注射2万～5万单位/(只·次),每日2～3次。

(2)氨苄青霉素(氨苄西林) 每千克体重5～20毫克,每日2次。肌肉注射一次量,每千克体重2～7毫克,每日2次。

(3)先锋霉素(头孢菌素) 治疗用量,鸡每千克体重肌肉注射20毫克/次,每日1～2次。

(4)红霉素 红霉素片,混水,按100毫克/千克浓度,连饮

3～5 日；混料，按 20～50 毫克/千克，如用于缓解应激反应，用 5～10 毫克/千克浓度为宜。乳糖酸红霉素注射液，鸡每千克体重肌肉注射 10～40 毫克/次，每日 2 次。

(5)高力霉素（硫氰酸红霉素） 混水，按 2000～5000 毫克/千克浓度，连饮 3～5 天。

(6)螺旋霉素 混水，按 400 毫克/千克浓度给药 3 天；内服，每千克体重 50～100 毫克；颈部皮下注射，每千克体重 25～55 毫克。

速诺威为含 50％螺旋霉素的可溶性口服粉剂，其用量为螺旋霉素的 2 倍。

(7)北里霉素（柱晶白霉素） 用于预防鸡慢性呼吸道病时，混水浓度为 250～500 毫克/千克，1～3 日龄雏鸡连用 3 天，以后遇有应激时，每次用药 1～2 天，或间隔 4 周定期用药 1～2 天；混料浓度为 110～330 毫克/千克，用药时间与混水相同，但每次可连续用药 5～7 天。

(8)洁霉素（林可霉素） 混水，按 31.5 毫克/千克浓度，连饮 4～7 天；口服，每千克体重 15～30 毫克/次，日服 2 次；肌肉注射，每千克体重 10～30 毫克。

洁霉素与壮观霉素按 1∶2 配合，其商品名称为利高霉素。利高霉素的口服量为每千克体重 150 毫克；颈部皮下注射，1 日龄雏鸡每只 7.5～10 毫克，成鸡每千克体重 30 毫克，连用 3 天。

(9)新生霉素 混料浓度为 260～350 毫克/千克；口服，每千克体重 10～25 毫克/次，日服 2 次。

(10)杆菌素 内服，雏鸡 20～50 单位/只，青年鸡 100～200 单位/只，成鸡 200 单位/只。

(11)泰乐霉素 泰乐霉素片，内服，每千克体重 1 日量 20～30 毫克，分 2～3 次服；泰乐霉素注射液，皮下注射 1 次量，每千克体重 25 毫克。出口肉鸡禁用。

(12)替米考星 混水料浓度为200毫克/千克。

(13)泰牧霉素 用于预防时,混水,按125毫克/千克浓度,连饮3天。用于治疗时,混水,按250毫克/千克浓度,连饮3天;皮下注射,每千克体重25毫克。

(14)链霉素 口服,每千克体重0.05克(5万单位);喷雾,每100立方米空间20克;肌肉注射,1月龄小鸡每次2万~4万单位/只,2~4月龄的鸡每次5万~10万单位/只,成鸡每次10万~20万单位/只,每日2次。

(15)庆大霉素 用于预防时,混水,每升水中加入2万~4万单位,连饮3天;用于治疗时,肌肉注射,小鸡每次5000单位/只,成鸡每次1万~2万单位/只,每天3~4次。

(16)卡那霉素 混水内服,每升水中加入30~120毫克;混料内服,每千克体重40毫克;肌肉注射,每千克体重10~30毫克。

(17)新霉素 混料浓度为70~140毫克/千克,混水浓度为35~70毫克/千克。

(18)四环素 混水浓度为100毫克/千克,混料浓度为0.02%~0.06%;肌肉注射,每千克体重2500单位。

(19)金霉素 混料浓度为200~600毫克/千克;肌肉注射,每千克体重400单位。

(20)土霉素 混水浓度为100毫克/千克,混料浓度为200~400毫克/千克;肌肉注射,每千克体重2500单位。

(21)强力霉素(脱氧土霉素) 口服,每只10~20毫克,混料浓度为100~200毫克/千克,混水浓度为50~100毫克/千克。

(22)壮观霉素 肌肉注射,每千克体重30毫克,每天1次,连用3天;混水,浓度为31.5毫克/千克,连用4~7天。

(23)制霉菌素 治疗雏鸡曲霉菌病时,每只鸡口服5000单位/次,每日2~4次,连用2~3天;治疗鸡念珠菌病时,每千克饲料添加50万~100万单位,连用1~3周。

27. 养鸡常用哪些磺胺类药物？怎样合理使用？

磺胺类药物的用药原则是：首次量加倍，坚持使用维持量，蛋鸡产蛋期禁用，肉鸡出栏前禁用，以防止药物残留影响蛋、肉品质。

(1)磺胺噻唑(ST)　肌肉注射一次量，每千克体重 0.05～0.07 克，隔 12 小时 1 次；混料浓度为 0.2%，连用 3 日为 1 疗程。

(2)磺胺嘧啶(SD)　混料，浓度为 0.2%，连用 3 天；混水，浓度为 0.1%～0.2%，连用 3 天；口服，育成鸡每只每次 0.2～0.3 克，每天 2 次；肌肉注射，可用 1% 针剂，每千克体重 1 毫升，每天 2 次。

(3)磺胺二甲嘧啶(SM_2)　肌肉注射一次量，每千克体重 0.05～0.07 克，隔 12 小时 1 次；混料，浓度为 0.2%，连用 3 日为 1 疗程。

(4)磺胺甲基异恶唑(SMZ，新诺明)　内服一次量，每千克体重首次 0.1 克，维持量 0.05 克，每日 1～2 次。混料浓度为 0.2%，连用 3 日为 1 个疗程。

(5)磺胺间甲氧嘧啶(SMM，制菌磺)　成年鸡内服一次量，每只首次 0.1～0.2 克，维持量 0.05～0.1 克，24 小时 1 次，连用 3～5 日为 1 疗程。

(6)磺胺对甲氧嘧啶(SMD，消炎磺)　磺胺对甲氧嘧啶(SMD)+二甲氧苄嘧啶(DVD)的片、粉与预混剂(复方敌菌净)，内服一次量，每千克体重 33 毫克；混饲，每千克饲料加本品 1 克，连续喂用 7 日为 1 个疗程(球虫病)。

(7)磺胺喹恶啉(SQ)　防治球虫病，按每千克饲料添加 0.125 克。

治疗鸡住白细胞原虫病，混水，50 毫克/升；混料，50 毫克/千克。

(8)磺胺氯吡嗪(ESB_3)　磺胺氯吡嗪钠盐(三字球虫粉，含

ESB330%)混水饮浓度为 0.03%;混料喂浓度为 0.06%。

(9)磺胺脒(SG,磺胺胍)混料,浓度为 0.5%～1%,连用 3～4 天,最多不超过 1 周;口服,每千克体重 0.05～0.15 克/次,每天 2～3 次。

28. 养鸡常用哪些喹诺酮类药物？怎样合理使用？

本类药物有诺氟沙星、环丙沙星、氧氟沙星、恩诺沙星、单诺沙星、培氟沙星及沙拉沙星等。本类药对革兰氏阴性菌和阳性菌有显著抗菌作用,抗菌浓度低,可制成多种剂型(水溶性粉、预混剂、胶囊剂、注射剂、液饮剂),用于大肠杆菌、沙门氏菌、巴氏杆菌、丹毒杆菌、链球菌、金黄色葡萄球菌、绿脓杆菌和支原体(霉形体)感染病。其作用机制是抑制细菌的 DNA 螺旋酶,阻断菌体 DNA 的合成而导致细菌死亡。

本类药不宜与利福平、土霉素、四环素及大环内酯类抗生素(红霉素)、β-内酰胺类(青霉素类、头孢菌素)合用。

长期或大剂量使用本类药易使敏感菌产生耐药性或交叉耐药性,并可引起消化机能紊乱与神经系统症状,损害幼龄动物软骨发育。环丙沙星能使雏鸡关节肿大、生长停滞,肝细胞变性或坏死,所以雏鸡应慎用。以上不良反应可随剂量加大或用药时间延长而加重,因此诺氟沙星、恩诺沙星、沙拉沙星等,只适用于短期治疗,而不宜用作长期使用的饲料添加剂。本类药的神经系统毒性在临床上表现为中枢神经兴奋甚至出现惊厥,甾体类消炎镇痛药(可的松类合成皮质激素)可加重这种神经毒性,与之合用要慎重。因此在应用氟喹诺酮类的良好抗菌、抗感染效果时,要重视合理用药,预防不良作用的产生。然而临床上将本类药与氨基甙类抗生素(庆大霉类、卡那霉素)合用或交替使用,可以减缓其耐药性。

(1)诺氟沙星

①氟哌酸粉或胶囊,内服一次量,每千克体重 10 毫克,每日

2~3次。混饲,按每千克饲料0.25~0.1克;混饮,每升水加药0.05克。

②烟酸诺氟沙星(有含量34%和5%两种),对大肠杆菌和沙门氏菌的效果尤佳,混饮,按每升水加0.05克。

③诺氟沙星注射液(氟哌酸注射液),剂量按厂家产品说明书指示使用。

(2)环丙沙星

①盐酸环丙沙星(可溶性粉),混饮,按每升水加药50毫克,连用3~5日为1个疗程。

②乳酸环丙沙星注射液,肌肉注射,按每千克体重2.5~5毫克。

③乳酸环丙沙星原粉,混饮,按每升水加药25毫克,连用3~5天。

(3)氧氟沙星(商品名为泰利必妥)

①氧氟沙星粉,混饲,每千克饲料加药50~100毫克;混饮,按每升水加药50~100毫克。

②氧氟沙星可溶性粉(盐酸氧氟沙星),混饮,按每升水加药0.5克,连饮3天。

③氧氟沙星注射液,肌肉注射一次量,每千克体重用药3~5毫克,每日2次,连用3~5天。

(4)恩诺沙星

①恩诺沙星钠盐和盐酸恩诺沙星,混饲,按每千克饲料加药100毫克;混饮,按50毫克/升浓度。

②5%或10%恩诺沙星注射液,肌肉注射一次量,每千克体重用药5毫克,每日2次。

29. 养鸡常用哪些咪唑类药物?怎样合理使用?

(1)甲硝唑(灭滴灵) 混水,按0.05%浓度连饮7天,停药3

天后,再饮用7天。

(2)地美硝唑(二甲硝唑)　二甲硝唑预混剂,按纯品计每千克饲料添加量,预防用0.075克,治疗用0.5克。

30. 养鸡常用哪些抗菌增效剂？怎样合理使用？

(1)甲氧苄啶(TMP)

①甲氧苄啶片,内服一次量,每千克体重10毫克,12小时1次。

②甲氧苄啶注射液,肌肉静脉注射参照片剂用量。

③复方磺胺嘧啶片、复方磺胺甲恶唑片(复方新诺明片)、复方磺胺间甲氧嘧啶片、复方磺胺对甲氧嘧啶片,内服1日量,每千克体重30毫克。

④复方磺胺嘧啶钠注射液、复方磺胺甲恶唑钠注射液(复方新诺明针剂)、复方磺胺对甲氧嘧啶钠注射液、复方磺胺邻二甲氧嘧啶钠注射液,肌肉注射1日量,按每千克体重20~25毫克。

(2)二甲氧苄啶(DVD,敌菌净,二甲氧苄氨嘧啶)　复方敌菌净粉或片剂,用法详见磺胺对甲氧嘧啶(SMD)制剂。

31. 养鸡常用的喹恶啉类和吡啶类制剂有哪些？怎样合理使用？

(1)痢菌净(乙酰甲喹)　0.5%痢菌净注射液,肌肉注射一次量,每千克体重4~8毫克,每日2次,连用3天。

(2)喹乙醇(快育灵)

①喹乙醇粉,作为肉鸡生长促进剂,每吨饲料添加量50~100克。

②喹乙醇片(每片25毫克),防治禽霍乱,按每千克体重20毫克,内服,每日2次,连用3天。

32. 养鸡常用哪些抗寄生虫类药物？怎样合理使用？

(1)磺胺喹恶啉　主要用于防治鸡球虫病。多采用间歇用药，即用药与停药交替进行。用于治疗时,可用0.1%浓度连续饲喂3天,停药3天后,改用0.05%饲喂2天,然后又停药3天,再用0.05%浓度饲喂2天,若需要时还可停药3天,再按原剂量喂2天。用于预防时,可按0.012%混料或0.05%混水,或用0.05%浓度在5天期间连续饲喂。本品在鸡体内排泄甚慢,休药期为10天。

(2)磺胺二甲氧嘧啶　临床上常用于球虫病暴发时的治疗。混饲治疗浓度为200克/千克;混水浓度为250~500克/升。

(3)二甲氧甲基苄氨嘧啶　防治鸡球虫病,使用时常与磺胺二甲氧嘧啶配合。用量:磺胺二甲氧嘧啶125毫克/千克,二甲氧甲基苄氨嘧啶75毫克/千克。一般宰前2天停药,并限制应用于16周龄以上的鸡。

(4)莫能霉素　用125毫克/千克混料,可预防球虫病,并能促进幼鸡生长发育。一般宰前3天停药,产蛋鸡限制使用。

(5)盐霉素(沙利霉素)　按60~70毫克/千克浓度混饲。优素精,含盐霉素10%。

(6)青霉素　用于治疗鸡球虫病。治疗用量:混水,雏鸡每只4000~5000单位/次;1月龄以后每只0.8万~1.0万单位/次,每天2次,连用3天。

(7)土霉素　用于治疗鸡球虫病。治疗用量:雏鸡每只每天有2~4毫克,连用2~3天。

(8)氨丙啉　用于预防和控制鸡球虫病时,用量为125~250毫克/千克,混料连喂2周。

(9)敌灭素　用于治疗鸡球虫病,以125毫克/千克浓度混饲。

(10)球痢灵(二硝苯酰胺) 本品对球虫有效。本品的预防量为125毫克/千克,治疗量为250毫克/千克,连喂3～5天,可治疗暴发性球虫病。

(11)氯苯胍 用于防治鸡球虫病。治疗量为30～33毫克/千克拌料,连喂3～5天。

(12)灭滴灵(甲硝基羟乙唑) 有强大的杀灭滴虫的作用,也可抑制厌氧菌感染,用于治疗鸡滴虫病。混水,按0.05%浓度连饮7天,停药3天,再饮用7天。

(13)哌嗪 对鸡的蛔虫有效。国内常用的哌嗪制剂有枸橼酸哌嗪及磷哌嗪。

两种药品的使用剂量,混料,每千克体重0.2～0.3克;亦可按0.4%～0.8%浓度混水。

(14)左旋咪唑 为广谱、高效、低毒、使用方便的驱虫药,对鸡多种线虫有效,如鸡蛔虫、异刺线虫、气管线虫等,对蛔虫的效果更好。驱蛔虫饮服量为每千克体重24毫克,驱虫率达100%;驱异刺线虫饮服量为每千克体重36毫克,驱虫效果较好。

(15)甲苯咪唑 为广谱驱虫药,对线虫、绦虫等肠道蠕虫均有疗效。治疗量为每千克体重30毫克,或按125毫克/千克浓度混料给药。

(16)氯酚 对鸡赖利绦虫有效。治疗量为每千克体重300毫克。

(17)灭绦灵(氯硝柳胺) 对多种绦虫和吸虫有效,特别对绦虫效果好。治疗量为每千克体重50～65毫克。

(18)槟榔 将植物槟榔的种子研成细末,鸡每千克体重0.25～0.5克,可驱绦虫节片并可驱绦虫。

(19)蝇毒磷 是优良"内吸毒剂",杀虫范围广,对鸡的刺皮螨、新勋恙螨、秋恙螨以及跳蚤、软蜱、鸡虱等体外寄生虫的成虫和幼虫有效,对鸡蛔虫也有驱除作用。16%蝇毒磷乳油,用时配成各种浓度。如治疗鸡鳞足螨病,应配成0.03%乳剂逐只浸洗鸡脚、鸡冠和鸡髯,再用0.03%乳剂喷栖架、地面等处。也可用0.05%浓度的沙浴杀灭鸡体外寄生虫。

(20)敌百虫　杀虫范围广,对体内外寄生虫都有效,其杀虫作用较有机氯制剂强。用0.1%~0.15%溶液洗浴或喷洒杀灭鸡膝螨;用0.1%~0.5%溶液喷洒可杀死虱、蚤、蜱、蚊、蝇等体外寄生虫。

(21)马拉硫磷　为有机磷杀虫剂,作用与蝇毒磷相似,可用以驱除鸡体外寄生虫。用于喷雾剂,浓度为1.25%;用于撒粉剂,浓度为4%。

(22)除虫菊　本品为白花除虫菊的干燥花序,其有效成分除虫菊酯约含1%,常用于杀灭蝇、蚊、蜱、虱及治疗疥螨病。除虫菊花序干粉复方制剂(干粉0.37~0.75克加煤油1.8升)或0.2%除虫菊酯煤油溶液,可杀灭各种昆虫。1%~3%除虫菊花序干粉乳剂可治疗鸡疥癣。

(23)溴氰菊酯(敌杀死)　可杀死灭鸡蜱、虱、螨,还可用于杀蟑螂、蚂蚁等。其残效期较短,可隔10~15天再用1次。有2.5%乳剂、2.5%可湿性粉剂。常用浓度为50~80毫克/升。

33. 养鸡常用哪些作用于消化系统的药物?怎样合理使用?

(1)乳酶生　临床上常用于鸡消化不良等胃肠疾病。内服,每只鸡0.5~1克。

(2)干酵母　常用于鸡消化不良和维生素B缺乏所引起的各种疾病。另外,对雏鸡嗉囊积食有助消化作用,还可用于促进雏鸡生长发育。内服,每只鸡0.1克。

(3)硫酸镁(泻盐)　可用于内服治疗鸡大肠便秘,鸡中毒时可排除肠内毒物,如配合驱虫药应用可排除虫体。鸡的内服量为1~5克/只。

(4)硫酸钠(芒硝)　其用途与硫酸镁相同,但作用较硫酸镁弱。鸡的内服量为1~5克/只。

34. 养鸡常用哪些中枢兴奋药、安定药及醒抱药？怎样合理使用？

(1)安钠咖　可作为鸡中毒及其他原因产生中枢神经系统抑制、呼吸及循环衰竭的兴奋药。用于治疗时,皮下注射量为0.1~0.2毫升/只。

(2)巴比妥　能抑制中枢神经系统,大剂量起催眠和抗惊厥作用,小剂量起镇静作用,鸡因中毒或其他原因而引起的兴奋性症状,可用本品作镇静药。内服,每千克体重0.03克。

(3)溴化物(溴化钠、溴化钾、溴化铵)　当鸡因毒物或其他原因而引起中枢神经兴奋时,可用溴化物作镇静剂。内服,每只鸡0.5~1片。

(4)氯丙嗪(冬眠灵)　对神经中枢具有抑制作用,可用于疾病或中枢兴奋药中毒引起的惊厥,还可用于高温季节运输或其他原因而引起的应激反应。

本品用于应激反应时,青年鸡每只每天一次内服量为30毫克,育成鸡每只每天一次内服量为50克。也可在捕捉、免疫接种、运输及断喙前1小时左右,每千克饲料中加入500毫克氯丙嗪饲喂,以预防应激反应。

(5)硫酸铜　可用于就巢母鸡的醒抱。使用时,用2%硫酸铜溶液,给就巢鸡肌肉注射1毫升/只。

(6)盐酸麻黄碱　用于就巢母鸡醒抱时,每只鸡1次用2片,每片含25毫克,上、下午(间隔7~8小时)各投1次。

35. 养鸡常用哪些解毒类药物？怎样合理使用？

(1)有机磷中毒的解毒药

①阿托品:用于有机磷中毒的解毒,但只能解除轻度中毒的毒性,故在中毒严重时,应与解磷定反复应用,才能有效。

硫酸阿托品注射液,皮下注射,鸡每只用0.1~0.25毫克;硫酸阿托品片(0.3毫克/片),内服,鸡每只用0.1~0.2毫克。

②碘磷定(解磷定):肌肉注射,鸡每只0.2~0.5毫升(每支10毫升,每毫升含碘磷定40毫克)。

(2)金属与类金属中毒的解毒药

①二巯基丙醇注射液,肌肉注射,每千克体重2.5~5毫克。

②硫代硫酸钠(在苏达)注射液,肌肉注射,每只0.32克。

(3)有机氟中毒的解毒药及其他解毒药

①乙酰胺(解氟灵):乙酰胺注射液,肌肉注射,每千克体重0.1克。

②葡萄糖:5%葡萄糖注射液,皮下注射,每只鸡每次20~50毫升;内服,每只鸡每次50毫升。25%高渗葡萄糖注射液,腹腔注射,每只鸡每次5~10毫升。

③氯化钠:多用于鸡的药物中毒及饲料中毒的解毒。0.68%氯化钠注射液皮下及静注,每只鸡每次20~50毫升;内服,每只鸡每次50毫升。

④维生素C:多用于重金属离子中毒及药物中毒的解毒。维生素C片,口服,每只25~50毫克;维生素C注射液,肌肉注射,每只0.05~0.125克。

36. 养鸡常用哪些杀鼠药?怎样合理使用?

(1)磷化锌 杀鼠能力强、收效快,鼠食后多在24小时内死亡。鼠类吞食药饵后,由于在胃内受胃酸影响,使本品产生气体磷化氢,出现更快的毒杀效果。

本品对人、畜、禽的毒力均与鼠类近似,人误食2~3克有致死可能,哺乳动物中毒后48~72小时死亡,家禽一般中毒后24小时死亡。

临床上常用其粉剂,配成2%~5%毒饵应用。

(2)毒鼠磷 为有机磷杀鼠剂,杀鼠能力强。本品对鸡的毒力很弱,但鸭、鹅敏感。一般毒饵浓度为0.5%~1%。

(3)安妥 杀鼠能力强,特别是对褐家鼠,但对屋顶鼠效果很差。鼠类食后体温下降,产生肺水肿及胸膜渗出,导致呼吸困难,致死时间为1~2天。

安妥常用其粉剂,含α-萘硫脲84%以上,配成1%~5%毒饵应用,不宜用有酸味的食物作饵料。

(4)氟乙酸钠 是一种有机氟杀鼠剂,杀鼠能力强。鼠类对本品接受性好,但连续给予毒饵3次以上,部分鼠可产生一定的拒食性。本品作用较快,0.5~1小时出现中毒症状,多在1天内死亡。本品对各种动物都有毒性,易发生二次或三次中毒。

毒饵配制浓度,家鼠用0.2%~0.4%,野鼠用0.3%~0.6%。

(5)华法林(杀鼠灵) 是一种香豆素类抗凝血剂,对褐家鼠较敏感,对小家敏感性差。本品灭鼠效果良好。常用粉剂,配成0.025%~0.05%毒饵应用。

37. 要合理用药,必须避免哪些错误做法?

随着养鸡业的发展,鸡病防治药物的品种和数量不断增加,这对鸡群健康保健和疫病防治工作起到了积极作用。但是由于种种原因,某些基层单位或个人,滥用、乱用药物的现象也日趋严重。主要表现为:

(1)滥用假药劣药。

(2)盲目投药,主要指品种求多,剂量求大,疗程求长等滥用药物行为。

(3)使用药物计算和称量不准确,搅拌不均匀。

(4)投药途径不当。

(5)不重视药物说明书上标明的禁忌或注意事项。

38. 滥用、乱用药物会带来哪些危害？

(1)达不到防治疾病的目的。由于诊断不准确而乱用药或使用了假药和劣药，使得本来可以及时治好的疾病而治不好，造成不应有的损失。

(2)危害人体健康。由于滥用假药、劣药，不按规定在宰前若干天停药，或将不得用于蛋禽的药违反规定使用等，均可能在胴体或蛋品中残留一些有损人体健康的药物。

(3)损害家禽健康甚至引起中毒。由于不恰当地用药，不但起不到治疗作用，反而会损害家禽的健康，加剧病情的发展，有时还可能引起禽群中毒。近年来，因肌肉注射链霉素或庆大霉素剂量过大而引起鸡死亡的事故不少；磺胺类药物中毒和痢特灵中毒也很常见。

(4)造成经济上的损失。滥用药物不但造成药费耗损过大，疾病还得不到及时治疗；而且由于错投药物而延误治疗时间，增加禽群死亡率，提高了饲养成本。

(5)容易形成抗药性菌株。这样不但对今后防治工作增添了麻烦，而且某些耐药性的菌株可能从家禽经某种途径转到人或其他动物体上，也可能形成对人或动物有致病力而又有耐药性的菌株，这将会给今后的疾病防治工作带来被动。

39. 怎样做到合理用药？药物会引起哪些不良反应？

合理使用药物，应注意如下几点要求：
(1)不要贪便宜而购买一些未经许可而生产的假药和劣药。
(2)发生禽病后应尽快做出诊断，有困难时应请求有关技术部门帮助，力求及时确诊。
(3)根据疗效高、副作用小、安全、价廉、来源可靠等原则选择需要用的药物。

(4)按规定的剂量和疗程使用,计算和称量要准确,搅拌应均匀,重视药物的禁忌和使用注意事项,严格按说明书的规定使用。

(5)未经试验不得将多种药物混合使用。

(6)用药期间应密切注意禽群的状况,注意有无不良反应或中毒现象等,发生意外事故时应及时报告有关部门进行处理。

药物在禽病防治进程中,有可能会产生某些不良反应,常见的不良反应有以下3种:

①副作用:在使用正常剂量的用药过程中所出现的与治疗目的毫无关系的作用,如应用抗菌药物因使用时间较长时引起的B族维生素缺乏等。其危害一般不大,如在用药过程中严格掌握用药剂量和用药时间,加上适当补充有关药物即可减少和避免副作用的发生。

②毒性作用:一般是指用药量过大或用药时间太长而使某些药物对于机体的损害而造成毒性反应。如链霉素、庆大霉素、磺胺类药物等用量过大或用药时间较长而引起对肾脏的毒性危害;磺胺类药使用时间过长或超量服用会引起药物中毒。

③过敏反应:某些药物进入机体后,由于个体应答作用异常,而发生与剂量大小根本没有关系的反应。有些只要停止用药即可解除。

40. 产蛋鸡应忌用哪些药物?

根据笔者实践体会和一些资料介绍,在鸡群产蛋期,下列药物应禁止使用。

(1)磺胺类及磺胺增效剂　磺胺类药物、硫酸链霉素均能使蛋鸡血钙水平降低、产蛋率下降、蛋质变差。尤其是磺胺类药物,是兽医临床上广泛应用的人工合成抗菌药物,具有抗菌范围广、效力稳定、使用方便、价格低廉等特点。常用的磺胺类药物有磺胺二甲嘧啶、磺胺甲氧嘧啶、磺胺脒、复方新诺明、复方敌菌净等。以上药物常用于防治鸡白痢、球虫病和其他细菌性疾病。但这些药物都有抑制鸡产蛋的副作用，因而对产蛋鸡必须禁用。如果应用于雏鸡或青年鸡，也必须严格控制剂量和给药天数，以免引起中毒。

(2) 呋喃类药物 在过去鸡病防治中多利用呋喃唑酮（痢特灵），它对沙门氏菌所致的下痢性疾病有良好疗效，而且价格便宜。但该药具有抑制产蛋的副作用，因而产蛋鸡群不宜使用。

(3) 金霉素 本品属于四环素类广谱抗生素，主要起抑菌作用，高浓度时有杀菌作用。除对革兰氏阳性和阴性菌有抑制作用外，还对支原体、霉形体以及对鸡白痢、鸡伤寒、禽霍乱等有疗效。但是，由于该药物被吸收后，能与血中的钙结合，形成难溶的钙盐排出体外，因而阻碍了蛋壳的合成，使鸡群产蛋率下降，故产蛋鸡群应禁止应用。

(4) 氨茶碱 本品具有松弛平滑肌的作用，可以缓解支气管平滑肌痉挛而产生的哮喘，应用于鸡呼吸道传染病引起的呼吸困难。但本品应用于产蛋鸡群后，可使鸡群产蛋率下降。

(5) 丙酸睾丸素、甲基睾丸素 二者系雄性激素，能抑制下丘脑分泌促性腺激素，使机体内分泌紊乱而影响产蛋，主要用于抱窝鸡的醒抱，但醒抱后应立即停用，若反复使用，会抑制母鸡排卵，甚至发生雄性化而影响产蛋。

(6) 拟胆碱药物 如新斯的明、氨甲酰胆碱和巴比妥类药物，均可影响子宫的机能而使产蛋提前，造成产蛋周期异常，蛋壳变薄、产软壳蛋等。

(7) 乳糖 鸡不耐乳糖，尤其产蛋鸡对乳糖敏感，饲料中含乳糖15%时产蛋会受到明显抑制，超过20%则产蛋停滞，严重者泻痢。

(8) 某些抗球虫药，如克球粉、球虫王等；一些肾上腺皮质激素，如地塞米松、可的松等，这些药物的不合理使用也会影响鸡的产蛋性能。

41. 应用饲料添加剂注意哪些问题?

(1)正确选择　目前的饲料添加剂种类很多,每种添加剂都有自己的用途和特点。因此,使用前应充分了解它们的性能,然后结合饲养目的、饲养条件、鸡的品种及健康状况等,选择使用。

(2)用量适当　用量少,达不到目的;用量过多,既增加饲养成本,还会引起中毒。用量多少应严格遵照生产厂家在包装上的使用说明。

(3)搅拌均匀程度与效果直接相关　饲粮中混合添加剂时,必须搅拌均匀,否则即使按规定的量使用,也往往起不到作用,甚至会出现中毒现象。若采用手工拌料,可采用三层次分级拌和法。具体做法是:确定用量,将所需添加剂加入少量的饲料中,拌和均匀,即为第一层次预混料;然后再把第一层次预混料掺到一定量(饲料总量的1/5～1/3)饲料上,再充分搅拌均匀,即为第二层次预混料;最后再把第二层次预混料掺到剩余的饲料上,拌和均匀。这种方法称为饲料三层次分级拌合法。由于添加剂的用量很少,只有多层次分级搅拌才能混均。

(4)饲料添加剂只能混于干饲料(粉料)中,短时间贮存待用才能发挥它的作用。不能混于加水的饲料和发酵的饲料中,更不能与饲料一起加工或煮沸使用。

(5)贮存时间不宜过长　大部分添加剂不宜久放,特别是营养添加剂、特效添加剂,久放后容易受潮发霉变质或氧化还原而失去作用,如维生素添加剂、抗生素添加剂等。

(6)配伍禁忌　在同时使用两种以上添加剂时,应考虑有无拮抗、抑制作用,是否会产生化学反应。

五、鸡病毒性传染病的防治

42. 怎样防治禽流感？

禽流感,又称真性鸡瘟或欧洲鸡瘟,是由 A 型禽流感病毒引起的一种急性、高度致死性传染病。其特征为鸡群突然发病,表现精神萎靡,食欲消失,羽毛松乱,成年母鸡停止产蛋,并发现呼吸道、肠道和神经系统的病状,皮肤水肿呈青紫色,死亡率高,对鸡群危害严重。

【流行特点】 本病对许多家禽、野禽、哺乳动物及人类均能感染,在禽类中鸡与火鸡有高度的易感性,其次是珍珠鸡、野鸡和孔雀,鸽较少见,其他禽类亦可感染。

本病的主要传染源是病禽和病尸,病毒存在于尸体血液、内脏组织、分泌物与排泄物中。被污染的禽舍、场地、用具、饲料、饮水等均可成为传染源。病鸡蛋内可带毒,孵化出壳后即死亡。病鸡在潜伏期内即可排毒,一年四季均可发病。

本病的主要传染途径是消化道,也可从呼吸道或皮肤损伤和黏膜感染,吸血昆虫也可传播本病毒。由于感染的毒株不同,鸡群发病率和死亡率有很大差异,一般毒株感染,发病率高,死亡率低,但在高致病力毒株感染时发病率和死亡率可达 100%。

【临床症状】 本病的潜伏期为 3~5 天。急性病例病程极短,常突然死亡,没有任何临床症状。一般病程 1~2 天,可见病鸡精神萎靡,体温升高(43.3~44.4℃),不食,衰弱,羽毛松乱,不爱走动,头及翼下垂,闭目呆立,产蛋停止。冠、髯和眼周围呈黑红色,头部、颈部及声门出现水肿(见图5-1)。结膜发炎、充血、肿胀、分泌物增多,鼻腔有灰色或红色渗出物,口腔黏膜有出血点,脚鳞出现紫色出血斑。有时见有腹泻,粪便呈灰、绿或红色。后期出现神经症状,头、腿麻痹,抽搐,甚至出现眼盲,最后极度衰竭,呈昏迷状态而死亡。

图5-1 禽流感
1. 健康鸡　2. 病鸡头、颈水肿　3. 病鸡喉部水肿

【**病理变化**】　病鸡头部呈青紫色,眼结膜肿胀并有出血点。口腔及鼻腔积存黏液,并常混有血液。头部、眼周围、耳和髯有水肿,皮下可见黄色胶样液体。颈部、胸部皮下均有水肿。胸部肌肉、脂肪及胸骨内面有小出血点。口腔及腺胃黏膜、肌胃和肌质膜下层、十二指肠出血,并伴有轻度炎症。腺胃与肌胃衔接处呈带状或球状出血,腺胃乳头肿胀。鼻腔、气管、支气管黏膜以及肺脏可见出血。腹膜、肋膜、心包膜、心外膜、气囊及卵黄囊均见有出血充血。卵巢萎缩,输卵管出血。肝脏肿大、瘀血,有的甚至破裂。

【**鉴别诊断**】

(1)禽流感与鸡新城疫的鉴别　二者有许多相似症状和病变。如体温高(43.3~44.4℃),萎靡不食,羽毛松乱,头翅下垂,冠髯暗红,鼻有分泌物,呼吸困难,发出"咯咯"声,腹泻,后期出现腿脚麻痹等症状,并均有腺胃、肌胃角膜下出血,卵巢充血,脑充血,心冠脂肪有出血点等剖检病变。但二者的区别在于:鸡新城疫病原为新城疫病毒,倒提病鸡时口中流出大量酸臭黏液,头部水肿少见,而禽流感病鸡头部常出现水肿,眼睑、肉髯极度肿胀;新城疫病鸡剖检后主要表现在消化道、呼吸道黏膜外,肝脏、肺、腹膜等也呈现严重出血。

(2)禽流感与禽霍乱的鉴别　二者均有体温高(43～44℃),闭目,垂翅,冠髯紫红,呼吸困难等临床症状;并均有全身黏膜、浆膜出血等剖检病变。但二者的区别在于:禽霍乱一般只流行于个别鸡群或小范围地区,禽流感则波及全村或更大范围。鸭、鹅对禽流感易感性低,而对禽霍乱则极易感染。在病状上,禽流感可见到神经症状,禽霍乱则无此症状,而偶见有关节炎表现。在剖检时,禽流感可见腺胃乳头出血,并在与肌胃交界处形成出血环或出血带,禽霍乱则无此病变。

(3)禽流感与鸡传染性法氏囊病的鉴别　二者均有精神不振,头翅下垂,腹泻等临床症状;并均有腺胃黏膜、肌胃角质膜下层出血等剖检病变。但二者的区别在于:鸡传染性法氏囊病的病原为鸡传染性法氏囊病病毒,病鸡体温升高不明显(仅升高1～1.5℃,10日后下降1～2℃),自啄肛门,腹泻,粪便呈水样或白色黏稠样,微震颤,弓腰蹲伏,眼窝凹陷。剖检可见法氏囊肿大、出血。琼脂扩散试验呈阳性反应。

(4)禽流感与鸡毒支原体感染的鉴别　二者均有打喷嚏、咳嗽、呼吸有啰音、流鼻液、结膜炎、流泪等临床症状。但二者的区别在于:鸡毒支原体感染的病原为鸡毒支原体,病鸡一侧或两侧眶下窦发炎。有关节炎,关节肿胀,跛行。剖检可见鼻孔、鼻窦、气管、肺浆性黏性分泌物增多,气囊混浊,有干酪样分泌物,关节液黏稠如豆油,平板凝集试验呈阳性。

【防治措施】　本病目前尚无有效的治疗方法,抗生素仅可以控制并发或继发的细菌感染。所以入境检疫十分重要,应对进口的各种家禽、鸟类施行严格的隔离检疫,然后才能转至内地的隔离场饲养,再纳入健康鸡场饲养。

在本病流行地区,按禽流感免疫程序接种疫苗。蛋鸡、肉用种鸡,于2周龄首次免疫,接种剂量0.3毫升,5周龄时加强免疫,120日龄左右再次加强免疫,以后间隔5个月加强免疫一次,接种剂量0.5毫升。8周龄出栏肉用仔鸡10日龄免疫,接种剂量0.5毫升。

鸡场一旦发生本病,应严格封锁,对周围3千米范围以内饲养的鸡只全部扑杀,对8千米范围以内饲养的鸡只进行紧急免疫注射。对场地、鸡舍、设备、衣物等严格消毒。消毒药物可选用0.5%过氧乙酸、2%次氯酸钠,以及甲醛及火焰消毒。经彻底消毒2个月后,可引进血清学阴性的鸡饲养,如其血清学反应持续为阴性时,方可解除封锁。

43. 怎样防治鸡新城疫?

鸡新城疫,又称亚洲鸡瘟,在我国民间俗称鸡瘟,是由鸡新城疫病毒引起的一种急性、烈性传染病。其特征为呼吸困难,排绿便,扭颈,腺胃乳头及肠黏膜出血等。本病分布广泛,传播快,死亡率高,是危害养鸡业的最严重疾病之一。

【流行特点】 不同类型鸡的感受性稍有差异,一般轻型蛋鸡的感受性较高。各种年龄的鸡均可感染,2年以上老鸡的感受性较低,幼鸡的感受性较高,但1周龄之内的幼雏由于母源抗体的存在很少发病。没有免疫接种的鸡群或接种失败的鸡群一旦传入本病,常在4~5天内波及全群,死亡率可达90%以上,而免疫不均或免疫力不强的鸡群多呈慢性经过,死亡率一般不超过40%。珍珠鸡和火鸡自然感染的情况较少,鸭、鹅虽可感染,但抵抗力较强,很少引起发病。人可引起急性结膜炎,类似流感症状。

本病可发生在任何季节,但以春秋两季多发,夏季较少。

本病的主要传染源是病鸡,通过病鸡与健康鸡接触,经消化道和呼吸道感染。病鸡的分泌物和粪便中含有大量病毒,被病毒污染的饲料、饮水、用具、运动场等都能传染。除经口感染外,带毒的飞沫、尘埃可以进入呼吸道。病毒也可经眼结膜、泄殖腔等进入鸡体内。屠宰病鸡时乱抛鸡毛、污水,常是造成疫情扩大蔓延的主要原因。另外,接触病鸡或屠宰病鸡的人和污染的衣物等也可散布病毒传染给健康鸡。鸭、鹅特别是麻雀、鸽子等,是本病的机械传播者。猫、狗等吃了病死的鸡肉或接触病鸡后,也可能传播本病。

【临床症状】 本病自然感染的潜伏期一般为 3~5 天。根据临床表现和病程长短,可分为以下三型。

(1)最急性型 发病急,病程短,一般除表现精神萎靡以外,无特征症状而突然死亡。此种类型多见于流行初期和雏鸡。

(2)急性型 发病初期体温升高,一般可达 43~44℃。患病鸡突然减食或废食,饮欲增加。精神萎靡,不愿走动,全身无力,羽毛松乱,闭目缩颈,离群呆立,反应迟钝,头下垂或伸进翅膀下,尾和翅无力、下垂,腿呈轻瘫状,甚至呈昏眠状态。冠、髯呈暗红色或紫黑色,偶见头部水肿。口腔和鼻腔内分泌物增多,积聚大量黏液,由口腔流出挂于喙端(见图 5-2),为了排出黏液,鸡时时摇头,做不断吞咽动作。当把鸡倒提时黏液就从口内大量流出。呼吸困难,常见伸头颈,张口呼吸(见图 5-3)。同时,喉部发出"咯咯"的声音,有时打喷嚏,嗉囊胀气,积有黏液,常拉黄色、绿色和灰色恶臭稀便。母鸡发病后停止产蛋,病后期体温下降至常温以下,不久即死亡。病程多为 2~3 天,如不采取紧急免疫等措施,死亡率常达 90%。少数耐过未死的鸡,由于病毒侵害中枢神经,可引起非化脓性脑脊髓炎,使病鸡表现出各种神经症状,如扭头、翅膀麻痹,转圈、倒退等(见图 5-4)。如此日久,多数鸡消瘦死亡或被淘汰,也有个别鸡可完全康复。

1 月龄以下雏鸡的急性型新城疫,症状不典型,病程 2~3 天,紧急免疫效果较差,死亡率常达 90%~100%。

图 5-2 病鸡半张开的嘴里流出黏液

图 5-3 病雏呼吸困难　　　　图 5-4 病鸡神经症状

(3)亚急性型与慢性型　一般见于免疫接种质量不高或免疫有效期已到末尾的鸡群。主要表现为陆续有一些鸡发病,病情较轻而病程较长。亚急性型新城疫,幼龄鸡感染后可发生死亡,成年鸡则只有呼吸道症状,食欲减退,产蛋量下降,出现软壳蛋,流行持续 1~3 周可以停息,致死率很低;慢性型新城疫,成鸡感染后没有明显的临床症状,雏鸡有时出现呼吸道症状,但一般很少引起死亡,只是在并发其他传染病时才出现大量死亡,致死率可达 30%~40%。最常见的并发传染病为大肠杆菌病和支原体病,血清学检查可证明其感染。

近些年来,在免疫鸡群中发生新城疫,往往表现亚临床症状或非典型症状,发病率较低,一般在10%~30%,病死率在15%~45%。主要表现呼吸道症状和神经症状,呼吸道症状减轻时即趋向康复。少数病鸡遗留头颈扭曲,产蛋鸡主要表现为产蛋率下降和呼吸道症状。

【病理变化】 鸡新城疫的主要病理变化是全身黏膜、浆膜出血。病死鸡剖检可见口腔、鼻腔、喉气管有大呈混浊黏液,黏膜充血、出血,偶尔有纤维性坏死点。嗉囊水肿,内部充满恶臭液体和气体。食管黏膜呈斑点状或条索状出血,腺胃黏膜水肿,腺胃乳头顷端出血,在腺胃与肌胃或腺胃与食管交界处有带状或不规则的出血斑点(见图5-5),从腺胃乳头中可挤出豆渣样物质。肌胃角质膜下出血,有时见小米粒大出血点。十二指肠及整个小肠黏膜呈点状、片状或弥漫性出血,两盲肠扁桃体肿大、出血、坏死。泄殖腔黏膜呈弥漫性出血。脑膜充血或出血。气管内充满黏液,黏膜充血,有时可见小血点。肺脏有时可见瘀血或水肿、小的灰红色坏死灶,心包内有少量浆液,心尖和心冠脂肪有针尖状小出血点,心血管扩张,心肌浊肿,肝脏有时稍肿大或见黄红相间的条纹。脾脏呈灰红色。胆囊肿大,胆汁黏稠,呈油绿色。肾有时充血、水肿,输尿管常有大量白色尿酸盐。产蛋鸡卵泡充血、出血,有的卵泡破裂使腹腔内有蛋黄液。

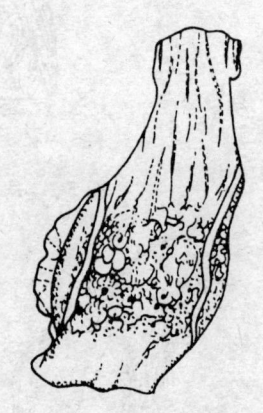

图5-5 病鸡腺胃乳头顶端出血

【鉴别诊断】

(1)鸡新城疫与禽霍乱的鉴别 二者均有体温高(43~44℃),

闭目,垂翅,冠髯紫红,口鼻分泌物多,呼吸困难,拉稀混有血液等临床症状;并均有全身黏膜、浆膜出血,心冠脂肪有出血点等剖检病变。但二者的区别在于:禽霍乱一般只流行于个别鸡群或小范围地区,鸡新城疫则波及全村或更大范围。鸭一般不感染鸡新城疫,而对禽霍乱则极易感染。当在同一地区内鸡和鸭同时大批发病死亡,则可能是禽霍乱而不会是鸡新城疫。在病状上,鸡新城疫可见神经症状,禽霍乱则无此症状,而偶见有关节炎表现。禽霍乱病程短,多在1~2天内死亡,而鸡新城疫多于3~5天内死亡。禽霍乱死鸡剖检,肝脏上有灰黄色坏死点,心包膜内见大量纤维蛋白渗出物,肠黏膜无溃疡;鸡新城疫肝脏无坏死点,心包膜内渗出物少,肠黏膜上多有溃疡。细菌学检查,禽霍乱可检出巴氏杆菌。

(2)鸡新城疫与鸡白痢的鉴别 二者均有羽毛松乱,精神萎靡,呼吸困难,腹泻等临床症状。但二者的区别在于:鸡白痢主要发生于雏鸡,特点是排白色稀便,成年鸡较少而发病多为慢性,有时也可见下痢,病鸡冠、髯贫血苍白,有时见腹部增大,但不见呼吸困难;慢性病例常可见卵巢萎缩,卵黄变性,质硬色淡,有时形成囊包。细菌学检查,鸡白痢可检出鸡白痢沙门氏菌。鸡新城疫呼吸道症状严重,并有神经症状,剖检可见呼吸道和消化道严重出血。实验室检验,鸡新城疫的病原是鸡新城疫病毒。

(3)鸡新城疫与鸡传染性喉气管炎的鉴别 二者均有羽毛松乱,精神萎靡,冠髯发紫,鼻流黏液,张口呼吸,发出"咯咯"声,排绿色稀便等临床症状。但二者的区别在于:传染性喉气管炎的病原为喉气管炎病毒,传染快,发病率高,但死亡率不高;有呼吸困难症状,但无拉稀及神经症状。病理变化局限于气管和喉部,呈出血性或假膜性气管炎和喉气管炎病征。

(4)鸡新城疫与其他神经疾病的鉴别 鸡脑脊髓炎、神经性白血病、食盐中毒和维生素A、维生素B、维生素D、维生素E缺乏症以及药物中毒等疾病,均可出现神经症状,但一般无呼吸、消化器官症状。

【防治措施】 本病迄今尚无特效治疗药物,主要依靠建立并严格执行各项预防制度和切实做好免疫接种工作,以防本病的发生。

(1)定期预防接种疫苗。生产中可参考如下免疫程序,即7~10日龄采用鸡新城疫Ⅱ系(或F系)疫苗滴鼻、点眼进行首免;25~30日龄采用鸡新城疫Ⅳ系苗饮水进行二免;70~75日龄采用鸡新城疫Ⅰ系疫苗肌肉注射进行三免;135~140日龄再次用鸡新城疫Ⅰ系疫苗肌肉注射接种免疫。

(2)做好免疫抗体的监测。上述免疫程序,是根据一般经验制订的,如果饲养规模较大,并且有条件,最好每隔1~2个月在每栋鸡舍中随机捉20~30只鸡采血,或取同一天产的20~30个蛋,用血清或蛋黄作红血球凝集抑制试验,测出抗体效价。根据鸡群抗体效价的高低,决定是否需要再进行免疫接种。一次免疫接种后,鸡群抗体效价持续上升,当达到一定水平后又缓慢下降,当抗体效价下降到8倍时,很难抵抗野毒感染,应立即再次进行免疫接种。

(3)发病后可进行紧急接种。鸡群一旦暴发了鸡新城疫,可应用大剂量鸡新城疫Ⅰ系苗抢救病鸡,即用100倍稀释,每只鸡胸肌注射1毫升,3天后即可停止死亡。对注射后出现的病鸡一律淘汰处理,死鸡焚毁,并应严密封锁,经常消毒,至本病停止死亡后半月,再进行一次大消毒,而后才可解除封锁。

(4)据报道,仙人掌中含抗鸡新城疫病毒物质,故可将仙人掌捣碎,让鸡采食,喂3~5次。

44. 怎样防治鸡马立克氏病?

鸡马立克氏病,是由B群疱诊病毒引起的鸡淋巴组织增生性传染病。其主要特征为外周神经、性腺、内脏器官、眼球虹膜、肌肉及皮肤发生淋巴细胞浸润和形成肿瘤病灶,最终导致病鸡受害器官功能障碍和恶病质而死亡。

【流行特点】 本病主要发生于鸡,此外火鸡、野鸡、鹌鹑等也有一定的易感性,一般哺乳动物不感染。

有囊膜的完全病毒自病鸡羽囊排出,随皮屑、羽毛上的灰尘及脱落的羽毛散播,飘浮在空气中,主要由呼吸道侵入其他鸡体内,也能伴随饲料、饮水由消化道入侵。病鸡的粪便和口鼻分泌物也具有一定的传染力。

由于本病的疫苗并不能阻止感染,也就是说不能阻止入侵的病毒在鸡体内繁殖与排出,只能阻止发病(发生肿瘤),因而在本病流行地区,排毒的鸡很多,被感染的鸡也很多,一群鸡生长到开产前可能全部被感染,但感染后是否发病则取决于许多因素。

(1)感染时的日龄 感染时日龄越小,发病率越高。

(2)免疫力 通过疫苗接种使鸡群获得免疫力,可在很大程度上阻止发病。鸡群如有法氏囊炎病史,由于免疫功能的缺陷,发病率较高。

(3)鸡的体质 如果管理不当,特别是饲养密度过大,维生素A缺乏,使鸡的体质减弱,感染后易于发病。零星散养的鸡较少发病。

(4)品种 不同品种的鸡对本病的抵抗力及感染力和发病率有一定差异。如乌鸡感染后发病比较严重。

(5)性别 母鸡发病率高于公鸡。

(6)病毒的强弱与数量 感染强毒而且入侵数量多的,发病率高。

本病在3周龄即可发生,但蛋鸡发病大多在2~5月龄,170日龄之后仅偶有个别鸡发病。各鸡群的发病率高低不等,有的仅个别鸡发病,一般为5%~30%,严重的可达60%。发病的鸡全部死亡。

【临床症状】 本病的潜伏期长短不一,一般为3周左右,根据发病部位和临床症状可分为4种类型,即神经型、眼型、内脏型和皮肤型,有时也可混合发生。

(1)神经型　又称为古典型,主要发生于3~4月龄的青年鸡,其特征是鸡的外周神经被病毒侵害,不同部分的神经受害时表现出不同的症状。当一侧或两侧坐骨神经受害时,病鸡一条腿或两条腿麻痹,步态失调,两条腿完全麻痹则瘫痪。较常见的是一条腿麻痹,当另一条正常的腿向前迈步时,麻痹的腿跟不上来,拖在后面,形成"大劈叉"姿势,并常向麻痹的一侧歪倒横卧(见图5-6)。当臂神经受害时,病鸡一侧或两侧翅膀麻痹下垂(见图5-7)。支配颈部肌肉的神经受害时,引起扭头、仰头现象。颈部迷走神经受害时,嗉囊麻痹、扩张、松弛,形成大嗉子,有时张口无声喘息。

此型病程比较长。病鸡有一定的食欲,但行动、采食困难,最后因饥饿、饮水不足、衰弱或被其他鸡踩踏而死亡。

图5-6　病鸡一侧坐骨神经受害,呈"大劈叉"姿势

图5-7　病鸡臂神经受害,翅膀下垂

(2)内脏型 又称急性型。幼龄鸡多发,死亡率高。病鸡起初无明显症状,逐渐呈进行性消瘦,冠髯萎缩,颜色变淡,无光泽,羽毛脏乱,行动迟缓。病后期精神萎靡,极度消瘦,最终衰竭死亡。

(3)眼型 单眼或双眼发病,表现为虹膜(眼球最前面的部分称为角膜,角膜后面是橘黄色的虹膜,虹膜中央是黑色瞳孔)的色素消失,呈同心环状(以瞳孔为圆心的多层环状)、斑点状或弥漫的灰白色,俗称"灰眼"或"银眼"。瞳孔边缘不整齐,呈锯齿状,而且瞳孔逐渐缩小,最后仅有粟粒大(见图5-8),不能随外界光线强弱而调节大小。病眼视力丧失,双眼失明的鸡很快死亡。单眼失明的病程较长,最后衰竭死亡或被淘汰。

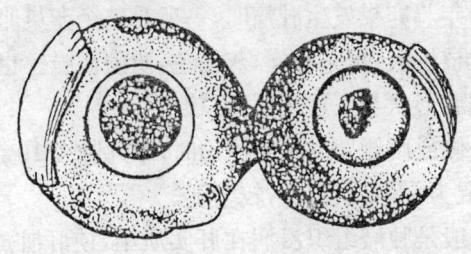

图5-8 病鸡眼睛受害(右),瞳孔缩小

(4)皮肤型 肿瘤大多发生于翅膀、颈部、背部、尾部上方及大腿的皮肤,表现为个别羽囊肿大,并以此羽囊为中心,在皮肤上形成结节,约有玉米至蚕豆大,较硬,少数溃破。病程较长,病鸡最后瘦弱死亡或被淘汰。

【病理变化】

(1)神经型 病变主要发生在外周神经的腹腔神经丛、坐骨神经、臂神经丛和内腔大神经。有病变的神经显著肿大,比正常粗2~3倍,外观灰白色或黄白色,神经的纹路消失。有时神经有大小不等的结节,因而神经粗细不均。病变多是一侧性的,与对侧无病变的或病变较轻的神经相比较,易做出诊断。

(2) 内脏型 几乎所有内脏器官都可发生病变,但以卵巢受侵害严重,其他器官的病变多呈大小不等的肿瘤块,灰白色,质地坚实。有时肿瘤组织浸润在脏器实质中,使脏器异常增大。不同脏器发生肿瘤的常见情况是:

心脏:肿瘤单个或数个,芝麻至南瓜籽大,外形不规则,稍突出于心肌表面,淡黄白色,较坚硬。正常鸡的心尖常有一点脂肪,不要误以为是肿瘤。

腺胃:通常是肿瘤组织浸润在整个腺胃壁中,使胃壁增厚2~3倍,腺胃外观胀大,较硬,剪开腺胃,可见黏膜潮红,有时局部溃烂;胃腺乳头变大,顶端溃烂。

卵巢:青年鸡卵巢发生肿瘤时,一般是整个卵巢胀大数倍至十几倍,有的达核桃大,呈菜花样,灰白色,质硬而脆。也有的是少数卵泡发生肿瘤,形状与上述相同,但较小。

睾丸:一侧或两侧睾丸发生肿瘤时,睾丸肿大10余倍,外观上睾丸与肿瘤混为一体,灰白色,较坚硬。

肝脏:一般是肿瘤组织浸润在肝实质中,使肝脏成灰白色,质硬,挤在肋窝或胸腔中。肺的其他部分常硬化,缺乏弹性。

胰脏:胰脏发生肿瘤时,一般表现发硬、发白,比正常稍大。

(3) 眼型与皮肤型 剖检病变与临床表现相似。

【鉴别诊断】

(1) 鸡马立克氏病与鸡传染性法氏囊病的鉴别 二者均有体温高,走路摇尾,步态不稳,减食,低头,翅下垂,脱水等临床症状。但二者的区别在于:鸡传染性法氏囊病病原为传染性法氏囊病病毒,3~6月龄最易发生,常见病鸡自啄肛门周围羽毛,并出现腹泻。后期病鸡有冷感、趾爪干燥等临床症状。剖检可见法氏囊肿大2~3倍,囊壁增厚3~4倍,质硬,外形变圆,呈浅黄色,或黏膜皱褶上出血,浆膜水肿。胸肌色暗,大腿侧肌、翅皮下、心肌、肠黏膜、肌胃黏膜下有出血斑,琼脂扩散试验出现沉淀线(阳性反应)。

(2)鸡马立克氏病与鸡淋巴细胞白血病的鉴别 二者均有精神萎靡,食欲不振,腹部膨大,消瘦,冠髯苍白等临床症状。但二者的区别在于:鸡淋巴细胞白血病在鸡4月龄发生,6~18月龄为主要发病期,法氏囊出现结节性肿瘤,但不表现神经麻痹和"灰眼"症状;鸡马立克氏病大多发生于2~5月龄,内脏型经常引起法氏囊萎缩,个别病例法氏囊壁增厚,但无肿瘤。

(3)鸡马立克氏病与鸡网状内皮组织增生病的鉴别 二者均有精神萎靡,食欲不振,消瘦,冠髯苍白等临床症状;并均有法氏囊萎缩,一些内脏结节性增生等病理变化。但二者的区别在于:鸡网状内皮组织增生病的病原为网状内皮组织增生病毒。病鸡生长停滞,羽毛生长不正常,躯干部位羽小支紧贴羽干。法氏囊滤泡缩小,淋巴细胞减少,胸腺萎缩、充血、出血、水肿。在96孔细胞培养板上用间接荧光抗体方法敏感性极高。

(4)鸡马立克氏病与鸡脑脊髓炎的鉴别 二者均有共济失调,双肢麻痹,脱水,消瘦等临床症状;剖检均可见神经病变。但二者的区别在于:鸡脑脊髓炎的病原为鸡脑脊髓炎病毒,雏鸡出壳数天即陆续发病,常以跗关节着地,头颈部震颤,眼晶体混浊,失明,脑血管充血、出血。中枢神经元变性、肿大,树突和轴突消失。外周神经无病变。用荧光抗体试验(FA),阳性鸡的组织中可见黄绿色荧光。

【防治措施】 本病目前尚无特效治疗药物,主要做好预防工作。

(1)建立无马立克氏病鸡群 坚持自繁自养,防止从场外传入该病。由于幼鸡易感,因而幼鸡和成年鸡应分群饲养。

(2)严格消毒 发生马立克氏病的鸡场或鸡群,必须检出淘汰病鸡,同时要做好检疫和消毒工作。

(3)预防接种 雏鸡在出壳24小时内接种马立克氏病火鸡疱疹疫苗,若在2~3日龄进行注射,免疫效果较差,连年使用本苗免疫的鸡场,必须加大免疫剂量。

(4)加强管理　要加强对传染性法氏囊炎及其他疾病的防治,使鸡群保持健全的免疫功能和良好的体质。鸡群发病后,在饲料中添加0.002%~0.005%氨苯磺脲(AUS)可减少死亡。

45. 怎样防治鸡传染性法氏囊病?

鸡传染性法氏囊病,又称传染性法氏囊炎或腔上囊炎,是由法氏囊炎病毒引起的一种急性、高度接触性传染病。其特征是排白色稀便,法氏囊肿大,浆膜下有胶冻样水肿液。鸡感染后法氏囊受到严重侵害,发生可逆和不可逆的免疫抑制,导致多种疫苗免疫失败,并使鸡只对许多疾病抵抗力降低,给养鸡生产造成严重损失。

【流行特点】　本病只有鸡感染发病,其易感性与鸡法氏囊发育阶段有关,2~15周龄易感,其中3~5周龄最易感,法氏囊已退化的成年鸡只发生隐性感染。

本病的主要传染源是病鸡和隐性感染鸡,传播方式是高度接触传播,经呼吸道、消化道、眼结膜均可感染,病鸡舍清除病鸡后54~122天内放入易感鸡仍可发病;被污染的饲料、饮水、粪便至52天仍有感染性。

本病一旦发生便迅速传播,同群鸡约在1周内都可被感染,感染率可达100%。如不采取措施,邻近鸡舍在2~3周后也可被感染发病。发病后3~7天为死亡高峰,以后迅速下降。死亡率一般为5%~15%,最高可达40%。此外,本病发生后常继发球虫病和大肠杆菌病。

【临床症状】　本病的潜伏期很短,一般为2~3天。主要表现为鸡群发病突然,且病势严重。病鸡精神萎靡,闭眼缩头,畏冷挤堆,伏地昏睡,走动时步态不稳,浑身有些颤抖。羽毛蓬乱,颈肩部羽毛略呈逆立,食欲减退,饮水增加。排白色水样稀便,个别鸡粪便带血。少数鸡掉头啄自己的肛门,这可能是法氏囊痛痒的缘故。

发病初、中期体温高,可达43℃,临死前体温下降,仅35℃。发病后期脱水,眼窝凹陷,脚爪与皮肤干枯,最后因衰竭而死亡。

本病病程较短,其症状有一过性的特点。一般到发病后约第7天,除少数鸡已死亡外,其余鸡的症状迅速消失。

经过法氏囊病疫苗免疫的鸡群,有时也会有个别鸡发病,症状不典型,比较轻,经隔离治疗一般可以康复。

【病理变化】 该病病毒主要侵害法氏囊。病初法氏囊肿胀,一般在发病后第4天肿至最大,为原来的2倍左右。在肿胀的同时,法氏囊的外面有淡黄色胶样渗出物,纵行条纹变得明显,法氏囊内黏膜水肿、充血、出血、坏死。法氏囊腔蓄有奶油样或棕色果酱样渗出物。严重病例,因法氏囊大量出血,其外观呈紫黑色,质脆,法氏囊腔内充满血液凝块。发病后第5天法氏囊开始萎缩,第8天以后仅为原来的1/3左右。萎缩后黏膜失去光泽,较干燥,呈灰白色或土黄色,渗出物大多消失。

胸腿肌肉有条片状出血斑,肌肉颜色变淡。腺胃黏膜充血潮红,腺胃与肌胃交界处的黏膜有出血斑点,排列略呈带状,但腺胃乳头无出血点。病后期肾脏肿胀,肾小管因蓄积尿酸盐而扩张变粗,胸腺与盲肠扁桃体肿胀出血,脾肿胀,胰脏呈白垩样变性,心冠脂肪呈点状出血,肠腔内黏液增多。

【鉴别诊断】

(1)法氏囊是鸡的免疫器官,许多急性传染病以及接种法氏囊炎弱毒苗都能引起法氏囊轻度充血和有少量渗出物,某些健康鸡也有这种现象,对此需积累解剖经验,防止误诊为法氏囊病。

(2)鸡传染法氏囊病与鸡淋巴细胞白血病的鉴别 二者均有精神不振,嗜睡,减食,腹泻等临床症状;剖检时均可见法氏囊肿大等病变。但二者的区别在于:鸡淋巴细胞白血病的病原是鸡淋巴细胞白血病病毒。该病进行性消瘦,腹部膨大(肝脾均肿大),剖检可见肝、脾肿大3~4倍,皮下毛囊局部或广泛出血,法氏囊切开可见小结节病灶。脾有针尖至鸡蛋大的肿瘤。肝肿大几倍,呈灰白色且质脆。用葡萄球菌 A 蛋白酶联免疫吸附试验(PPA－ELISA)阳性。

(3)鸡传染法氏囊病与鸡白痢的鉴别　二者均有食欲减退,精神不振,闭眼缩颈,翅下垂,毛松乱,排白色稀便等临床症状。但二者的区别在于:鸡白痢的病原为白痢沙门氏菌,出壳后即现有病,有时出壳 10 多天才出现白痢,幼雏因肛门周围绒毛与粪便干结封住肛门不能排粪而鸣叫,人工剥去干结物粪便即喷射而出。幸存者发育不良,有气喘和关节炎。剖检可见早期死亡的鸡肝肿大充血,有条纹出血,卵黄囊吸收不好。病程长的,心、肝、肺、盲肠、大肠和肌胃有坏死灶,盲肠有干酪样物。用马丁肉汤培养基培养,根据菌落和生化特性可以鉴别鸡白痢菌落和本菌。

【防治措施】

(1)疫苗接种　法氏囊炎弱毒苗对本病虽有一定的预防作用,但由于母源抗体的影响及亚型的出现,其效果不理想。最好是在种鸡产蛋前注射一次油佐剂苗,使雏鸡在 20 日龄内能抵抗病毒的感染。雏鸡分别于 14 日龄和 32 日龄用弱毒苗饮水免疫。为了解决母源抗体在一个鸡群中不平衡问题,据报道可间隔 4～5 天采用多次免疫。

(2)加强消毒工作　在本病流行期间要经常对鸡舍内地面及房舍周围进行严格消毒,并用含有效氯的消毒剂对饮水和饲料消毒。

(3)加强管理,减少应激　在饲料中可添加 0.75% 的禽菌灵粉(由穿心连、甘草、吴萸、苦参、白芷、板蓝根、大黄组成)进行预防。

46. 怎样防治鸡痘?

鸡痘又称白喉,是由鸡痘病毒引起的一种急性、热性传染病。

其特征为传播快、发病率高,病鸡在皮肤无毛处引起增生性皮肤损伤形成结节(皮肤型),或在上呼吸道、口腔和食道黏膜引起纤维素性坏死和增生性损伤(白喉型)。

【流行特点】 不同的家禽均由各自禽痘病毒引起,鸭、鹅等水禽易感性较低,也很少见明显症状,鸡和火鸡易感性高,且各种年龄的鸡均易感。本病一年四季均可发生,但秋季发病率最高。一般在秋季和冬初发生皮肤型鸡痘较多,在冬季则以白喉型鸡痘常见。特别是鸡群密度过大,通风不良,卫生条件差,以及日粮中维生素含量不足时更易发病。

鸡痘病毒随病鸡的皮屑及脱落的痘痂等散布在饲养环境中,经皮肤黏膜侵入其他鸡体,在创伤部位更易于入侵。有些吸血昆虫,如蚊虫能够传带病毒,也是夏、秋季节本病流行的一个重要媒介。

【临床症状】 本病自然感染的潜伏期为4~10天,鸡群常是逐渐发病。病程一般为3~5周,严重暴发时可持续6~7周。根据患病部位不同主要分为3种类型,即皮肤型、黏膜型和混合型。

(1)皮肤型 是最常见的病型,多发生于幼鸡,病初在冠、髯、口角眼睑、腿等处,出现红色隆起的圆斑,逐渐变为痘疹(见图5-9),初呈灰色,后为黄灰色。经1~2天后形成痂皮,然后周围出现瘢痕,有的不易愈合。眼睑发生痘疹时,由于皮肤增厚,使眼睛完全闭合。病情较轻不引起全身症状,较严重时,则出现精神不振,体温升高,食欲减退,成鸡产蛋减少等。如无并发症,一般病鸡死亡率不高。

图5-9 病鸡冠、肉髯、喙角有痘疹

(2)黏膜型 多发生于青年鸡和成年鸡。症状主要在口腔、咽喉和气管等黏膜表面。病初出现鼻炎症状,从鼻孔流出黏性鼻液,2~3天后先在黏膜上生成白色的小结节,稍突出于黏膜表现,以后小结节增大形成一层黄白色干酪样的假膜(见图5-10),这层假膜很像人的"白喉",故又称白喉型鸡痘。如用镊子撕去假膜,下面则露出溃疡灶。病鸡全身症状明显,精神萎靡,采食与呼吸发生障碍,脱

图5-10 病鸡口、咽、喉头中有假膜

落的假膜落入气管可导致窒息死亡。病鸡死亡率一般在5%以上,雏鸡严重发病时,死亡率可达50%。

(3)混合型 有些病鸡在头部皮肤出现痘疹,同时在口腔出现白喉病变。

【病理变化】 体表病变如临床所见。除皮肤和口腔黏膜的典型病变外,口腔黏膜病变可延伸至气管、食道和肠。肠黏膜可出现小点状出血,肝、脾、肾常肿大,心肌有时呈实质变性。

【防治措施】

(1)预防接种 本病可用鸡痘疫苗接种预防。10日龄以上的雏鸡都可以刺种,免疫期幼雏2个月,较大的鸡5个月,刺种后3~4天,刺种部位应微现红肿,结痂,经2~3周脱落。

(2)严格消毒 要保持环境卫生,经常进行环境消毒,消灭蚊子等吸血昆虫及其孳生地。发病后要隔离病鸡,轻者治疗,重者扑杀并与死鸡一起深埋或焚烧。对污染场地要严格清理消毒。

(3)对症治疗 皮肤型的可用消毒好的镊子把患部痂膜剥离,在伤口上涂一些碘酒或胆紫;黏膜型的可将口腔和咽部的假膜斑块用小刀小心剥离下来,涂抹碘甘油(碘化钾10克,碘片5克,甘

油20毫升,混合搅拌,再加蒸馏水至100毫升)。将剥下来的痂膜烂斑收集起来烧掉。对眼部内的肿块,用小刀将表皮切开,挤出脓液或豆渣样物质,使用2%硼酸或5%蛋白银溶液消毒。

除局部治疗外,每千克饲料加土霉素2克,连用5~7天,防止继发感染。

47. 怎样防治鸡传染性支气管炎?

鸡传染性支气管炎,是由传染性支气管炎病毒引起的一种急性、高度接触性呼吸道疾病。其特征为气管与支气管黏膜发炎,呼吸困难,发出啰音,咳嗽,张口打喷嚏。成年鸡产蛋量下降,产软壳蛋和畸形蛋。

【流行特点】 本病在自然条件下只有鸡感染,各种年龄、品种的鸡均可发病,以雏鸡最为严重,死亡率也高,成年鸡发病后产蛋率急剧下降,而且难以恢复。发病季节主要在秋末和早春。

本病主要传染源是病鸡和康复后的带毒鸡。病鸡呼吸道分泌物和咳出的飞沫中含有大量病毒,粪便和蛋中也带有病毒,同群鸡之间高度接触传染,户与户、场与场之间主要是人员和空气中的灰尘作传播媒介。在本病的疫区,一般的隔离消毒措施往往不能阻止病源传入,必须搞好免疫预防。

对雏鸡来说,饲养管理不良,特别是鸡群拥挤、空气污染、地面肮脏潮湿、湿度忽高忽低、饲料中维生素和矿物质不足等,容易诱发本病。对于成年鸡,饲养管理好坏与发病的相关性不如雏鸡明显,饲养管理较好的也常会发病。

【临床症状】 本病自然感染的潜伏期为2~4天。呼吸型、肾病变型及腺胃病变型的症状不尽相同,现分述如下:

(1)呼吸型

①雏鸡:发病日龄多在5周龄以内,几乎全群同时发病。最初出现呼吸道症状,如流鼻液、流泪、咳嗽、打喷嚏、呼吸费力,常伸颈

张口喘息等。当舍内寂静并有许多鸡聚在一起时,可听到伴随呼吸发出一种嘶哑的声音。随着病情发展,全身症状逐渐加重,精神萎靡,缩头闭目沉睡,两翅下垂,羽毛松乱无光,畏冷挤堆,食欲减退,身体瘦弱,体重减轻。病程1~2周或稍长,如果鸡原来体质较好,无其他疾病,发病后及时用抗菌药物防止继发感染,并加强护理,死亡率可控制在10%以下,否则死亡率可达20%以上。发病日龄越低,死亡率越高。

②产蛋鸡:首先出现呼吸道和全身症状,继而产蛋量下降,再稍后出现较多的畸形蛋。

呼吸道症状最初见于部分鸡,常在早晨发现,约经1天波及全群,表现稍有鼻液,眼湿润似欲滴泪,呼吸困难,半张口呼吸,不时地有一些鸡咳嗽、打喷嚏,发出"喉喉"的声音。患鸡精神不振,采食减少,部分鸡排黄白色稀粪。但这些症状通常不很严重,若及时用抗生素控制继发感染,经5天左右症状可逐渐消失。发病的第2天产蛋量开始下降,经2周左右下降到最低点,然后逐渐回升。下降幅度、回升速度及回升水平,主要同鸡的日龄有关。处于产蛋高峰期的年轻母鸡,生殖功能旺盛,如果饲养管理比较好,产蛋率下降到最低点时约为原来的一半。例如原来产蛋率为80%,要下降到40%或再稍低些,经2个月可恢复到70%或略高些。400日龄以上的老鸡,生殖功能已经衰退,在鸡群发生传染性支气管炎后,产蛋率常由65%左右下降到5%~15%,发病后2个月只能恢复到50%或者还要低一些。对这种鸡,在发病初期即应考虑淘汰,但必须就地封闭宰杀,然后对被污染的场所进行消毒,以防止病毒扩散。

畸形蛋在刚发病时仅个别出现,到发病后5~6天,病鸡症状开始好转时,畸形蛋才迅速增多,并持续很久。在畸形蛋中,有一部分是严重畸形,即蛋很小,形状似桃、歪瓜、茄等,蛋壳由原来的棕色变为白色,极薄、粗糙、有皱纹(见图5-11)。将蛋打开(因蛋壳薄软如纸,常是撕开),倒在玻璃板上,可见外层蛋白稀薄如水,扩散面很大。这些畸形蛋是临床症状的重要依据。其余的畸形蛋,畸形程度及外层蛋白稀薄程度不等,有的仅是蛋形不正。

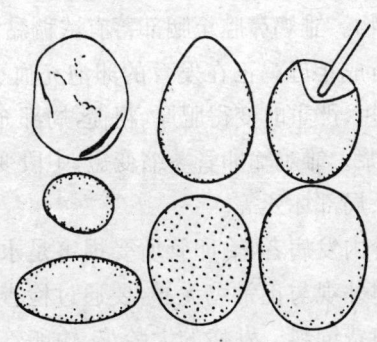

图 5-11　病鸡产的软壳蛋、砂壳蛋、薄壳蛋和畸形蛋

(2) 肾病变型　多发生于 20～50 日龄的幼鸡。典型的病程分为两个阶段:第一阶段出现轻微呼吸道症状,往往不被察觉,经 2～4 天症状近乎消失,表面上"康复";第二阶段是发病后 10～12 天,出现严重全身症状,精神沉郁,厌食,排灰白色稀粪或白色淀粉糊样稀便,失水,脚爪干枯,此时为死亡高峰期。整个病程 21～25 天,死亡率一般为 12%～25%。

(3) 腺胃病变型　1995 年以来,我国江苏、山东、北京、河北等地相继发生。多发生于 20～80 日龄育成鸡,病程为 10～25 天。临床症状主要表现为精神沉郁,饮食,食流泪,眼肿,有时有呼吸道症状,腹泻,极度消瘦,陆续死亡。发病率可达 90%,死亡率一般为 30%左右。

【病理变化】　呼吸型的主要病变在呼吸器官和母鸡的生殖器官,肾病变型的主要病变在肾脏和输尿管,腺胃病变型的主要病变在腺胃、胰腺、胸腺、脾脏及法氏囊。

(1) 呼吸型

①呼吸器官：病变通常为轻度或中等。气管黏膜给人一种水分比较多的感觉，覆有淡黄色透明的分泌物，并自上而下逐渐充血潮红。有的在气管内有灰白色痰状栓子，肺充血、水肿。气囊混浊，变厚，有渗出物。雏鸡鼻腔至咽部蓄有浓稠黏液。

②生殖器官：成年母鸡正在发育的卵泡充血、出血，有的萎缩变形。输卵管缩短，严重时变得肥厚、粗糙，局部充血、坏死。腹腔内常有大量卵黄浆。雏鸡输卵管萎缩变短，中段变化最严重，出现肥厚、粗短、充血、局部坏死等。

雏鸡18日龄内发病者，输卵管所受损害是永久性的，长大后一般不能产蛋，但外观与正常鸡无异，要通过检查耻骨间距，将其检出淘汰，以免浪费饲料。发病的大龄鸡，输卵管的病变轻一些，能有一定程度的恢复，长大后产蛋受一定影响。成年鸡输卵管的变化在病后能有所恢复，有的经21天能恢复正常，但不是所有的鸡都能恢复正常程度。

(2) 肾病变型病鸡的病理变化　主要表现肾肿大、苍白，肾小管因尿酸盐沉积而变粗（见图5-12），心脏、肝脏表面有时也沉积尿酸盐，似一层白霜，泄殖腔内常有大量石灰膏样尿酸盐。法氏囊内充血、出血，黏液增多，有的可见呼吸道病变，有的不明显。

(3) 腺胃肿大，呈球状，腺胃壁增厚，腺胃乳头出血、坏死、溃疡，胰腺肿大出血，胸腺、脾脏及法氏囊萎缩。

图5-12　病鸡肾肿大，肾小管、输尿管有尿酸盐沉积

【鉴别诊断】

(1)鸡传染性支气管炎与鸡传染性喉气管炎的鉴别 二者均有流鼻液,流泪,咳嗽,张口呼吸等临床症状。但二者的区别在于:鸡传染性喉气管炎的传播比传染性支气管炎要慢,呼吸系统症状更为严重,气管分泌物混有血液,且主要发生于成年鸡,而传染性支气管炎既可感染幼鸡,又可感染成年鸡,但以幼鸡症状最重。

(2)鸡传染性支气管炎与鸡传染性鼻炎的鉴别 二者均有疫病传播迅速,患鸡精神萎靡,流鼻液,打喷嚏,甩头,结膜炎,产蛋率下降等临床症状。但二者的区别在于:鸡传染性鼻炎传播缓慢,成年鸡发病较重,主要是鼻腔和鼻窦发炎,多见脸部肿胀,通常流鼻液;慢性病例可发出恶臭味;磺胺类药和抗生素治疗有效。传染性支气管炎只有幼鸡流鼻液,而且幼鸡发病较重,脸部肿胀比较少见。

(3)鸡传染性支气管炎与鸡慢性呼吸道病的鉴别 二者均有流鼻液,咳嗽,打喷嚏,呼吸有啰音,流泪,产蛋率下降等临床症状。但二者的区别在于:由败血性霉形体引起的慢性呼吸道病传播慢,1~2月龄易感,成年鸡多为隐性。典型症状及病变也见于幼鸡,鼻、气管、支气管和气囊有混浊黏稠渗出物,但链霉素、北里霉素、泰乐霉素、红霉素药物治疗有效。

【预防措施】

(1)预防接种 接种鸡传染性支气管炎弱毒苗或参考以下免疫程序:7~10日龄用 H_{120} 与新城疫Ⅱ系苗混合滴鼻点眼,或用 H_{120} 与新城疫Ⅳ系苗混合饮水;35日龄用 H_{52} 饮水,这次免疫也可以与新城疫Ⅱ系或Ⅳ系苗混用;135日龄前后 H_{52} 饮水。如此时注射新城疫Ⅰ系苗,可在同一天进行。

(2)加强饲养管理 要严格隔离病鸡,对鸡舍、用具及时消毒。注意调整鸡舍温度,避免过挤和贼风侵袭。合理配合日粮,在日粮中适当增加维生素和矿物质含量,以增强鸡的抗病能力。

【治疗方法】 本病无特效治疗方法,发病后应用一些广谱抗生素可防止细菌合并症或继发感染。

(1) 用等量的青霉素、链霉素混合,每只雏鸡每次滴2000~5000单位于口腔中,连用3~4天。

(2) 用氨茶碱片内服,体重0.25~0.5千克者,每次用0.05克;0.75~1千克者用0.1克;1.25~1.5千克者用0.15克,每天1次,连用2~3天,有较好疗效。

(3) 用病毒灵1.5克、板蓝根冲剂30克,拌入1千克饲料内,任雏鸡自由采食。

48. 怎样防治鸡传染性喉气管炎?

鸡传染性喉气管炎,是由疱疹病毒引起的一种急性呼吸道传染病。其特征为病鸡高度呼吸困难,咳嗽,喘气,气管分泌物中混有血液。本病是集约化养鸡场的重要疫病之一,发病率较高,死亡率一般在10%~20%。

【流行特点】 在自然条件下,本病主要侵害鸡,有时也感染火鸡、野鸡、鸭、鹌鹑等。各种年龄的鸡均可感染发病,但通常只有成年鸡和大龄青年鸡才表现出典型症状。

本病的主要传染源是病鸡和带毒鸡。病毒存在于病鸡呼吸道及其分泌物中,约有2%的康复鸡能带毒2年,并具有传染性。因此,本病一旦发生,便难以根除,并呈地区性流行。

病毒由呼吸道、眼结膜、口腔侵入体内。饲料、饮水、用具、野鸟及人员衣物等能携带病毒,扩散传播。病鸡产的蛋,有一部分含有病毒,入孵后,胚胎于出雏前死亡。接种过本强毒疫苗的鸡,在较长时期内可排出有致病力的病毒。

本病一年四季均可发生,但以寒冷干燥的冬季多发。若鸡舍过分拥挤,通风不良,饲养管理不当,寄生虫感染,饲料中维生素A缺乏,以及接种疫苗等,都可能诱发本病,并使死亡率增高。

【临床症状】 本病自然感染的潜伏期6～12天。症状随发病季节和病鸡不同而有所差异,温暖季节比寒冷季节轻,幼鸡比成年鸡轻。急性病例鼻孔有分泌物,病鸡呼吸困难,当吸气时,头、颈前伸,眼半闭或全闭,尽力吸气(见图5-13),同时可听到"咯咯"声或啰音。当痉挛咳嗽时,猛烈摇头,试图排出气管内的堵塞物,常咳出带血的黏液。从口腔可以看到喉部黏膜有淡黄色凝固物附着,鸡冠呈青紫色,排绿色稀便,产蛋量急剧下降,也有的病例出现严重的眼炎,大多为单眼结膜充血,眼皮肿胀凸起,眼内蓄积豆渣样物质。病程5～6天,多因窒息死亡,耐过5天以上者多能康复。症状较轻的病鸡生长迟缓,产蛋减少,流泪,眼结膜充血,轻微地咳嗽,眶下窦肿胀,流鼻液,机体逐渐消瘦。

图5-13 病鸡吸气时姿势

【病理变化】 病变主要在喉部和气管,由黏液性炎症到黏膜坏死,并伴有出血(见图5-14)。严重病例气管中可见脱落的黏膜上皮、干酪样物质,以及二者混合形成的黄白色假膜,也常见血凝块。气管病变在靠近喉头处最重,往下稍轻。此外,还可出现支气管炎、肺炎及气囊炎。病变轻者可见眼睑及眶下窦充血。

【防治措施】 本病目前尚无特效疗法,只能加强预防和对症

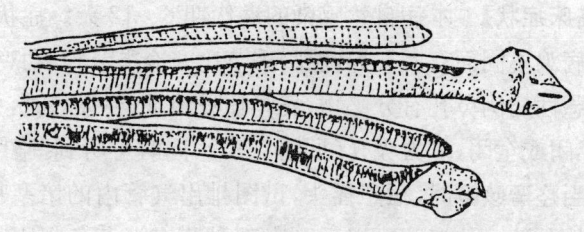

图 5-14　病鸡气管内有血性分泌物
（上面图为正常鸡的气管）

治疗。

（1）坚持严格的隔离消毒防疫措施，易感鸡不可与病愈鸡或来历不明的鸡接触。新购进的鸡必须用少量的易感鸡与其做接触感染试验，隔离观察2周，若不发病，方可合群。

（2）在本病流行的早期如能做出正确诊断，立即对尚未感染的鸡群接种疫苗，可以减少死亡。但接种疫苗可以造成带毒鸡，因而在未发生过本病的地区，不宜进行疫苗接种。疫苗有两种，一种采用有毒的病株制成，用小棉球将疫苗直接涂在泄殖腔黏膜即可（防止沾污呼吸道组织）。另一种是用致弱的病毒株制成，现已广泛应用，通过接种毛囊、滴鼻或点眼等途径都能产生良好免疫力。

（3）对症治疗

①泰乐菌素：每千克体重3～6毫克，肌肉注射，连用2～3天；或在1000毫升水中加4～6克，连饮3～5天。

②氢化可的松与土霉素：各取0.5克，溶解在10毫升注射用水中，用口鼻腔喷雾器喷入鸡喉部，每次0.5～1毫升，每天早晚各一次，连用2～3天。

49. 怎样防治鸡传染性脑脊髓炎？

鸡传染性脑脊髓炎，是由鸡脑脊髓炎病毒引起的一种中枢神经损害性传染病。其特征为主要损害1月龄以内的雏鸡，病鸡腿软无力,瘫痪,头颈震颤。

【流行特点】 本病主要发生于鸡,各种年龄的鸡均可感染,但一般雏鸡在1～2日龄易感,7～14日龄为最易感期。此外,火鸡、鹌鹑和野鸡也能经自然感染而发病。

本病一年四季均可发生,但主要集中在冬春两季。

本病既可水平传播,又能垂直传播。水平传播包括病鸡与健康鸡同居接触传染、出雏器内病雏与健雏接触传染以及媒介物(如污染的饲料、饮水等)在鸡群之间造成传染。由于该病毒可在鸡肠道内繁殖,因而病鸡的粪便对本病的传播更为重要。垂直传播是成年鸡感染病毒之后、产生抗体之前的短时期内,产生含病毒的蛋,孵出带病雏鸡。但是,康复鸡所产的蛋含有较高的母源抗体,可对雏鸡起到保护作用。

【临床症状】 鸡群流行性脑脊髓炎潜伏期为6～7天,典型症状多出现于雏鸡。患病初期,雏鸡眼睛呆滞,走路不稳。由于肌肉运动不协调而活动受阻,受到惊扰时就摇摇摆摆地移动,有时可见头颈部呈神经性震颤。抓握病鸡时,也可感觉其全身震颤。随着病程发展,病鸡肌肉不协调的状况日益加重,腿部麻痹,以致不能行动,完全瘫痪(见图5-15)。多数病鸡有食欲和饮欲,常借助翅力移动到食槽和饮水器边采食和饮水,但许多病重的鸡不能移动,因饥饿、缺水、衰弱和互相践踏而死亡,死亡率一般为10%～20%,最高可达50%。4周龄以上的鸡感染后很少表现症状,成年产蛋鸡可见产蛋量急剧下降,蛋重减轻,一般经15天后产蛋量尚可恢复。如仅有少数鸡感染时,可能不易察觉,然而在感染后2～3周内,种蛋的孵化率会降低,若受感染的鸡胚在孵化过程中不死,由于胎儿缺乏活力,多数不能啄破蛋壳,即使出壳,也常发育不良,精神萎靡,两腿软弱无力,出现头颈震颤等症状。但在母鸡具有免疫力后,其产蛋量和孵化率可能恢复正常。

【病理变化】 一般肉眼可见的剖检变化不明显。一般自然发

图 5-15 病鸡的腿麻痹不能站立

病的雏鸡,仅能见到脑部的轻度充血,少数病雏的肌胃肌层中散在有灰白区(这需在光线好并仔细检查才可发现),成年鸡发病则无上述变化。

【鉴别诊断】

(1)鸡传染性脑脊髓炎与鸡维生素 E 缺乏症的鉴别 二者均有精神沉郁,共济失调,行走不便,不能站立,成年鸡产蛋量及孵化率下降等临床症状,并均有脑膜充血、出血等剖检病变。但二者的区别在于:维生素 E 缺乏症的病因是维生素 E 缺乏,一般在 2~4 周龄发生,比鸡传染性脑脊髓炎晚一些,病雏常伴有白肌病及渗出性素质,剖检可见小脑水肿,表现有出血点,脑内还有黄绿色浑浊的坏死区,而鸡传染性脑脊髓炎病在脑部无肉眼可见的明显变化。

(2)鸡传染性脑脊髓炎与鸡维生素 A 缺乏症的鉴别 二者均有精神沉郁,羽毛松乱,生长缓慢,消瘦,共济失调,走路不稳,驱赶、刺激时出现神经症状等。但二者的区别在于:维生素 A 缺乏症的病因是维生素 A 缺乏,雏鸡流泪,角膜混浊、软化或穿孔,口腔有白色小结节,覆有豆渣样薄膜。成年鸡喙爪色浓,趾爪蜷缩。剖检可见咽喉黏膜有白色结节,覆有豆渣样膜,肾灰白色,肾小管、输尿管充满白色尿酸盐。

(3)鸡传染性脑脊髓炎与鸡维生素 D 缺乏症的鉴别 二者均

有精神沉郁,共济失调,行走不便,不能站立,成年鸡产蛋量及孵化率下降等临床症状。但二者的区别在于:维生素 D 缺乏症的病因是维生素 D 缺乏,虽然最早可在 10~11 日龄发生,但一般要到 1 月龄后才发生,具有明显的骨软症而瘫痪;鸡传染性脑脊髓炎除表现雏鸡瘫痪外,其头颈部神经性震颤症状明显。

(4)鸡传染性脑脊髓炎与鸡维生素 B_2 缺乏症的鉴别 二者均有不愿走路,常以跗关节着地,腿麻痹,生长受阻等临床症状。但二者的区别在于:维生素 B_2 缺乏症的病因是维生素 B_2 缺乏,以飞节着地,以翅保持移动平衡,一般多在 2~3 周龄发生腹泻,足趾向内卷在 2 周龄之后发生,趾爪明显,皮肤干而粗糙,据此易与鸡传染性脑脊髓炎相区别。

【防治措施】 本病目前尚无有效的治疗方法,应加强预防。

(1)在本病疫区,种鸡应于 100~120 日龄接种鸡传染性脑脊髓炎疫苗,最好用油佐剂灭活苗,也可用弱毒苗,以免病毒在鸡体内增强了毒力再排出,反而散布病毒。

(2)种鸡如果在饲养管理正常而且无任何症状的情况下产蛋突然减少,应请兽医部门作实验室诊断。若诊断为本病,在产蛋量恢复正常之前,或自产蛋量下降之日算起至少半个月以内,种蛋不要用于孵化,可作商品蛋处理。

(3)雏鸡已确认发生本病时,凡出现症状的雏鸡都应立即挑出淘汰深埋,以减轻同居感染,保护其他雏鸡。如果发病率较高,可考虑全群淘汰,消毒鸡舍,重新进雏。重新进雏时可购买原来那个种鸡场晚几批孵出的雏鸡,这些雏鸡已有母源抗体,对本病有抵抗力。

50. 怎样防治鸡病毒性肾炎?

鸡病毒性肾炎,也称鸡传染性肾炎,是由鸡肾炎病毒引起的一种以侵害雏鸡肾脏并伴有生长迟滞的传染病。

【流行特点】 鸡病毒性肾炎的自然宿主是鸡,人工接种可导致火鸡发病。该病呈隐性感染,自然感染或人工感染鸡所表现出临床症状均不明显。该病多发生于2周龄以内的雏鸡,2周龄以上的鸡不易感染,但在感染鸡体内可测出病毒抗体。鸡肾炎病毒可经任何途径感染雏鸡,感染途径不影响该病毒对雏鸡的致病力。由于病毒在鸡粪便中可存活相当长的时间,经口感染而导致该病的广泛流行。

【临床症状】 自然感染和人工感染的鸡均难以观察到明显的临床症状。随着病程的发展,鸡群表现出生长缓慢,增重明显下降和肾脏损害。有时在感染鸡群也可观察到腹泻和肺炎。感染的肉鸡临床上往往表现生长停滞,个体矮小,呈僵鸡状。

【病理变化】 本病的肉眼病变仅限于肾脏,肾脏苍白褪色,但不肿大,偶尔可见肾周围有尿酸盐沉积。此病变主要见于2周龄雏鸡。

【预防措施】 本病目前尚无特殊疗法,常规的卫生管理及预防各种病原微生物的混合感染是必要的。

51. 怎样防治鸡白血病?

鸡白血病,是由禽白血病病毒引起的一种慢性传染性肿瘤病。因为鸡白血病病毒与鸡肉瘤病毒具有一些共同的重要特征,所以习惯上把它们放在一起。鸡白血病有多种类型,如淋巴细胞性白血病、成红细胞性白血病、成髓细胞性白血病、骨髓细胞瘤、内皮瘤等。其主要特征为病鸡血细胞和血母细胞失去控制而大量增殖,使全身很多器官发生良性或恶性肿瘤,最终导致死亡或失去生产能力。本病流行面很广,其中以淋巴细胞性白血病的发病率最高,其他类型比较少见。

【流行特点】 在自然感染条件下,本病仅发生于鸡,不同品种、品系鸡的易感性有一定差异。一般母鸡比公鸡易感,鸡的发病年龄多集中于6～18月龄以下,特别是4月龄以下、1岁半以上很少发生。

发病季节多为秋、冬、春季,这可能与鸡的日龄有关。饲料管理不良、球虫病及维生素缺乏症等,能促使本病发生。

本病的传染源是病鸡和带毒鸡,后者在本病传播中起重要作用。母鸡整个生殖系统都有病毒繁殖,并以输卵管的蛋白分泌部病毒浓度最高。所以,本病主要传播方式是垂直传播,接触传播不太重要。由于带毒鸡所产的种蛋携带病毒,其孵出的雏鸡也带毒,成为重要的传染源。

本病虽污染广泛,但发病率很低,一般呈个别散发,偶尔大量发病。

【临床症状与病理变化】

(1)淋巴细胞性白血病　通常又称大肝病,是常见的一种,潜伏期可达14～30周。自然病例常于14周龄后出现,性成熟期发病率最高。本病无特征性症状,仅可见鸡冠苍白、皱缩、偶有发绀,体质衰弱,进行性消瘦,下痢,腹部常增大,有时可摸到肿大的肝脏。肿瘤主要发生于脾脏、肝脏和法氏囊,也见于肾、肺、心、骨髓等。肿瘤可分为结节型、粟粒型、弥漫型和混合型4种。结节型从针尖到鸡卵大,单在或大量分布。肿瘤一般呈球形,也可为扁平型。粟粒型的结节直径在2毫米以下,常大量均匀分布于肝实质中。弥漫型肿瘤使器官均匀增大、增重好几倍,色泽灰白,质地变脆。法氏囊一般肿大,并可见多发性肿瘤。

(2)成红细胞性白血病　本病有增生型和贫血型两种。增生型较常见,特征是血液中红细胞明显增多;贫血型的特征是显著贫血,血液中未成熟细胞少。两型病鸡早期均全身衰弱,嗜睡,鸡冠苍白或发绀,消瘦,下痢,毛囊多出血。病程从几天到几个月。病鸡全身贫血变化明显,肌肉、皮下组织及内脏器官常有小点出血。增生型的特征为肝、脾广泛肿大,肾肿较轻。病变器官呈樱桃红色。贫血型内脏常萎缩,特别是肝和脾。

(3)成髓细胞性白血病　临床症状与成红细胞性白血病相似,但病程后者长。其特征变化为血液中的成髓细胞大量增加,每毫升血液中可高达200个。剖检时,病鸡骨髓坚实,红灰色到灰色。实质器官肿大,严重病例肝、脾、肾常有灰色弥散性浸润,使脏器呈颗粒状外观或有斑状花纹。

(4)骨髓细胞瘤病　病鸡的骨骼上常见由骨髓细胞增生形成的肿瘤,因而病鸡的头部出现异常的突起,胸部与跗骨部有时也见有这种突起。病程一般较长。

(5)脆性骨质硬化型白血病(骨化石病)　病鸡双腿发生不正常的肿大和畸形(见图5-16),走路不协调或跛行,发育不良,皮肤苍白,贫血。

图5-16　左图为病鸡的腿下部肿大、畸形,呈"长靴样";
右图为健康鸡

最常见的侵害是肢体的长骨。骨干或干骺端可见均匀或不规则增厚。晚期病鸡,胫骨具有"长靴样"特征。剖检时,首先是胫骨、跗骨和跖骨骨干出现病变,其次是其他长骨、骨盆、肩胛骨和肋骨,趾骨常无变化,病变常呈两侧对称。病初在正常骨头上可见浅黄色病灶,骨膜增厚,骨呈海绵样,极易切断。逐渐向周围扩散,并进入骨骺端,骨头呈梭形。病变可由轻度外生骨疣,到巨大的不对称增大,乃至将骨髓腔完全堵塞不等,到后期则骨质石化,剥开时露出坚硬多孔而不规则的骨石。

本病常与淋巴性白血病合并发生,所以内脏器官同时可以发现肿瘤病灶。如病鸡无并发症,内脏器官往往发生萎缩。

(6)血管瘤 用野毒对幼鸡接种,在3周到4个月可出现血管瘤。多数分离物或病毒株可引起本病,各种年龄的鸡都曾发现过。血管瘤常见单个发生于皮肤中,也常有多发的,瘤壁破溃可导致大量出血,瘤旁羽毛被血污染。病鸡苍白,常死于出血。剖检时,因属血管系统的瘤,故常波及血管壁各层。皮肤中或内脏器官表面的血管瘤很像血疱,内脏的瘤中常可找到血凝块。海绵状血管瘤的特征是,由内皮细胞组成薄壁的血液腔显著扩张。毛细血管瘤是灰粉红色到灰红色的实心团。血管内皮可增生进入密集的团中,只留很小缝隙作为血液的通路,或者发展为毛细管腔的格子状,或者成为由胶状囊支持的散在血管腔。值得注意的是,血管瘤常与成红细胞性白血病和成骨髓细胞性白血病同时出现。

(7)结缔组织肿瘤 包括纤维肉瘤和纤维瘤、黏液肉瘤和黏液瘤、组织细胞瘤、骨瘤和骨生成的肉瘤和软骨瘤。这些肿瘤有的是良性的,也有的是恶性的。良性瘤长得慢,不侵犯周围组织;恶性瘤长得快,发生浸润,能转移。

结缔组织肿瘤发展迅速,任何年龄的鸡均可发生。肿瘤可无限制地生长,常因继发细菌感染、毒血症、出血或机能障碍导致死亡。良性者可不致死,恶性者病程急剧的可在数日内死亡。剖检时,可见纤维瘤、黏液瘤和肉瘤,这些最可能发生于皮肤或肌肉中;软骨或硬骨或混合组成的瘤,可发生于这两种组织中。恶性瘤的转移灶,最常发于肺、肝、脾和肠浆膜中。

【防治措施】 目前尚无有效的疫苗和治疗药物,只有加强预防措施,以杜绝本病的发生。

(1)定期进行种鸡检疫,淘汰阳性鸡,培育无白血病种鸡群。

(2)加强孵化室和鸡场的消毒卫生工作,切断包括经种蛋垂直传递传播途径。

52. 怎样防治鸡轮状病毒感染?

轮状病毒是哺动物和禽类非细菌性腹泻的主要病原之一。鸡感染后主要症状为水样下痢,乃至脱水。

【流行特点】 轮状病毒不仅能感染鸡、鸭等家禽,而且能感染火鸡、鸽、珍珠鸡、雉鸡、鹦鹉和鹌鹑等珍禽,分离自火鸡和雉鸡的轮状病毒可感染鸡。6周龄左右的雏鸡最易感,有时成年鸡也能感染,并发生腹泻。病鸡排出的粪便中含有大量的轮状病毒,能长期污染环境,由于病毒对外界的抵抗力很强,所以在鸡群中可发生水平传播。此外,1日龄未采食的雏鸡体内也检测到了该病毒,从而证明它可能在卵内或卵壳表面存在,并发生垂直传播。禽类轮状病毒感染率很高,死亡率一般在4%~7%,但由此造成的腹泻能严重影响雏鸡的生长发育,并可引起并发或继发感染。

【临床症状】 禽类轮状病毒感染的潜伏期很短,2~3天就出现症状并大量排毒。病鸡水样腹泻、脱水、泄殖腔炎、啄肛,并可导致贫血,精神萎靡,食欲不振,生长发育缓慢,体重减轻等,有时打堆而相互挤压死亡,死亡率一般为4%~7%,耐过者生长缓慢。

【病理变化】 剖检可见肠道苍白,盲肠膨大,盲肠内有大量的液体和气泡,呈赭石色。严重者脱水,肛门有炎症,贫血(由啄肛而致),腺胃内有垫草,爪部因粪便污染引起炎症和结痂。

【鉴别诊断】

(1)鸡轮状病毒感染与鸡白痢的鉴别 二者均有精神委顿、嗜睡,食欲不振,腹泻,啄肛,消瘦等临床症状。但二者的区别在于:

鸡白痢的病原为白痢沙门氏菌。病鸡粪便白色,积粪封住肛门时排粪鸣叫,除去粪块后稀粪喷射而出。剖检可见心、肺、盲肠、大肠、肌胃有坏死结节,盲肠有干酪样物。成年鸡常有心包炎和粘连,含有琥珀色干酪样物。取病料用普通肉汤琼脂平板直接分离,根据菌落特征(光滑、闪光、均质、隆起、透明,呈圆形、多角形,密集的菌落为1毫米或更小,孤立的4毫米或更大)可确定。

(2)鸡轮状病毒感染与鸡伤寒的鉴别 二者均有精神委顿、嗜睡,食欲不振,腹泻,消瘦等临床症状。但二者的区别在于:鸡伤寒的病原为伤寒沙门氏菌。病鸡气喘,呼吸困难,生长不良。剖检可见肝呈棕绿色或古铜色,卵巢出血、变形,常因卵泡破裂而引起腹膜炎。用病料分离培养鉴定禽伤寒沙门氏菌。

(3)鸡轮状病毒感染与鸡副伤寒的鉴别 二者均有精神委顿、嗜睡,食欲不振,腹泻,消瘦等临床症状。但二者的区别在于:鸡副伤寒的病原为副伤寒沙门氏菌。病雏拥挤,靠近热源,常有结膜炎、目盲。成年鸡一般不显症状,有的出现短期症状(食欲不振、饮水增多、下痢脱水、精神倦怠),大多数恢复迅速,病死率不超过10%。剖检可见心包有粘连,肝有出血条纹,成年鸡有出血性坏死性肠炎、心包炎、腹膜炎,包括后备鸡以输卵管增生性、坏死性病变、卵巢化脓性坏死病变为特征。用单克隆抗体和核酸探针为基础的检测沙门氏菌诊断药盒容易做出诊断。

(4)鸡轮状病毒感染与鸡大肠杆菌病的鉴别 二者均有精神委顿、嗜睡,食欲不振,腹泻,消瘦等临床症状。但二者的区别在于:鸡大肠杆菌病的病原为大肠杆菌,病雏腹泻剧烈,粪黄白色,混有黏液、血液。剖检可见心包、肝表面、腹腔充满纤维素性渗出物,通过病原分离培养,染色镜检及生化试验确定为大肠杆菌。

(5)鸡轮状病毒感染与鸡溃疡性肠炎的鉴别 二者均有精神委顿、嗜睡,食欲不振,腹泻,消瘦等临床症状。但二者的区别在于:鸡大肠杆菌病的病原为肠道梭菌。病鸡粪便黄绿或粉红色,带有黏液和特殊恶臭。剖检可见直肠肿大,呈砖红或紫褐色,有粟粒至豆大灰白或灰黄色坏死灶(特征性),脾呈黑褐色、淤血或出血,十二指肠黏膜发黑并有出血,盲肠黏膜有粟粒大突起,中心有溃疡灶、有干酪样物。病料染色镜检可见到菌体和芽孢。

(6)鸡轮状病毒感染与鸡肠炎的鉴别　二者均有精神委顿、嗜睡,食欲不振,腹泻,消瘦等临床症状。但二者的区别在于:鸡肠炎并非病原微生物引起,多由饲养管理不当所导致,如饲喂霉败变质饲料、青饲料过多、不定时饲喂或喂得过多,以及缺乏砂砾等,天气突然变化,受寒、中暑、食物中毒、某些寄生虫如球虫、蛔虫、绦虫也能诱发本病。

【防治措施】　对鸡轮状病毒感染目前尚无特异的防治方法,病鸡可对症治疗,如给予补液盐饮水以防机体脱水,可促进疾病的恢复。

53. 怎样防治鸡减蛋综合征?

鸡减蛋综合征,是由腺病毒引起的使鸡群产蛋率下降的一种传染病。其主要特征为产蛋量下降,蛋壳褪色,产软壳蛋或无壳蛋。本病可使鸡群产蛋率下降30%~50%,蛋的破损率可达38%~40%,无壳蛋、软壳蛋达15%,给养鸡生产造成了严重的经济损失。

【流行特点】　本病的易感动物主要是鸡,任何年龄、任何品种的鸡均可感染,尤其是产褐壳蛋的种鸡最易感,产白壳蛋的鸡易感性较低。幼鸡感染后不表现任何临床症状,也查不出血清抗体,只有到开产以后,血清才转为阳性,尤其在产蛋高峰期30周龄前后,发病率最高。

本病主要传染源是病鸡和带毒母鸡,既可垂直感染,也可水平感染。病毒主要在带毒鸡生殖系统增殖,感染鸡的种蛋内容物中含有病毒,蛋壳还可以被泄殖腔的含病毒粪便所污染,因而可经孵化传染给雏鸡。本病水平传播较慢,并且不连续。鸡粪是发病鸡水平感染的主要方式。因而平养鸡比笼养鸡传播快,鸡可以从喉及粪便中排泄病毒。

【临床症状】 发病鸡群的临床症状并不明显,发病前期可发现少数鸡拉稀,个别呈绿便,部分鸡精神不佳,闭目似睡,受惊后变得精神。有的鸡冠表现苍白,有的轻度发紫,采食、饮水略有减少,体温正常。发病后鸡群产蛋率突然下降,每天可下降2%~4%,连续2~3周,下降幅度最高可达30%~50%,以后逐渐恢复,但很难恢复到正常水平或达到产蛋高峰。在开产前感染时,产蛋率达不到高峰。蛋壳褪色(褐色变为白色),产异状蛋、软壳蛋、无壳蛋的数量明显增加。

【病理变化】 本病基本上不死鸡,病死鸡剖检后病变不明显。剖检产无壳蛋或异状蛋的鸡,可见其输卵管及子宫黏膜肥厚,腔内有白色渗出物或干酪样物,有时也可见到卵泡软化,其他脏器无明显变化。

【鉴别诊断】

(1)鸡减蛋综合征与鸡病毒性关节炎的鉴别 鸡病毒性关节炎也可导致鸡产蛋量下降,但其病原为呼肠弧病毒,病鸡跗关节肿胀,不愿走动,勉强驱赶时步态不稳,剖检可见关节有黄色或血色分泌物,肌腱断裂与周围组织粘连。鸡减蛋综合征则无此症状和病变。

(2)鸡减蛋综合征与鸡脑脊髓炎的鉴别 鸡脑脊髓炎也可导致其产蛋率下降,但其病原为禽脑脊髓炎病毒,病鸡表现为行动迟缓,走几步即蹲下,常以跗关节着地,驱赶时跗关节走路并拍打翅膀,眼晶体混浊,失明。剖检可见脑膜充血、出血,神经元肿大,树突轴突消失。鸡减蛋综合征则无此症状和病变。

(3)鸡减蛋综合征与鸡脂肪肝综合征的鉴别 鸡脂肪肝综合征是鸡的一种代谢病,虽然病鸡也表现产蛋率突然下降,但该病主要发生于肥胖鸡,鸡冠苍白,死亡率高。剖检病死鸡可发现肝肿大,易碎,呈黄褐色,肝破裂出血。鸡减蛋综合征则无此症状和病变。

(4)鸡减蛋综合征与鸡维生素 A、维生素 D、钙缺乏症的鉴别
鸡缺乏维生素 A、维生素 D 和矿物质钙时,由于卵壳腺机能不正常,缺乏钙质原料,不能分泌充足的壳质等,因而产软壳蛋、无壳蛋,但饲料中添加钙和维生素 A、维生素 D 后便很快会恢复。

【防治措施】 本病目前尚无有效的治疗方法,只能加强预防。

(1)对未发生本病的鸡场应保持隔离状态,严格执行全进全出制度,绝不引进或补充正在产蛋的鸡,不从有本病的鸡场引进雏鸡或种蛋。注意防止从场外带进病原污染物。

(2)在本病流行地区可用疫苗进行预防,蛋鸡可在开产前 2~3 周肌肉注射灭活的油乳剂疫苗 0.5~1.0 毫升。

54. 怎样防治鸡包涵体肝炎?

鸡包涵体肝炎,是由腺病毒引起的一种鸡肝脏损害性传染病。其主要特征为病鸡皮下、胸肌、大腿肌等处肌肉出血,肝脏损害,其颜色以黄色、褐色、出血和贫血混合存在。

【流行特点】 本病多发于鸡 3~7 周龄,较集中在 5 周龄前后,感染过法氏囊炎的鸡群易于发病。

本病的主要传染源是病鸡和带毒鸡,主要通过呼吸道、消化道及眼结膜等感染。本病既可垂直传播,又可水平传播。种鸡在开产前不久或产蛋期中感染本病时,在 1~2 周内种蛋含有病毒,可经孵化传染给雏鸡。感染鸡也可随粪便排出病毒污染环境,并通过各种媒介进行水平传播。一般来说,本病水平传播的速度比较缓慢。

【临床症状】 感染本病的鸡群,初期症状不明显,但出现个别

鸡突然死亡,并多为体况良好的鸡。经2~3天后少数鸡精神萎靡,食欲不振,嗜睡,有的鸡头部苍白,冠髯褪色,皮肤呈黄色,并可见皮下出血。有的鸡排水样便。病鸡两腿无力,极度消瘦,不久因衰竭而死亡。轻症鸡数日后即可耐过恢复,多数无症状的感染鸡体重减轻,饲料利用率降低,呈一过性减蛋。

本病在鸡群中可持续1~2周,发病鸡死亡率低。典型发病的鸡群,死亡率在发病后3~5天增加,每天的死亡率为0.5%~1.0%,可持续3~5天,以后逐渐停止。本病有时伴发大肠杆菌病、葡萄球菌病、呼吸道传染病、新城疫等,则病程拖长,死亡率较高。

【病理变化】 肝肿大,表面有不同程度的出血点和出血斑,有的病例出血可波及到肝的全部,剖面实质部也可见到出血变化。死亡鸡的肝脏变化颇为明显,有的可见到大小不等的坏死灶,有时坏死灶和出血相混合。肝表面有凹凸不平之感,肝褪色呈淡褐色至黄色,质脆。病程长的鸡肝萎缩。有细菌感染时可发生肝周炎。无临床症状的感染鸡,有的可见到肝褪色变化。

有的病例可见到骨髓病变,大腿骨的骨髓多呈桃红色或粉红色,病毒侵犯骨髓的病鸡多表现贫血。胸肌、腿部的骨骼肌、皮下组织、内脏的脂肪组织、肠的浆膜面可见到明显的出血。骨髓的变化及全身的出血性变化与磺胺类药物中毒的变化极其相似。

另外,剖检还可见到法氏囊萎缩、脾肿大、肾肿大和输尿管扩张等病变。

【防治措施】 由于本病病原的血清型较多,目前尚无良好的疫苗用于预防。

(1)加强卫生消毒,防止腺病毒侵袭鸡群,并预防其他传染源混合感染,特别要注意传染性法氏囊炎的预防。

(2)发生本病的鸡场,在饲料中可添加复合维生素以增强鸡的抵抗力,也可在饲料中添加抗生素以防止细菌的混合感染。

55. 怎样防治鸡病毒性关节炎？

鸡病毒性关节炎，又称鸡病毒性腱鞘炎，是由呼肠孤病毒引起的一种传染病。其主要特征为病鸡腿部关节肿胀，腱鞘发炎，继而使腓肠腱断裂，从而导致鸡行动不便，采食困难，甚至不能行动。

【流行特点】 本病只发生于鸡，5～7周龄的鸡易感。病毒可通过呼吸道或消化道侵入鸡体，在鸡群中迅速传播，一般多为隐性感染，不表现明显症状。

【临床症状】 雏鸡感染后发病多在3～4周龄以后，初期步态稍见异常，逐渐发展为跛行，跗关节肿胀，病鸡喜坐在关节上，驱赶时才跳动。患肢不能伸张，不敢负重，当腱断裂时，趾屈曲，病程稍长时，患肢多向外扭转，步态蹒跚，这种症状多见于大雏或成鸡。病鸡发育不良，贫血，消瘦，有时排白色稀便，体况长时间内不能恢复。

【病理变化】 病变主要表现在患肢的跗关节，关节上下、周围肿胀，切开皮肤可见到关节上部腓肠腱水肿，关节腔充满淡红色透明滑膜液，如无细菌混合感染时，见不到脓样渗出物，趾曲腱和腓肠腱周围水肿，根据病程的长短，有的周围组织可与骨膜脱离。大雏或成鸡易发生腓肠腱断裂。由于腱断裂，局部组织可见到明显的血液浸润。如发生在换羽时期，可在皮肤外见到皮下组织呈红紫色，关节液增加。慢性病程的鸡（主要是成鸡）腓肠腱增厚、硬化，与周围组织粘着、纤维化，有的在切面可见到肌腱交接部发生的不全断裂和周围组织粘连，失去活动性，关节腔有脓样、干酪样渗出物。

【防治措施】 本病目前尚无有效疗法，只能加强预防。

(1) 加强环境卫生管理，定期消毒鸡舍，以防止病毒侵袭。

(2) 接种疫苗 接种疫苗主要用于种鸡，可在开产前2～3周肌肉注射油乳剂灭活苗，使雏鸡获得较多的母源抗体。此外，雏鸡也可在2周龄时先接种一次弱毒疫苗,在开产前再注射一次油乳剂灭活苗。

56. 怎样防治鸡传染性生长障碍综合征?

鸡传染性生长障碍综合征,是由病毒(该病毒至今未确认,一般认为是一种呼肠弧病毒)引起的一种传染病。其主要特征为病鸡身体弱小,精神不振,羽毛生长差,腿部软弱无力而表现瘸腿等。

【流行特点】 本病主要发生于鸡,对肉鸡危害严重,而对蛋鸡不产生明显影响,不同品系的肉鸡对本病的易感性稍有差异。

本病既可水平传播,又能垂直传播。子代鸡群发病可能与产蛋时种鸡的年龄有关。据报道,发病鸡群多是青年母鸡的后代,种母鸡的年龄通常在24～30周龄。雏鸡感染后4日龄即可发病,8～12日龄死亡率开始增加,最高可达12%～15%。

【临床症状】 病鸡身体弱小,精神不振,羽毛粗乱,无光泽,颈部常留有绒羽,少数病鸡有许多断裂的羽毛。腿软无力或瘸腿,喙、腿颜色苍白,腹部胀满,腹泻,排出黄褐色黏液性粪便。3周龄病鸡骨骼的发育呈佝偻病变化,长骨质脆或易弯曲,这种变化在4周龄时特别明显。

病鸡在1周龄后明显小于健康鸡,在2～4周龄时其活重只及正常鸡的50%～70%,少数病鸡只及正常鸡的1/3大小,严重病鸡在4～8周龄的活重甚至不到200克。

【病理变化】 大腿部位肌肉色素消失,大腿骨骨质疏松,大腿骨头坏死和断裂。腺胃增大,并伴有腺胃胀满和肌胃缩小,可能有糜烂和溃疡。肠道肿胀,肠壁薄脆,有出血性和卡他性肠炎;肠道可见有消化很差的饲料,在下部肠管中含有消化很差的特征性的橘红色黏液性物质。几乎所有病鸡都有局灶性心肌炎,心包液增加,胆囊空虚,法氏囊、胸腺和胰腺萎缩。许多病鸡的盲肠内充满黄色带气体、泡沫和液体性的消化物。

【防治措施】 本病目前尚无特效的防治方法,故应采取综合性预防措施。

(1)加强鸡场的卫生防疫工作 每批鸡饲养结束后,必须更换垫料,并清扫消毒。不用病鸡蛋作种用,对孵化室及其用具认真清理消毒,对控制本病的发生亦有重要意义。

(2)接种疫苗 种鸡和肉用仔鸡均应接种传染性法氏囊病疫苗,以保护法氏囊这一免疫器官,增强鸡的抗病能力。

(3)增加日粮营养,投药治疗 在肉用仔鸡的日粮中添加0.05%硫酸铜,每千克饲粮中添加维生素 E 100 单位、硒 0.25 毫克可减少该病的发生和死亡,适当提高饲料的能量水平和增加含硫氨基酸水平,使用新霉素(混料比例为 70~140 毫克/千克,混水浓度为 35~70 毫克/千克)和杆菌肽(每只雏鸡内服量为 20~50 单位,肉用仔鸡 40~100 单位,青年鸡 100~200 单位,成年鸡 200 单位,每天用药 1 次)可获一定的效果。

57. 怎样防治鸡网状内皮增生病?

鸡网状内皮增生病(RE)是由网状内皮组织增生病毒引起的一种肿瘤性传染病,其特征为病鸡贫血,生长缓慢。

【流行特点】 本病可发生于鸡、鸭、火鸡和其他鸟类。病毒可在鸡群中传播,但传播能力比较弱,接触的鸡只有一部分产生抗体和发病,有人认为鸡自然感染可能是由火鸡或水禽传播引起的。

本病在鸡群中的发病率和死亡率不高。

【临床症状】 急性病例很少表现明显的症状,死前只见有嗜睡。病程较长的呈现衰弱,生长迟缓或停滞,精神沉郁,羽毛稀少,冠髯苍白,个别鸡表现运动失调、肢体麻痹等。

【病理变化】 在病变上可分为 3 种类型,即内脏增生型、神经增生型和坏死性病变型。内脏增生型多发生于肝脏和脾脏,也见于肠道。肝脏肿大,见有斑驳状的网状内皮增殖性的发白区域;脾脏肿大显著,也有斑驳状细胞增殖性区域和坏死病变;肠壁增厚,有网状细胞浸润区及坏死灶,法氏囊萎缩。坏死性病变型主要见于脾脏。神经增生型可见翼神经、坐骨神经、颈神经肿大变粗。

【防治措施】 本病目前尚无有效的防治方法,故应采取综合性的预防措施。

58. 怎样防治鸡传染性贫血病?

鸡传染性贫血病,是由病毒所引起的,其主要特征为病鸡表现再生障碍性贫血和淋巴组织萎缩,导致严重的免疫抑制,从而易继发细菌、病毒和真菌感染。

【流行特点】 雏鸡对本病易感,其易感性的高低与母源抗体的存在密切相关。母源抗体对雏鸡有保护作用,即有母源抗体的雏鸡只发生感染并排毒,但不发病。母源抗体一般可持续3周龄。

本病可垂直感染。经垂直感染(种蛋传递)的雏鸡,一般在出壳后2~3周龄发病。

【临床症状】 一般在感染后10天发病,病鸡表现沉郁、衰弱、消瘦和体重减轻。一般在发病后2天,病鸡开始出现死亡,死亡高峰多在发病后的5~6天,然后逐渐下降,再过5~6天恢复正常。濒死鸡有的腹泻,有的全身出血或头颈部皮下出血、水肿。血稀如水,血凝时间延长,血细胞比容值可下降到20%以下,严重者甚至可降到10%以下,红、白细胞数显著减少,可分别降到100万/毫米^{3}和5000/毫米^{3}以下。

【病理变化】 主要表现为骨髓萎缩,呈黄白色,胸腺和法氏囊显著萎缩,心变圆,肝、脾、肾肿大、褪色。有时肝黄染,有坏死灶,质脆。骨髓肌和腺胃固有层黏膜出血,严重贫血鸡可见肌胃黏膜糜烂或溃疡。部分病鸡有肺实质病变,心肌、真皮及皮下出血。

【防治措施】 本病目前尚无有效的治疗方法,平时应加强饲养管理,搞好环境卫生,及时接种法氏囊病疫苗和马立克氏病疫苗,以防止环境因素影响和其他传染病的免疫抑制。CAIV活疫苗,可通过饮水免疫,对种鸡在13~15周龄进行免疫接种,能有效防止子代发病。减毒的CAIV活疫苗,可通过肌肉、皮下或翅膀对种鸡进行接种。如果后备鸡群血清学呈阳性反应,则不宜进行免疫接种。应加强检疫,防止带毒鸡进入健康鸡群。

59. 怎样防治鸡蓝翅病?

鸡的蓝翅病,是由呼肠弧病毒和鸡传染性贫血症病毒协同作用所引起的一种传染病。其主要特征为病鸡翅膀下皮肤出现深蓝色。

【流行特点】 本病主要发生于肉用仔鸡群,公母鸡均易感染,产蛋鸡和肉种鸡很少发病。一年四季均可发生,一般在11~16日龄开始发病,17~26日龄达到死亡高峰。传播途径是垂直传播,目前尚未发现水平传播的报道。

【临床症状】 病鸡翅膀下皮肤呈现深蓝色,精神沉郁,以胸着地,闭目,羽毛松乱,颤抖,在2小时内死亡。

【病理变化】 病变最明显的特征是皮内、皮下和肌肉内有斑点状出血和水肿。有时继发细菌感染,发生坏疽性皮炎。脾脏肿大,颜色变浅,胸腺和法氏囊萎缩,有轻度的坏死性肝炎。

【防治措施】 本病目前尚无特效药物治疗,一旦发病,要严格消毒,在饲料中加适量的抗生素,以防继发感染。

在养鸡的日常工作中,应采取一些综合性防治措施。

(1)定时对鸡群尤其是种鸡群进行监测,淘汰阳性鸡,减少垂直传播的威胁。

(2)试用人工致弱的呼肠弧病毒和传染性贫血症病毒对种鸡群作联合免疫,或对种鸡注射灭活的油佐剂二联苗,使其子代获得较高的母源抗体水平。

60. 怎样防治鸡肿头综合征？

肿头综合征是一种传染性疾病，其主要特征为病鸡头、脸部肿胀。

【流行特点】 本病常见于4~7周龄的商品肉鸡，也见于成年蛋鸡，传播迅速，2日内可波及全场各鸡群。根据饲养管理和治疗情况的不同，发病率一般为10%~50%，死亡率为1%~20%，病程为10~14天。

环境因素对本病的发生影响很大，潮湿、浓氨、通风不良和鸡密度过高，常是促使本病发生和流行的主要因素。

【临床症状】 病初出现喷嚏或发生"咯咯"声。一天内可见结膜潮红和泪腺肿胀，接着可见少数鸡眼睑、眼周围及头部水肿，2~3天后，头、眼睑显著水肿，结膜发炎，因泪腺肿胀，内眼呈卵圆形隆起，眼睛闭合。有的下颌、颈上部和肉髯也出现水肿。少数鸡出现斜颈、转圈、共济失调和角弓反张。常见有腹泻，粪便呈绿色、恶臭。病鸡常因无法采食或由某些条件性致病菌导致的败血症而死亡。蛋鸡产蛋量仅在几天内略有下降，如果条件改善很快恢复正常。

【病理变化】 病死鸡剖检可见眼结膜炎，头、面部及眼睑周围皮下组织严重水肿，切开时可见胶冻样浸润。泪腺、结膜囊和面部皮下组织中有数量不等的干酪样渗出物。气管下部有小出血点。死鸡多伴发卵黄性腹膜炎。

【防治措施】 对本病目前尚无特异的免疫和治疗方法。必须采取综全措施，改善饲养管理，加强防疫卫生，在保证鸡舍内适宜温度的条件下应做好通风换气。对发病鸡群可给予抗生素或磺胺类药物以控制并发性细菌感染。此外，有报道认为，本病连用3天氟甲喹效果较好。

61. 怎样防治鸡心包积水综合征？

鸡心包积水综合征首先发现于巴基斯坦卡拉奇靠近安卡拉的地方，故又称安卡拉病，是一种新发现的传染病（病原可能是一种病毒或包涵体）。

【流行特点】 本病多发生于3～6周龄的肉鸡，也可见于种鸡和蛋鸡。发病鸡群大多数从3周龄开始死亡，4～5周龄达死亡高峰，高峰期持续4～8天，5～6周龄死亡减少。病程6～15天，死亡率达到20%～80%。

【临床症状】 病鸡无明显预兆而突然倒地，两腿划空，数分钟内死亡。

【病理变化】 病死鸡心肌柔软，心包积有淡黄色透明的渗出液。肝脏肿胀、充血、质地变脆，色泽变暗，并出现坏死。肾苍白或呈黄色。

【防治措施】 据报道，应用病鸡的肝组织匀浆经超声波处理后，用福尔马林灭活制成的灭活苗，有较好的免疫效果。以此苗用于鸡群的紧急接种，能明显地降低死亡率。疫苗注射后5天能产生免疫力，但免疫期不长，某些鸡群注射4～5周后仍可发病。但巴基斯坦肉鸡多在6周龄上市，因此认为，在15～18日龄免疫注射效果较好，或在10日龄和20日龄进行2次免疫效果更佳。

62. 怎样防治鸡喘咳症？

以喘咳症状为主的呼吸困难的疾病，称为鸡喘咳症。其病程长短不一，有的几天、十多天，有的延续到出栏，降低了养成鸡的经济效益。

【致病因素】

（1）代谢病引起的喘咳　肉仔鸡腹水症，往往因大量浆液性液体充满腹腔，压迫肺脏而引起喘咳；胸囊肿往往因腹式呼吸而出现喘咳。

(2)细菌性疾病引起喘咳 副鸡嗜血杆菌和鸡败血霉形体能直接引起喘咳,大肠杆菌、巴氏杆菌、曲霉菌等细菌混合感染后,出现综合征状,并伴有喘咳症。

(3)病毒性疾病引起喘咳 主要有鸡新城疫、传染病性支气管炎、传染性喉气管炎、传染性法氏囊炎、禽流感等。

(4)饲养管理不当引起喘咳 饲养时,使用未去毒的棉籽饼或用量过大,或食盐用量过大,或饮用高浓度的高锰酸钾水等,均可侵害鸡的咽、嗉囊、胃、肠、肝、肺等导致鸡喘咳出现。在管理方面,鸡的饲养密度过大,通风不良,垫草过厚或潮湿,或更换不及时,不同日龄的鸡混养,甲醛气体中毒等,也是致病因素。

【临床症状】 病鸡呈现伸颈、摇头、咳嗽,有时咳血,气管啰音,发出异呼吸声,流鼻液,有的伴有下痢。剖检还可见上呼吸道出血炎症,消化道出血性炎症,胸肌、腹肌、腿肌出血,肝肿大,心包炎,肾脏肿大充血。

【防治措施】 本病主要采取对症治疗。关键是采用综合性的防治措施。

(1)精心饲养 首先,要保证雏鸡质量,应从非疫区引进健康雏鸡;其次,饲料品种齐全,营养标准合理;再次,棉籽饼去毒后方可使用,在饲料中比例一般为3%～5%。

(2)加强管理 首先,要保证育雏时适当温度、湿度和良好的通风换气;其次,雏鸡开食、饮水后,饲喂次数要固定,不要轻易变动,以免造成人为应激;再次,要保证鸡群的整齐度和一定的密度,要贯彻全进全出制度,不同品种、不同目的的鸡群要避免混养;最后,还应根据实际制定科学的防疫程序,既要做到按时接种,又要做到疫苗接种各环节的正确,避免因防疫不当而继发疫病。

六、鸡细菌性传染病的防治

63. 怎样防治禽霍乱？

禽霍乱又称禽巴氏杆菌病或禽出血性败血病,是由多杀性巴氏杆菌引起的一种接触传染烈性传染病。其特征为传播快,病鸡呈最急性死亡,部检可见心冠状脂肪出血和肝有针尖大的坏死点。

【流行特点】 各种家禽及野禽均可感染本病,鸡、鸭最易感,鹅的感受性比较低。

本病常呈散发或地方性流行,一年四季均可发生,但以秋冬季节较多见。

本病的主要传染源是病禽和带菌禽,病菌随分泌物和粪便污染环境,被污染的饲料、饮水及工具等是重要的传播媒介,感染的猫、鼠、猪及野鸟等闯入鸡舍,也可造成鸡群发病。其感染途径主要是消化道和呼吸道,也可经损伤的皮肤而感染。

此外,健康鸡的呼吸道内有时也带菌但不发病。在潮湿、拥挤、转群、骤然断水断料或更换饲料、气候剧变、寒冷、闷热、阴雨连绵、通风不良、长途运输、寄生虫感染等应激因素作用下,使鸡的抗病力降低,这时存在于呼吸道内的病原菌则发生内源性感染而造成鸡群发病。

【临床症状】 本病的潜伏期为1~9天,最快的发病后数小时即可死亡。根据病程长短一般可分为最急性型、急性型和慢性型。

(1)最急性型 常见于本病流行初期,多发于体壮高产鸡,几乎看不到明显症状，患鸡突然不安，痉挛抽搐，倒地挣扎，双翅扑地，迅速死亡。有的鸡在前一天晚上还表现正常，而在次日早晨却发现已死在舍内，甚至有的鸡在产蛋时猝死。

(2)急性型 急性型病鸡最为多见，是随着疫情的发展而出现的。病鸡精神萎靡，羽毛松乱，两翅下垂，闭目缩颈呈昏睡状。体温升高至43～44℃。口鼻常常流出许多黏性分泌物（见图6-1），冠、髯呈蓝紫色。呼吸困难，急促张口，常发出"咯咯"声。常发生剧烈腹泻，稀便，呈绿色或灰白色。食欲减退或废绝，饮欲增加。病程1～3天，最后发生衰竭、昏迷而死亡。

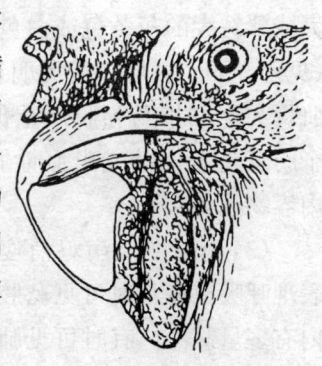

图6-1 病鸡口腔中流出黏液性分泌物

(3)慢性型 多由急性病例转化，一般在流行后期出现。病鸡一侧或两侧肉髯肿大（见图6-2），关节肿大、化脓，跛行。有些病例出现呼吸道症状，鼻窦肿大，流黏液，喉部蓄积分泌物且有臭味，呼吸困难。病程可延至数周或数月，有的持续腹泻而死亡，有的虽然康复，但生长受阻，甚至长期不能产蛋，成为传播病原的带菌者。

【病理变化】

(1)最急性型 无明显病变，仅见心冠状沟部有针尖大小的出血点，肝脏表面有小点状坏死灶。

图6-2 病鸡肉髯肿胀

(2)急性型 浆膜出血，心冠状沟部密布出血点，似喷洒状（见图

6-3)。心包变厚,心包液增加、混浊。肺充血、出血。肝肿大,变脆,呈棕色或棕黄色,并有特征性针尖大或粟粒大的灰黄色或白色坏死灶(见图6-4)。脾脏一般无明显变化。肌胃和十二指肠黏膜严重出血,整个肠道呈卡他性或出血性肠炎,肠内容物混有血液。

(3)慢性型 病鸡消瘦,贫血,表现呼吸道症状时可见鼻腔和鼻窦内有多量黏液。有时可见肺脏有较大的黄白色干酪样坏死灶。有的病例,在关节囊和关节周围有渗出物和干酪样坏死,有的可见鸡冠、肉髯或耳叶水肿,进一步可发生坏死。

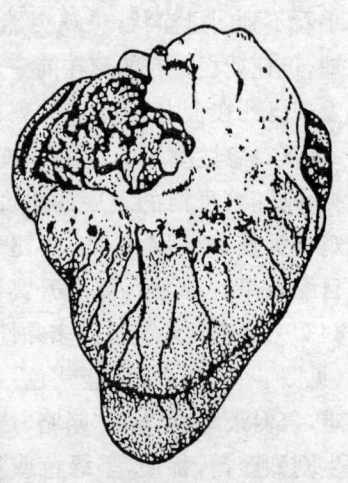

图6-3 病鸡心冠脂肪密布出血点

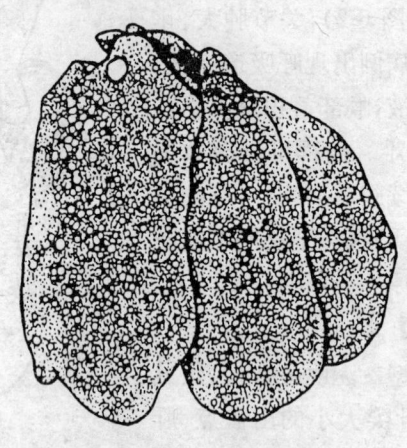

图6-4 病鸡肝脏布满细小的灰白色坏死灶

【鉴别诊断】

(1)禽霍乱与鸡病毒性关节炎的鉴别　二者均有关节肿大、化脓、跛行等临床症状。但二者的区别在于:鸡病毒性关节炎的主要症状和病变均表现在腿部关节上,而且严重,使用抗生素无效。禽霍乱除具有关节症状与病变外,还可发现呼吸困难,流鼻液,肉髯肿大,肝脏有灰黄色或白色坏死灶等特征性症状和病变,一些抗生素对禽霍乱有效。

(2)禽霍乱与鸡伤寒的鉴别　二者均有精神不振,呼吸困难,下痢,粪便呈绿色等临床症状。但二者的区别在于:鸡伤寒可发生于3周龄以上的青年鸡及成年鸡,而禽霍乱在16周龄以前很少发生,发病高峰多集中在性成熟期。鸡伤寒病程长(3~30天),腹泻严重,肝脏表面有灰白色坏死点,但数量比较少,肝表面呈占铜色。鸡伤寒还有脾肿大,胆囊肿大并充满绿色油状胆汁等病变,本病则不显著。

【预防措施】

(1)加强鸡群的饲养管理　减少应激因素的影响,搞好清洁卫生和消毒,提高鸡的抗病能力。

(2)严防引进病鸡和康复后的带菌鸡　引进的新鸡应隔离饲养,若需合群,需隔离饲养1周,同时服用土霉素3~5天。合群后,全群鸡再服用土霉素2~3天。

(3)疫苗接种　在疫区可定期预防注射禽霍乱菌苗。常用的禽霍乱菌苗有弱毒活菌苗和灭活菌苗,如731禽霍乱弱毒菌苗、833禽霍乱弱毒菌苗、G190E40禽霍乱弱毒菌苗、禽霍乱乳剂灭活菌苗等。

(4)药物预防　若邻近发生禽霍乱,本鸡群受到威胁,可使用灭霍灵(每千克饲料加3~4克)或喹乙醇(每千克饲料加0.3克)等,每隔1周用药1~2天,直至疫情平息为止。

当鸡群正处于开产前后或产蛋高峰期,对禽霍乱易感性高,而且时值秋末冬初,天气多变或连阴,发病可能性大,可用土霉素2~3天(每千克饲料加1.5~2克),必要时间隔10~15天再用一次,对其他细菌性疾病也兼有预防作用。

在长途运输、鸡群搬迁、重新组群时,可服用土霉素2~3天,以减缓鸡群的应激反应。

【治疗方法】

(1)在饲料中加入0.5%~1%的磺胺二甲基嘧啶粉剂,连用3~4天,停药2天,再服用3~4天;也可以在每1000毫升饮水中,加1克药,溶解后连续饮用3~4天。

(2)在饲料中加入0.1%的土霉素,连用7天。

(3)喹乙醇,按每千克体重30毫克拌料,每天1次,连用3~5天。产蛋鸡和休药期不足21天的肉用仔鸡不宜选用。

(4)对病情严重的鸡可肌肉注射青霉素,每千克体重4万~8万单位,早晚各1次。

(5)环丙沙星、氧氟沙星或沙拉沙星,肌肉注射按5~10毫克/千克体重,每天2次;饮水按50~100毫克/千克体重,连用3~4天。

64. 怎样防治鸡白痢?

鸡白痢是由鸡白痢沙门氏菌引起的一种常见传染病,其主要特征为患病雏鸡排白色糊状稀便。

【流行特点】 本病主要发生于鸡,其次是火鸡,其他禽类仅偶有发生。据报道,在哺乳动物中,乳兔具有高度的易感性。不同品种鸡的易感性稍有差异,轻型鸡(如来航鸡)的易感性较重型鸡要低一些,这可能与遗传因素有关。母鸡较公鸡易感,其原因可能与其卵泡易于发生局部感染有关。雏鸡的易感性明显高于成年鸡,急性白痢主要发生于雏鸡3周龄以前,可造成大批死亡,病程有时可延续到3周龄以后。当饲养管理条件差,雏鸡拥挤,环境卫生不好,温度过低,通风不良,饲料品质差,以及有其他疫病感染时,都可成为诱发本病或增加死亡率的因素。

本病的主要传染源是病鸡和带菌鸡,感染途径主要是消化道,既可水平感染,又可垂直感染。病鸡排出的粪便中含有大量的病菌,污染了饲料、垫料和饮水及用具之后,雏鸡接触到这些污染物之后即被感染。通过交配、断喙和性别鉴定等方面也能传播本病。雏鸡感染恢复之后,体内可长期带菌。带菌鸡产出的受精卵有1/3 左右被病菌污染,从而在本病的传播中起重要作用。卵黄中含有大量的病菌,不但可以传给后代的雏鸡,使之发病而成为同群的传染源,传给同群的健康鸡;也可以污染孵化器,通过蛋壳、羽毛等传给同批或下批的雏鸡,从而将本病传向四面八方,绵延不断(见图 6-5)。

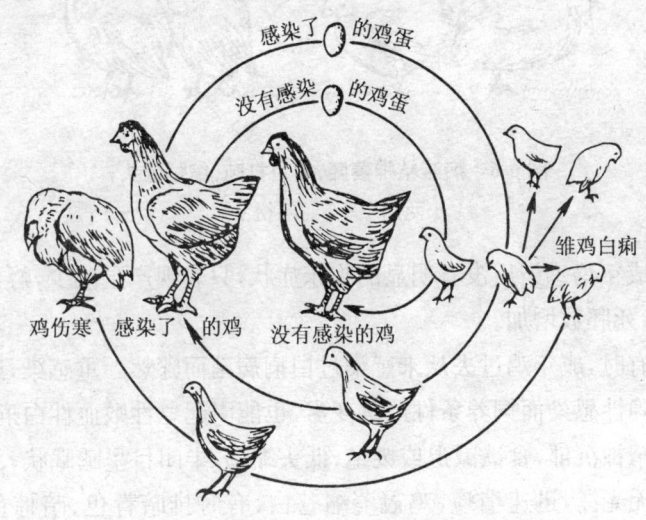

图 6-5 鸡白痢的循环传播

【临床症状】 本病的潜伏期为 4~5 天。带菌种蛋孵出的雏鸡出壳后不久就可见虚弱昏睡,进而陆续死亡,一般在 3~7 日龄发病量逐渐增加,10日龄左右达死亡高峰,出壳后感染的雏鸡多在几天后出现症状,2~3周龄病雏和死雏达到高峰。病雏精神萎靡,离群呆立,闭目打盹,缩颈低头,两翅下垂,身躯变短,后躯下坠,怕冷,靠近热源或挤堆,时而尖叫(见图6-6);多数病雏呼吸困难而急促,其后腹部快速地收缩,即呼吸困难的表现。一部分病雏腹泻,排出白色浆糊状粪便,肛门周围的绒毛常被粪便污染并和粪便粘在一起,干结后封住肛门,病雏由于排粪困难和肛门周围炎症引起疼痛,所以排粪时常发出"叽叽"的痛苦尖叫声。3周龄以后发病的一般很少死亡。但近年来青年鸡成批发病,死亡亦不少见,耐过鸡生长发育不良并长期带菌,成年后产的蛋也带菌,若留作种蛋可造成垂直传染。

图6-6 病雏精神萎靡,闭目打盹,缩颈低头,
两翅下垂,羽毛松乱

成年鸡感染后没有明显的临床症状,只表现产蛋减少,孵化率降低,死胚数增加。

有时,成年鸡过去从未感染过白痢病菌而骤然严重感染,或者本来隐性感染而饲养条件严重变劣,也能引起急性败血性白痢病。病鸡精神沉郁,食欲减退或废绝,低头缩颈,半闭目呈睡眠状,羽毛松乱无光泽,迅速消瘦,鸡冠萎缩苍白,有时排暗青色、暗棕色稀便,产蛋明显减少或停止,少数病鸡死亡。

【病理变化】 早期死亡的幼雏,病变不明显,肝肿大充血,时有条纹状出血,胆囊扩张,充满多量胆汁,如为败血症死亡时,则其内脏器官有充血。数日龄幼雏可能有出血性肺炎变化。病程稍长的,可见病雏消瘦,嗉囊空虚,肝肿大脆弱,呈土黄色,布有砖红色条纹状出血线,肺和心肌表面有灰白色粟粒至黄豆大稍隆起的坏死结节,这种坏死结节有时也见于肝、脾、肌胃、小肠及盲肠的表面。胆囊扩张,充满胆汁,有时胆汁外渗,染绿周围肝脏。脾肿大充血。肾充血发紫或贫血变淡,肾小管因充满尿酸盐而扩张,使肾脏呈花斑状。盲肠内有白色干酪样物,直肠末端有白色尿酸盐。有些病雏常出现腹膜炎变化,卵黄吸收不良,卵黄囊皱缩,内容物呈淡黄色、油脂状或干酪样。

成年鸡的主要病变在生殖器官。母鸡卵巢中一部分正在发育的卵泡变形、变色、变质,有的皱缩松软成囊状,内容物呈油脂或豆渣样,有的变成紫黑色葡萄干样,常有个别卵泡破裂或脱落。公鸡一侧或两侧睾丸萎缩,显著变小,输精管胀粗,其内腔充满黏稠渗出物乃至闭塞。其他较常见的病变有:心包膜增厚,心包腔积液,肝肿大质脆,偶尔破裂,出现卵黄腹膜炎等。

【鉴别诊断】

(1)鸡白痢与鸡伤寒的鉴别 二者病原均为沙门氏菌,均有冠髯苍白,羽毛逢乱,病雏排白色稀便,肛门周围被粪便污染,发育不良,气喘,呼吸困难等临床症状,并均有病雏心肌、肺、肌胃有坏死灶等剖检病变。但二者的区别在于:鸡伤寒的病原为伤寒沙门氏菌(比白痢沙门氏菌短粗,长 1.0~2.0 微米,宽 1.5 微米,两端染色略深),大鸡和成鸡较多发,体温 43~44℃,腹膜炎时如企鹅站立,感染 4 天内可发生死亡。1~6 月龄损失严重。剖检可见肝肿大,呈棕绿色或古铜色,有奶油外观。在鸟氨酸培养基上不脱羧。用病料分离培养鉴定鸡伤寒沙门氏菌。

(2)鸡白痢与鸡副伤寒的鉴别 二者病原均为沙门氏菌,均有冠髯苍白,羽毛逢乱,病雏排白色稀便,肛门周围被粪便污染,发育不良,气喘,呼吸困难,病雏假近热源,成鸡食欲不振,饮水增加,拉稀粪等临床症状,并均有肺充血、有血性条纹,肝、脾、肾肿大等剖检病变。但二者的区别在于:鸡副伤寒的病原为副伤寒沙门氏菌(菌体(0.4～0.6)微米×(1～3)微米,有周鞭毛),鸡副伤寒不仅鸡易感,也可感染其他禽类、家畜和人。病鸡排水样粪,盲目和结膜炎,6～10日龄死亡最多,1月龄以上死亡少见。成年鸡多迅速恢复,死亡率不超过10%。剖检可见卵黄凝固,心包有粘边。成年母鸡以输卵管坏死性增生病变、卵巢化脓性坏死性病变为特征。

(3)鸡白痢与鸡曲霉菌病的鉴别　二者均在4～6日龄多发,第2～3周龄死亡率最高;均有精神不振,闭目缩颈,翅膀下垂,腹泻,气喘,呼吸困难等临床症状。但二者的区别在于:鸡曲霉菌病的病原为曲霉菌。病鸡对外界反应淡漠,头颈伸直,张口呼吸,耳听有沙沙声,结膜炎。剖检可见肺有霉菌结节,周围红色浸润,切开干酪样物有层状结构,气囊混浊也有霉菌结节。肺霉菌结节玻璃压片可见曲霉菌的菌丝。

【预防措施】

(1)种鸡群要定期进行白痢检疫,发现病鸡及时淘汰。

(2)种蛋、雏鸡要选自无白痢鸡群,种蛋孵化前要经消毒处理,孵化器也要经常进行消毒。

(3)育雏室经常保持干燥洁净、密度适宜,避免室温过低,并力求保持稳定。

(4)药物预防

①在雏鸡饲料中加入0.02%的土霉素粉,连喂7天,以后改用其他药物。

②用链霉素饮水,每千克饮水中加100万单位,连用5～7天。

③在雏鸡1～5日龄,每千克饮水中加庆大霉素8万单位,以后改用其他药物。

④如果本菌已对上述药物产生抗药性,可采用恩诺沙星从出壳开始到3日龄按75毫克/升,4～6日龄按50毫克/升饮用。

【治疗方法】

(1) 用磺胺甲基嘧啶或磺胺二甲基嘧啶拌料,用量为 0.2%~0.4%,连用 3 天,再减半量用 1 周。

(2) 用庆大霉素混水,每千克饮水中加庆大霉素 10 万单位,连用 3~5 天。

(3) 用新霉素混料,每千克饲料中加新霉素 260~350 毫克,连用 3~5 天。

(4) 用氟哌酸拌料,每千克饲料中加氟哌酸 100~200 毫克,连用 3~5 天。

(5) 用 5% 恩诺沙星或 5% 环丙沙星饮水,每毫升 5% 恩诺沙星或 5% 环丙沙星溶液加水 1 千克(每千克饮水中含药约 50 毫克),让其自饮,连饮 3~5 天。

65. 怎样防治鸡伤寒?

鸡伤寒是由沙门氏菌引起的一种急性或慢性传染病,其特征为传播快,病鸡下痢,肝、脾等实质器官有明显病变。

【流行特点】 本病主要发生于鸡和火鸡,但其他禽类如鸭、鹅、鸽、鹌鹑等也可自然感染。

各日龄的鸡都能感染发病,但主要发生于成年鸡和 3 周龄以上的青年鸡。在 3 周龄以内的雏鸡中也时有发生,但常被当作白痢。

本病的传染源主要是病鸡和带菌鸡,其粪便中含有大量病菌,污染土壤、饲料、饮水、用具、饲料袋、车辆及人员衣物等,不仅使同群鸡感染,而且还会传至邻舍或邻场。此外,野鸟、野生动物及苍蝇等也可机械性带菌,造成传播。病菌主要经消化道感染,也可经眼结膜等途径侵入鸡体。

本病既可水平传播也能垂直传播。病鸡和带菌鸡产的蛋内含有病菌,可通过孵化传染给雏鸡。

本病通常不广泛流行,多呈散发性。在一个鸡群中发生时,由于病菌的毒力和鸡体抵抗力不同,有时是少数或小部分鸡发病,较少情况下也能全群发病。

【临床症状】 本病潜伏期为4～5天,病程为3～10天,多数为5天左右,随着病菌毒力强弱和机体抵抗力不同而有差异。病鸡初期精神不振,不爱活动。随着病情发展,精神萎靡,头、翅下垂,冠髯苍白萎缩,羽毛松乱,食欲废绝,渴欲强烈,频频饮水,体温升高至43～44℃。腹泻,排出淡黄至绿色稀便,污染肛门周围的羽毛。若发生腹膜炎,则后腹部胀大下垂,病鸡呈直立姿势(见图6-7)。急性病例的病程较短,一般为5天左右,有些鸡在发病后2天内死亡,发病鸡死亡率比较高。在急性发病之后,出现一慢性病鸡,表现不同程度的下痢,消瘦,产蛋减少或停止,病程可延续数周,少数死亡,多数可以康复,成为带菌鸡,带菌器官主要是母鸡的卵巢。在饲养条件恶劣时,康复鸡可能再次发病。

图6-7 病鸡由于腹膜炎而呈直立姿势

3周龄以内的雏鸡发病时,表现精神萎靡,身体衰弱,食欲减退或废绝,排白色稀便,有的呼吸困难,与白痢病很相似,死亡率10%～50%或更高些。出壳后不久发病的,死亡率达90%。

【病理变化】 急性病例,通常无明显病变。病程较长的病例,可见全身可视黏膜及冠髯苍白,肝、脾肿大,充血,棕黄色稍带绿色。在亚急性和慢性阶段,肿大的肝脏呈古铜色。肝与心肌表面散布有灰色小坏死点。胆囊扩张,充满绿色油状胆汁。心包发炎,心包膜增厚与心脏粘连。卵泡出血、变形、变色,母鸡常因卵泡破裂而引起腹膜炎。肠道可见卡他性炎症。肾脏肿大充血,有时见有黄色斑点。心包积水,为浆液性纤维素性渗出物。

3周龄以下雏鸡发病时,可见心、肺表面有灰白色坏死点或结节,与白痢病相似。

【防治措施】 本病的预防措施与鸡白痢相同,用于防治鸡白痢的药物均可用于鸡伤寒,其用药方法基本相同。

66. 怎样防治鸡副伤寒?

鸡副伤寒是由沙门氏杆菌属中的一种能运动的杆菌引起的一种急性或慢性传染病。由于各种家禽都能感染发病,故广义上称为禽副伤寒。在沙门氏杆菌属中,除鸡白痢和鸡伤寒沙门氏菌外,其他沙门氏菌引起禽病都称为禽副伤寒。

鸡副伤寒主要侵害幼鸡,常造成大批死亡。成年鸡多为隐性或慢性感染,但产蛋率、受精率、孵化率明显降低。本病的特征为病雏下痢、消瘦和患结膜炎。此外,本病是一种人、畜、禽共患病,对人主要引起食物中毒。

【流行特点】 各种家禽及野禽对本病均可感染,并能相互传染。雏鸡、雏鸭、雏鹅均十分易感,常出现暴发性流行。鼠类和苍蝇等是副伤寒菌的主要带菌者,是传播本病的重要媒介。家畜感染后可引起肠炎、败血症,是一种细菌性食物中毒。本病的主要传染源是病禽、带菌禽及其他带菌动物,主要通过消化道感染。病禽的粪便中排出病原菌污染周围环境,从而传播疾病。本病也可通过种蛋传染,沾染于蛋壳表面的病菌能钻入蛋内,侵入蛋黄部分。在孵化时也能污染孵化器和育雏器,在雏群中传播疾病。带有病菌的飞沫,可由呼吸道感染而发病。

雏鸡在胚胎期和出雏器内感染本病的,常于4~5日龄发病,这些病雏的排泄物使同居的其他雏鸡感染,多于10~21日龄发病,死亡高峰在10~21日龄。以后随着日龄增大,逐渐有抵抗力。青年鸡和成年鸡很少发生急性副伤寒,一般为慢性或隐性感染。

【临床症状】 本病的潜伏期为12~18小时,有时稍长,其急性病例(败血症)主要见于幼雏,慢性者多发于青年鸡和成年鸡。在孵化器内感染的急性病例常在孵化后数天内发病,一般见不到明显症状而死亡。10日龄以上的雏鸡发病后,身体虚弱,羽毛松乱,精神萎靡,头、翅下垂,缩颈闭目,似昏睡状。食欲减退或废绝,饮水增加。怕冷,偎近热源或挤堆。下痢,排水样稀便,肛门周围有粪便污染。有的发生眼炎失明,有的表现呼吸困难。病程 1~2 天,按全群计算,死亡率 10%~20%,严重时可达 80%。

成年鸡一般不出现急性病例,常为慢性带菌者,病菌主要存在其肠道,较少存在于卵巢。有时可见成年鸡食欲减退,消瘦,轻度腹泻,产蛋量减少,孵化率降低。

【病理变化】 急性病例中往往无明显病变,病程较长的可见肠黏膜充血、卡他性及出血性肠炎,尤以十二指肠段较为严重,肠壁增厚,盲肠内常有淡黄白色豆渣样物堵塞。肝脏肿大,充血,可见有针尖大到粟粒大黄白色坏死灶。脾脏大,胆囊肿胀并充满胆汁。常有心包炎,心内膜积有浆液性纤维素性炎症。

成年鸡慢性副伤寒的主要病变为肠黏膜有溃疡或坏死灶,肝、脾、肾不同程度地肿大,母鸡卵巢有类似慢性白痢的病变。

【防治措施】 预防本病的两项重要措施:一是严防各种动物进入鸡舍,并防止其粪便污染饲料、饮水及养鸡环境;二是种蛋及孵化器要认真消毒,出雏时不要让雏鸡在出雏器内停留过久。其他预防措施与鸡白痢相同。

庆大霉素、卡那霉素、链霉素、氟哌酸、环丙沙星等药物对本病均有效。育雏时,用药防治雏鸡白痢,也就同时防治了雏鸡副伤寒。

67. 怎样防治鸡慢性呼吸道病?

鸡慢性呼吸道病,又称鸡呼吸道支原体病或鸡败血霉形体病,是由鸡败血支原体(霉形体)引起一种慢性呼吸道传染病。其特征为病鸡咳嗽,鼻窦肿胀,流鼻液,气喘并有呼吸啰音。幼鸡生长发育不良,母鸡产蛋减少,疾病发展缓慢,病程较长,可在鸡群中长期蔓延,常并发其他细菌性或病毒性传染病而致使病情加剧,死亡率增高。此外,虽然有多种高效药物对本病有较好的疗效,但很难根治,容易复发,往往整个饲养期病情都处于时稳时现、时轻时重的状态,经养鸡生产造成重大损失。

【流行特点】 本病主要发生于鸡和火鸡,其他禽类很少感染。各种年龄的鸡均有易感性,但以1~2月龄的幼鸡易感性最高,发病时表现典型症状,以后随着日龄增长,易感性有所降低。成年鸡发病时症状较轻,很少直接引起死亡。

本病的主要传染源是病鸡和带菌鸡。这些鸡呼吸道内存在大量病原体(霉形体),可通过咳出的飞沫经呼吸道感染健康鸡,也可污染饲料、饮水,经消化道感染。

本病既可水平传染,又可垂直传染。病鸡和带菌鸡的输卵管和输精管中存在病原体,因而可通过种鸡孵化传染给雏鸡。侵入机体的病原体,可长期存在于上呼吸道而不引起发病,当某种诱因使鸡的体质变弱时,即大量繁殖引起发病。其诱发因素主要有病毒和细菌感染、寄生虫病、长途运输、鸡群拥挤、卫生与通风不良、维生素缺乏、突然变换饲料及接种疫苗等。

本病一年四季都有发生,但以寒冷季节较为严重。在大群饲养中容易流行,而成年鸡多为散发。一般情况下,本病传播较慢,但在新发病的鸡群中传播较快。

【临床症状】 本病的潜伏期为10~21天,发病时主要呈慢性经过,其病程常在1个月以上,甚至达3~4个月,往往整个饲养期都不能完全消除。病情表现为"三轻三重",即用药治疗时轻些(症状可消失),停药较久时重些(症状又较明显);天气好时轻些,天气突变或连阴时重些;饲料管理良好时轻些,反之重些。

幼龄病鸡表现食欲减退,精神不振,羽毛松乱,体重减轻,鼻孔流出浆液性、黏液性直至脓性鼻液。排出鼻液时常表现摇头、打喷嚏等。炎症波及周围组织时,常伴发窦炎、结膜炎及气囊炎。炎症波及下呼吸道时,则表现咳嗽和气喘,呼吸时气管有啰音,有的病例口腔黏膜及舌背有白喉样伪膜,喉部积有渗出的纤维素,因此病鸡常张口伸颈吸气,呼吸时则低头、缩颈。后期渗出物蓄积在鼻腔和眶下窦,引起眼睑、眶下窦肿胀(见图6-8)。病程较长的鸡,常因结膜炎导致浆液性直至脓性渗出,将眼睑粘住,最后变为干酪样物质,压迫眼球并使之失明。产蛋鸡感染时一般呼吸症状不明显,但产蛋量和孵化率下降。

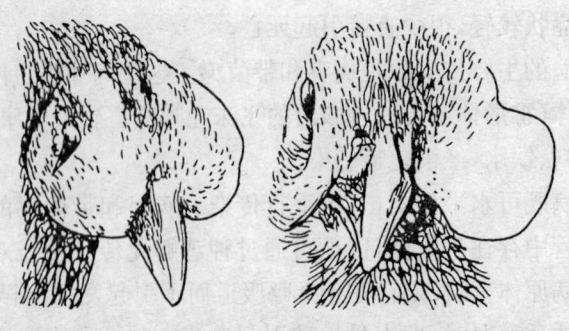

图6-8 两个眶下窦中蓄积大量渗出物(左),
右眼眶下窦中的渗出物被清除之后(右)

2月龄以内的幼鸡感染发时,其直接死亡率与治疗、护理有很大关系,一般在5%~30%,成年鸡感染时很少出现死亡。

【病理变化】 病变主要在呼吸器官。鼻腔中有多量淡黄色混浊、黏稠的恶臭味渗出物。喉头黏膜轻度水肿、充血和出血,并覆盖有多量灰白色黏液性或脓性渗出物。气管内有多量灰白色或红褐色黏液。病程稍长的病例气囊混浊、肥厚,表面呈念珠状,内部有黄白色干酪样物质。有的病例可见一定程度的肺炎病变。严重病例在心包膜、输卵管及肝脏出现炎症。

【预防措施】

(1)对种鸡群进行血清学检查,淘汰阳性鸡,以防止垂直传染。

(2)对感染过本病的种鸡,每半月至1月用链霉素饮水2天,每只鸡30万~40万单位,对减少种蛋中的病源体有一定作用。

(3)种蛋入孵前在红霉素溶液(每千克清水中加红霉素0.4~1克,须用红霉素针剂配制)中浸泡15~20分钟,对杀灭蛋内病原体有一定作用。

(4)雏鸡出壳时,每只用2000单位链霉素滴鼻或结合预防白痢,在1~5日龄用庆大霉素饮水,每千克饮水加8万单位。

(5)对生产鸡群,甚至被污染的鸡群可普遍接种鸡败血支原体油乳剂灭活苗。7~15日龄的雏鸡每只颈背部皮下注射0.2毫升;成年鸡颈背皮下注射0.5毫升。无不良反应,平均预防效果在80%左右。注射菌苗后15日龄开始产生免疫力,免疫期约5个月。

【治疗方法】 用于治疗本病的药物很多,其中链霉素、北里霉素、泰乐霉素及高力米先等具有较好的效果,可列为首选药物。

(1)用链霉素饮水,每千克饮水中加100万单位,连用5~7天;重病鸡挑出,每日肌肉注射链霉素2次,成鸡每次20万单位,2月龄幼鸡每次8万单位,连续2~3天,然后放回大群参加链霉素大群饮水。

(2)用北里霉素混水,每千克饮水中加北里霉素可容性粉剂0.5克,连用5天。

(3)用复方泰乐霉素混水,每千克饮水中加2克,连用5天。

(4)用氟罗沙星混水,冬天饮水浓度为100毫克/升;夏天为25~50毫克/升,连用5天,对鸡败血霉形体和大肠杆菌混合感染有较好的治疗效果。

68. 怎样防治鸡大肠杆菌病?

鸡大肠杆菌病是由不同血清型的大肠埃希氏杆菌所引起的一

系列疾病的总称。它包括大肠杆菌性败血症、死胎、初生雏腹膜炎及脐带炎、全眼球炎、气囊炎、关节炎及滑膜炎、坠卵性腹膜炎及输卵管炎、出血性肠炎、大肠杆菌性肉芽肿等。

【流行特点】 大肠杆菌在自然界广泛存在,也是畜禽肠道的正常栖居菌,许多菌株无致病性,而且对机体有益,能合成维生素B和维生素K,供寄主利用,并对许多病原菌有抑制作用。大肠杆菌中一部分血清型的菌株具有致病性,当鸡体健康、抵抗力强时不致病,而当机体健康状况下降,特别是在应激情况下就表现出其致病性,使感染的鸡群发病。

鸡、鸭、鹅等家禽均可感染大肠杆菌,鸡在4月龄以内易感性较高。本病的传染途径有三种:一是母源性种蛋带菌,垂直传递给下一代雏鸡;二是种蛋本来不带菌,但蛋壳上所沾的粪便等污染物带菌,在种蛋保存期和孵化期侵入蛋的内部;三是接触传染,大肠杆菌从消化道、呼吸道、肛门及皮肤创伤等门户都能入侵,饲料、饮水、垫草、空气等是主要传播媒介。

鸡大肠杆菌病可以单独发生,也常常是一种继发感染,与鸡白痢、伤寒、副伤寒、慢性呼吸道病、传染性支气管炎、新城疫、霍乱等合并发生。

【临床症状及病理变化】

(1)大肠杆菌性败血症 本病多发于雏鸡和6~10周龄的幼鸡,死亡率一般为5%~20%,有时也可达50%。寒冷季节多发,打喷嚏、呼吸障碍等症状和慢性呼吸道病相似,但无面部肿胀和流鼻液等症状,有时多和慢性呼吸道病混合感染。幼雏大肠杆菌病夏季多发,主要表现精神萎靡,食欲减退,最后因衰竭而死亡。有的出现白色乃至黄色的下痢便,腹部膨胀,与白痢和副伤寒不易区分。死亡率多在20%以上。纤维素性心包炎为本病的特征性病变,心包膜肥厚、混浊,纤维素和干酪样渗出物混合在一起附着在心包膜表面,有时和心肌粘连。常伴有肝包膜炎,肝肿大,包膜肥厚、混浊、纤维素沉着,有时可见到有大小等的坏死斑。脾脏充血、肿胀,可见到小坏死点。

(2)死胎、初生雏腹膜炎及脐带炎 孵蛋受大肠杆菌污染后,多数胚胎在孵化后期或出壳前死亡,勉强出壳的雏鸡活力也差。有些感染幼雏卵黄吸收不良,易发生脐带炎,排白色泥土状下痢便,腹部膨胀,多在出壳后2～3天死亡,5～6日龄后死亡减少或停止。在大肠杆菌严重污染环境下孵化的雏鸡,大肠杆菌可通过脐带侵入,或经呼吸道、口腔而感染。雏鸡多在感染后数日发生败血症,死亡率可达20%。鸡群在2周龄时死亡减少或停止,存活的雏鸡发育迟缓。

死亡胚胎或出壳后死亡的幼雏,一般卵黄膜变薄,呈黄色泥土状,或有干酪样颗粒状物混合。4月龄后感染的鸡雏可见心包炎,但急性死亡的剖检变化不明显。

(3)全眼球炎 本病一般发生于大肠杆菌性败血症的后期,少数鸡的眼球由于大肠杆菌侵入而引起炎症,多数是单眼发炎,也有双眼发炎的。表现为眼皮肿胀,不能睁眼,眼内蓄积脓性渗出物。角膜浑浊,前房(角膜后面)也有脓液,严重时失明。病鸡精神萎靡,蹲伏少动,觅食也有困难,最后因衰竭而死亡。剖检时可见心、肝、脾等器官有大肠杆菌性败血症样病变。

(4)气囊炎 本病通常是一种继发性感染。当鸡群感染慢性呼吸道病、传染性支气管炎、新城疫时,对大肠杆菌的易感性增高,如吸入含有大肠杆菌的灰尘就很容易继发本病。一般5～12周龄的幼鸡发病较多。

病鸡气囊增厚,附着多量豆渣样渗出物,病程较长的可见心包炎、肝周炎等。

(5)关节炎及滑膜炎 多发于雏鸡和育成鸡,散发,在跗关节周围呈竹节状肿胀,跛行。关节液混浊,腔内有时出现脓汁或干酪样物,有的发生腱鞘炎,步行困难。内脏变化不明显,有的鸡由于行动困难不能采食而消瘦死亡。

(6)坠卵性腹膜炎及输卵管炎　产蛋鸡腹气囊受大肠杆菌侵袭后,多发生腹膜炎,进一步发展为输卵管堵塞,排出的卵落入腹腔。另外,大肠杆菌也可由泄殖腔侵入,到达输卵管上部引起输卵管炎。

(7)出血性肠炎　主要病变为肠黏膜出血、溃疡,严重时在浆膜面即可见到密集的小出血点。病鸡除肠出血外,在肌肉皮下结缔组织、心肌及肝脏多有出血,甲状腺及腹腺肿大出血。

(8)大肠杆菌性肉芽肿　在小肠、盲肠、肠系膜及肝、心肌等部位出现结节状灰白色至黄白色肉芽肿,死亡率可达50%以上。

【鉴别诊断】

(1)鸡大肠杆菌病与鸡白痢的鉴别　二者均有精神不振,羽毛蓬乱,腹泻,呼吸困难,发育不良等临床症状。但二者的区别在于:鸡白痢的病原为鸡白痢沙门氏菌,以蛋传播为主,有的未出壳或刚出壳的雏鸡即出现死亡。病雏排白色稀便,肛门周围被粪便污染,积粪封住肛门时病雏排粪鸣叫,稀粪喷射而出。剖检可见心、肺、盲肠、大肠、肌胃有坏死结节,盲肠有干酪样物。取病料用普通肉汤琼脂平板直接分离,根据菌落特征(光滑、闪光、均质、隆起、透明、呈圆形多角形,密集的菌落为1毫米或更小,孤立的4毫米或更大)可确定。

(2)鸡大肠杆菌病与鸡副伤寒的鉴别　二者均有体温升高(43~44℃),羽毛松乱,呆立或挤堆,厌食,饮水增加,下痢,肛门被粪便污染等临床症状,但二者的区别在于:鸡副伤寒的病原为副伤寒沙门氏菌,4~6周龄为死亡高峰,1月龄以上很少死亡。青年、成年鸡发病后多数恢复迅速。剖检可见,输卵管增生性病变,卵巢有化脓性坏死病变(心包、肝周、腹腔无纤维性分泌物),用单克隆抗体和核酸探针为基础的检测沙门氏菌诊断盒容易做出诊断。

(3)鸡大肠杆菌病与鸡链球菌病的鉴别　二者均有羽毛松乱,

减食或废食,腹泻,粪呈黄白色等临床症状,并均有心包、腹腔有纤维素,肝肿大,肝周炎等剖检病变。但二者的区别在于:鸡链球菌病的病原为链球菌,病鸡突发委顿,嗜眠,冠髯发紫或苍白,足底皮肤坏死,濒死前角弓反张、痉挛。剖检可见皮下浆膜、肌肉水肿,肝瘀血、呈暗紫色,有出血点和坏死点(无纤维素包围),肺瘀血、水肿。病料染色镜检,可见革兰氏阳性的单个或短链球菌。

(4)鸡大肠杆菌病与鸡结核病的鉴别 二者均有精神委顿,羽毛松乱,减食或废食,不愿活动,腹泻,产蛋下降,有关节炎等临床症状,并均有肝、脾有结节块(肉芽肿)等剖检病变。但二者的区别在于:鸡结核病的病原为结核分枝杆菌,病鸡渐进性消瘦,胸骨突出如刀,翅下垂。剖检可见肝、脾、肠道、气囊、肠系膜等均有结核结节(粟粒大、豆大、鸽蛋大),切开干酪样物,涂片后用萋-尼氏染色法染色,镜检显红色结核分枝杆菌。

(5)鸡大肠杆菌病与鸡溃疡性肠炎的鉴别 二者均有精神不振,羽毛松乱,离群呆立,拉稀、有黏液和血液等临床症状。但二者的区别在于:鸡溃疡性肠炎的病原为肠道梭菌,所排稀粪呈黄绿或淡红色、带有黏液且具有特殊恶臭。剖检可见肝肿大、呈砖红色或紫褐色,有粟粒至豆粒大灰白、黄色坏死灶,脾肿大、呈黑褐色,十二指肠肥厚,黏膜明显发黑、出血,盲肠黏膜有粟粒大小干酪样坏死物的溃疡。病料染色镜检,可见菌体和芽孢。

(6)鸡大肠杆菌病与肉鸡腹水征(卵黄性腹膜炎)的鉴别 二者均有食欲减退,羽毛松乱,腹部彭大、下垂等临床症状,并有腹水混有纤维素、心包积液(急性败血症)等剖检病变。但二者的区别在于:鸡腹水征的病因是缺氧、饲喂高能饲料或缺某种元素所致。病鸡腹部皮肤膨大、变薄、发亮,体温正常,鸡冠紫红,皮肤发绀,穿刺可抽出大量腹水。剖检可见腹水淡红或稻草色,含有纤维素。肝紫色,表面附着淡黄胶冻样物。

【预防措施】

（1）搞好孵化卫生及环境卫生，对种蛋及孵化设施进行彻底消毒，防止种蛋传递及初生雏的水平感染。

（2）加强雏鸡的饲养管理，适当减小饲养密度，注意控制舍内温度、湿度、通风等环境条件，尽量减少应激反应，在断喙、接种、转群等造成鸡体抗病力下降的情况下，可在饲料中添加抗生素，并增加维生素与微量元素的含量，以提高营养水平，增强鸡体的抗病力。

（3）在雏鸡出壳后3～5日龄及4～6周龄时分别给予2个疗程的抗菌类药物可以收到预防本病的效果。

【治疗方法】 用于治疗本病的药很多，其中恩诺沙星、先锋霉素、庆大霉素可列为首选药物。由于致病性埃希氏大肠杆菌是一种极易产生抗药性的细菌，因而选择药物时必须先做药敏试验并需在患病的早期进行治疗。埃希大肠杆菌对四环素、强力霉素、青霉素、链霉素、卡他霉素、复方新诺明等药物敏感性较低而耐药性较强，临床上不宜选用。在治疗过程中，最好交替用药，以免产生抗药性，影响治疗效果。

（1）用5%恩诺沙星或5%环丙沙星饮水、混料或肌肉注射。每毫升5%恩诺沙星或5%环丙沙星溶液加水1千克（每千克饮水中含药约50毫克），让其自饮，连饮3～5天；用2%的环丙沙星预混剂250克均匀拌入100千克饲料中（即含原药5克），饲喂1～3天；肌肉注射，每千克体重注射0.1～0.2毫升恩诺沙星或环丙沙星注射液，效果显著。

（2）用庆大霉素混水，每千克饮水中加庆大霉素10万单位，连用3～5天；重症鸡可用庆大霉素肌肉注射，幼鸡每次5000单位/只，成鸡每次1万～2万单位/次，每天3～4次。

（3）用壮观霉素按31.5毫克/千克浓度混水，连用4～7天。

（4）用强力抗或灭败灵混水。每瓶强力抗药液（15毫升）加水25～50千克，任其自饮2～3天，治愈率可达98%以上。

(5) 用 5% 氟哌酸预混剂 50 克，加入 50 千克饲料内，拌匀饲喂 2～3 天。

69. 怎样防治鸡布氏杆菌病？

鸡布氏杆菌病是由牛、羊、猪布氏杆菌引起的一种慢性传染病。

【流行特点】 本病传染源来自病禽或患病动物，主要通过消化道传播，也可通过生殖道和皮肤感染。布氏杆菌的易感动物很广，如鸡、鸭、牛、羊、猫、狗等均可感染发病。

【临床症状及剖检变化】 病鸡表现精神沉郁，食欲减退，腹泻和虚脱，关节肿胀发炎，产蛋量下降或产无壳蛋，间或有麻痹症状。

剖检可见肠和输卵管黏膜充血、出血，肝、脾肿大，伴有灰白色小的坏死灶，脾和心脏有时有出血。

【预防措施】

(1) 必须坚持从无本病的鸡场进雏。

(2) 必须将鸡群和感染布氏杆菌的哺乳动物分开，并且也不能用流产的胎儿喂鸡。

(3) 加强饲养管理，及时清除病死鸡，彻底消毒用具。

【治疗方法】 可采用链霉素、土霉素等药物进行治疗，有一定疗效。

(1) 用链霉素混水，每千克饮水中加 100 万单位，连用 5～7 天。重症鸡挑出，每日肌肉注射链霉素 2 次，成鸡每次 20 万单位，2 月龄幼鸡每次 8 万单位，连续 2～3 天。

(2) 用土霉素按 0.2% 浓度混料，连用 5～7 天。

(3) 用强力霉素混料，每千克饲料中加 100～200 毫克，连用 5 天。

70. 怎样防治鸡李氏杆菌病？

鸡李氏杆菌是由一种单纯细胞增生性李氏杆菌引起的多种禽类和哺乳动物的败血性疾病。许多哺乳动物和人类也可感染。

【流行特点】 鸡、鸭、鹅、火鸡以及金丝鸟、鹦鹉等禽类均可感染。病原菌由感染禽的鼻腔分泌物和粪便中排出。传播途径主要是呼吸道和消化道感染。

【临床症状】 病鸡多半突然死亡，急性病例常在1～2天内死亡，一般出现急性败血症状。病雏行走时两翅下垂，腿软，消瘦，下痢，粪便呈白绿色。病后期斜颈或仰头，共济失调，痉挛。出现神经症状的病雏死亡率可达90%以上。

【病理变化】 剖检可见肝脏肿大，呈土黄色或绿色，有黄白色坏死点和深紫色瘀斑，胆囊肿大充满胆汁。脾肿大，呈斑驳状，颜色深。心包液增多，心肌变性和坏死，血管充血明显。肌胃角膜出血。

【预防措施】
(1)加强鸡群的饲养管理，定期消毒鸡舍，搞好鸡舍环境卫生。
(2)鸡群切勿与牛、羊同舍饲养。

【治疗方法】
(1)对轻症病雏，每只用2万单位青霉素拌料饲喂，出现神经症状的病鸡可每只肌肉注射1万单位青霉素，每天2次，连用2～3天。
(2)高浓度的四环素对本病疗效显著。
(3)亦可选用卡那霉素、磺胺类药物治疗。

71. 怎样防治鸡丹毒杆菌病？

鸡丹毒杆菌病是由丹毒杆菌引起的一种败血性传染病。

【流行特点】 鸡、鸭、鹅、火鸡等均可感染本病，火鸡的易感性最强。在哺乳动物中以猪发病最多,称为猪丹毒。

病原菌广泛存在于腐败的物质和土壤中,污染的房舍、场地均可成为传染源。病原菌通过破损的黏膜、皮肤感染。鸡在自然发病中多为散发,但有时在雏鸡中可造成大批流行。若发育不良,卫生条件不好,鸡舍拥挤、潮湿、寒冷以及气候剧变等,均可成为发病的诱因。

【临床症状】 病鸡食欲减退或废绝,精神萎靡,羽毛松乱,排黄绿色稀便,冠和髯呈现青紫色或紫蓝色,多为急性经过,有的不显症状而突然死亡。慢性病鸡生长停滞,有时关节肿大。

【病理变化】 雏鸡仅见脾脏肿大和卡他性肠炎;成鸡可见皮肤、肌肉、胸膜、腹膜、气囊膜、心包膜、心内膜、心外膜、肝、脾、肺均有出血点。脾肿大,有小坏死点,肺水肿,出血性肠炎。慢性病例可见关节肿大和皮肤坏死性病变。

【防治措施】

(1)猪、鸡应分开饲养,发现病鸡应立即隔离治疗,彻底消毒,并可用猪丹毒氢氧化铝菌苗给鸡进行免疫。

(2)青霉素、链霉素、四环素、红霉素均有效。一般可用青霉素每只5万~20万单位肌肉注射,每天2次,连用2天。

72. 怎样防治鸡传染性鼻炎?

鸡传染性鼻炎是由鸡嗜血杆菌引起的一种急性上呼吸道疾病。其主要特征为病鸡鼻黏膜发炎,在鼻孔周围黏附污物,打喷嚏,流泪,面部及眼睛周围肿胀,引起幼雏生长停滞,成年母鸡产蛋率下降。

【流行特点】 本病仅发生于鸡,各种日龄的鸡均有易感性,但以4~12周龄的青年鸡发病率较高,生产中年轻的产蛋鸡发病也较多见,老龄鸡感染时潜伏期短而病程较长。秋、冬、春季发病较多,夏季较少,病情也较轻。

本病康复鸡可长期带菌,其传染源主要是康复后的带菌鸡、隐性感染鸡和慢性病鸡。这些鸡咳出的飞沫及鼻、眼分泌物均散布病原菌。主要经呼吸道传染,也可通过被污染的饲料或饮水经消化道传染,麻雀等野鸟也能带菌传播。一些应激因素,如鸡舍寒冷潮湿、通风不良、空气污浊、鸡群拥挤、维生素A缺乏、患慢性呼吸道病或寄生虫病等,都可促使本病的发生和流行。

【临床症状】 本病自然感染的潜伏期为1～3天,也有的长达2周。病情较轻的鸡仅表现鼻腔流出稀薄的液体;在严重的病例中,最明显的症状是病鸡鼻窦发炎,先是流出稀薄的水样液体,以后逐渐成为浓稠的黏液并有难闻的臭味。这种鼻腔分泌物干燥后,就在鼻孔周围凝结成淡黄

图6-9 病鸡眼皮及其周围的颜面部肿胀

色的结痂。病鸡由于鼻孔内有异物感,常摇头或以脚爪搔鼻部。眼结膜发炎,流泪,继而出现本病的特征性症状——眼皮及其周围的颜面部肿胀(见图6-9)。有时上呼吸道的炎症可以蔓延到气管和肺部,发病鸡呼吸困难并有啰音。病鸡精神不振,食欲减退,体重减轻,有的排稀便。其病程较长,常延续数周,冬季发病比较严重。死亡率高低与病情轻重及治疗、护理有密切关系,幼鸡发病后死亡率为5%～20%,成年鸡一般只有少数死亡,但产蛋量可下降10%～40%。若有慢性呼吸道病等并发症,则病程延长,死亡率增加,产蛋量进一步下降。

【病理变化】 鼻腔和鼻窦的黏膜充血和肿胀,表面有多量黏液和分泌物的凝块,严重时可见气管黏膜也有同样的炎症,眼结膜充血发炎,面部和肉髯的皮下组织水肿。病程较长的病鸡,可见鼻窦、眶下窦和眼结膜囊内蓄积有干酪样物质;如蓄积过多时,常使病鸡的眼部显著肿胀和向外突出,严重的引起巩膜穿孔和眼球萎

缩，以致失明。

【预防措施】

(1)加强鸡群的饲养管理，增强鸡体质，并防止病原菌传入。

(2)本病发生后，要加强消毒、隔离和检疫工作。淘汰病愈鸡，更新鸡群。

(3)接种疫苗　应用鸡嗜血杆菌灭活菌苗效果良好。第一次给8周龄以上的鸡，在颈背皮下注射0.5毫升，间隔3～4周后重复注射一次。

【治疗方法】　治疗药物可减轻症状和缩短病程，但目前的药物尚不能根治本病，停药后会复发，而且也不能消除带菌状态。为缓解病情，可选用下列药物。

(1)在饲料中添加0.5%磺胺噻唑或磺胺二甲基嘧啶，连喂5～7天。

(2)用磺胺二甲基异恶唑按0.05%浓度混水，连用6天。

(3)本病对链霉素高度敏感，可用链霉素混水，6周龄以内的雏鸡每千克饮水中加70万单位，6周龄以上的青年鸡或成年鸡每千克饮水中加100万单位，连用5天。对重症鸡，每千克体重肌肉注射链霉素8万～10万单位，每天2次，连用2～3天。

(4)用土霉素按0.2%浓度混料，连用5～7天。

(5)用庆大霉素混水，每千克水加8万～10万单位，连用3天；肌肉注射，每千克体重6000～10 000单位。

(6)用恩诺沙星或环丙沙星，效果较好。5%恩诺沙星或5%环丙沙星，每毫升药液加水1千克饮服，连用3～5天；肌肉注射，每千克体重用0.1～0.2毫升；混料饲喂，可用2%环丙沙星预混剂250克，均匀拌入100千克饲料内，连喂3～5天。

73. 怎样防治鸡葡萄球菌病？

鸡葡萄球菌病是由金黄色葡萄球菌引起的一种人畜共患传染

病。鸡感染本病后,其特征为幼雏常呈急性败血症,青年鸡和成年鸡多呈慢性型,表现关节炎和翅膀坏死。

【流行特点】 金黄色葡萄球菌在自然界分布很广,在土壤、空气、尘埃、饮水、饲料、地面、粪便及物体表面均有本菌存在。鸡葡萄球菌病的发病率与鸡舍内坏境存在病菌量成正比。其发生与以下几个因素有关:①环境、饲料及饮水中病原菌含量较多,超过鸡体的抵抗力。②皮肤出现损伤,如啄伤、刮伤、笼网创伤及带翅号、刺种疫苗等造成的创伤等,给病原菌侵入提供了门户。③鸡舍通风不良、卫生条件差、高温高湿,饲养方式及饲料的突然改变等应激因素,使鸡的抵抗力降低。④由鸡痘等其他疫病诱发和继发。

本病的发生无明显的季节性,但北方以7～10月份多发,急性败血型多见于40～60日龄的幼鸡,青年鸡和成年鸡也有发生,呈急性或慢性经过。关节炎型多见于比较大的青年鸡和成年鸡,鸡群中仅个别鸡或少数鸡发病。脐炎型发生于1周龄以内的幼雏。其他类型比较少见。

【临床症状及病理变化】 由于感染的情况不同,本病可表现多种症状,主要可分为急性败血型、关节炎型、脐炎型、眼型、肺型等。

(1)急性败血型 病鸡精神不振或沉郁,羽毛松乱,两翅下垂,闭目缩颈,低头昏睡,食欲减退或废绝,体温升高。部分鸡下痢,排出灰白色或黄绿色稀便。病鸡胸、腹部甚至大腿内侧皮下浮肿,积聚数量不等的血液及渗出液,外观呈紫色或紫褐色,有波动感,局部羽毛脱落;有时自然破裂,流出茶色或浅紫红色液体,污染周围羽毛。有些病鸡的翅膀背侧或腹面、翅尖、尾、头、背及腿等部位皮肤上有大小不等的出血、炎症及坏死,局部干燥结痂,呈暗紫色,无毛。剖检可见胸、腹部皮下呈出血性胶样浸润。胸肌水肿,有出血斑或条纹状出血。肝肿大,淡紫红色,有花纹样变化。脾肿大,紫红色,有白色坏死点。腹腔脂肪、肌胃浆膜、心冠脂肪及心外膜有点状出血。心包发炎,心包内积有少量黄红色半透明的心包液。

急性败血型是鸡葡萄球菌病的常见病型,病鸡多在2~5天死亡,快者1~2天呈急性死亡。在急性病鸡群中也可见到呈关节炎症状的病鸡。

(2)关节炎型 病鸡除一般症状外,还表现蹲伏、跛行、瘫痪或侧卧。足、翅关节发炎肿胀,尤以跗、趾关节肿大者较为多见,局部呈紫红色或紫褐色,破溃后结污黑色痂,有的有趾瘤,脚底肿胀(见图6-10)。剖检可见关节炎和滑膜炎。某些关节肿大,滑膜增厚,充血或出血,关节囊内有或多或少的浆液,或有黄色脓性纤维渗出物,病程较长的慢性病例,变成干酪样坏死,甚至关节周围结缔组织增生及畸形。

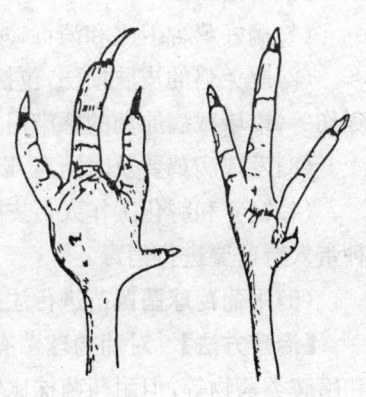

图6-10 病鸡脚底脓肿
(右图为正常的鸡脚)

(3)脐炎型 它是孵出不久的幼雏发生葡萄球菌病的一种病型,对雏鸡造成一种危害。由于某些原因,鸡胚及新出壳的雏鸡脐带闭合不严,葡萄球菌感染后,即可引起脐炎。病雏除一般症状外,可见脐部肿大,局部呈黄红、紫黑色,质稍硬,间有分泌物,饲养员常称之为"大肚脐"。脐炎病雏可在出壳后2~5天死亡。剖检可见脐内有暗红色或黄红色液体,时间稍久则为脓样干涸坏死物,肝脏表面有出血点。卵黄吸收不良,呈黄红色或黑灰色,液体状或内混絮状物。

(4)眼型 此型葡萄球菌病多在败血型发生后期出现,也可单独出现。病鸡主要表现为上下眼睑肿胀,闭眼,有脓性分泌物粘闭,用手掰开时,则见眼结膜红肿,眼角有多量分泌物,并见有肉芽肿。病程较长的鸡眼球下陷,以后出现失明。

(5)肺型　病鸡主要表现为全身症状及呼吸障碍。剖检可见肺部瘀血、水肿,有的甚至可以见到黑紫色坏疽样病变。

【预防措施】

(1)搞好鸡舍卫生和消毒,减少病原菌的存在。

(2)避免鸡的皮肤损伤,包括硬物刺伤、胸部与地面的摩擦伤、啄伤等,以堵截病原菌的感染门户。

(3)发现病鸡要及时隔离,以免散布病原菌。

(4)饲养和孵化工作人员皮肤有化脓性疾病的不要接触种蛋,种蛋入孵前要进行消毒。

(5)用葡萄球菌菌苗进行注射接种,可收到一定预防效果。

【治疗方法】　对葡萄球菌有效的药物有青霉素、广谱抗生素和磺胺类药物等,但耐药菌株比较多,尤其是耐青霉素的菌株比较多,治疗前最好先做药敏试验。如无此条件,首选药物有新生霉素、卡那霉素和庆大霉素等。

(1)用红霉素按 0.01% 浓度混水,连用 3～5 天。

(2)用土霉素按 0.05% 浓度混料,连喂 5 天。

(3)用螺旋霉素按 0.04% 浓度混水,连用 3 天。

(4)用 5% 恩诺沙星混水,每毫升加 1 千克水,连服 3～5 天。

(5)用 2% 环丙沙星预混剂拌料,在 100 千克饲料中加环丙沙星预混剂 250 克,连喂 2～3 天。

74. 怎样防治鸡链球菌病?

鸡链球菌病又称鸡睡眠病,是由荚膜链球菌引起的一种急性败血性传染病,其特征为病鸡消瘦、嗜睡,胸部皮下呈黄绿色。

【流行特点】　本病主要发生于鸡,各种年龄的鸡均可感染,尤以 2 月龄以内的幼鸡发病较多,也可感染鸭、鹅、火鸡等。本病一度流行后,病鸡和带菌鸡的分泌物及排泄物中含有大量病原菌,经呼吸道或消化道传染给其他易感鸡群。一些应激因素,如气候突变、温度过高、密度过大、卫生条件太差、饲养管理不良等,均可促使本病发生。病鸡死亡率可达 5%～50%。

【临床症状】 急性败血型病例,病鸡精神萎靡,体温升高,黏膜发绀,腹泻,有时肉髯和喉头水肿,一般于 12～24 小时死亡。慢性型病例,病鸡常表现精神不振,羽毛松乱,食欲减退,逐渐消瘦,离群呆立,闭目嗜睡,冠、髯苍白或呈紫色。有的病鸡下痢,且粪中带血,严重者胸部皮下呈黄绿色。少数鸡发现有结膜炎,腿、翅轻瘫。局部感染可发生脚底皮肤和组织坏死。

【病理变化】 皮下水肿、出血,有的胸部皮下有黄绿色胶胨样渗出物。胸肌和腿部肌肉出血。肝、脾瘀血、肿大,表面有出血点和粟粒大灰黄色坏死灶,质地柔软,切面结构模糊。肺充血、出血,某些病例出现突变。心包积液,心肌和心冠脂肪有出血点。胸腺肿胀、出血,严重的有坏死灶。小肠黏膜增厚,有出血点,严重病例盲肠内容物混有多量血液,盲肠壁也有出血。肾肿大,充血。病程较长者常见关节感染、输卵管炎、卵黄性腹膜炎及肝周炎等。

【预防措施】 加强鸡群的饲养管理,搞好鸡舍环境卫生和消毒,避免应激因素袭扰鸡群。鸡群发病后,要及时隔离淘汰病鸡。

【治疗方法】 由于链球菌的抗药菌株较多,用药前最好进行药敏试验,以选择对病原菌敏感的药物。

(1)用红霉素按 0.01% 浓度混水,连用 3～5 天;对重症鸡,可肌肉注射红霉素,每千克体重 30 毫克,每天 2 次,连用 3 天。

(2)用螺旋霉素按 0.04% 浓度混水,连用 3 天。

(3)用新生霉素按 0.015% 浓度混料,连用 3～5 天。

(4)用 2.5% 恩诺沙星肌肉注射,每千克体重 0.1 毫升,多数病鸡一次治愈。尚未痊愈的可于第二天再注射一次,疗效更为显著。

75. 怎样防治禽念珠菌病?

禽念珠菌病又称鹅口疮或消化道霉菌病,是由白色念珠菌的酵母状霉菌引起的一种家禽上消化道霉菌性传染病。其特征是在上部消化道,如口腔、咽、食管和嗉囊的黏膜生成白色的假膜和溃疡。

【流行特点】 各种禽类均易感,尤其鸡、鸽更甚。幼鸡的易感性比成年鸡高,在鸡群中发病的大多数是2月龄以内的幼鸡。

病鸡的粪便中含有多量病原菌,其传染途径主要是消化道,也可经蛋壳传染。此外,若饲养管理不良,饲料配合不当,维生素缺乏,天气湿热等,都可促使本病的发生和流行。

【临床症状】 病鸡精神萎靡,羽毛松乱,食欲减退,嗉囊胀大,触摸时有柔软松弛感,用力挤压时有酸臭气体和内容物从口腔流出(大嗉子病)。病鸡日渐消瘦以致死亡。

【病理变化】 口腔、咽部、上颚、食管尤其是嗉囊有小白点,病程稍长者白点扩大形成灰白色、黄色或褐色干酪样物或伪膜,剥离时可见糜烂或溃疡。腺胃黏膜肿胀、出血,表面附有脱落的上皮细胞和黏液。

【预防措施】

(1)注意改善饲养管理和卫生条件,饲养密度要适宜,不应过分拥挤,对鸡舍环境经常进行消毒。

(2)种蛋孵化前要用消毒液浸洗,切断病原菌经蛋壳传染途径。

(3)发现病鸡要及时隔离,防止散布病原菌。

(4)受本病威胁的鸡群,可用制霉菌素混料,每千克饲料加50万~100万单位,连用1~3周。

【治疗方法】

(1)对发病鸡只,剥除口腔中伪膜或干酪样物,溃疡部用碘甘油或5%甲紫涂擦,嗉囊内灌入适量的2%硼酸溶液。

(2)用硫酸铜按0.05%浓度混水,连用1周。

(3)用制菌霉素混料,每千克饲料加100万单位,连用1~3周。

76. 怎样防治禽绿脓杆菌病?

鸡绿脓杆菌病是由绿脓杆菌引起的一种传染病,其主要特征为病鸡眼周围及肉髯肿胀,排水样稀便,死前出现神经症状。

【流行特点】 各种年龄的鸡均可感染发病,从零星死亡到死亡率高达90%,2月龄以内的幼鸡常为暴发。种蛋孵化过程中污染绿脓杆菌是雏鸡暴发绿脓杆菌病的重要原因。另外,长途运输、温度突变、饲养管理和卫生条件太差,均可促使本病的发生。本病可继发于慢性呼吸道病、传染性鼻炎、球虫病等。刺种疫苗和药物注射造成的创伤也可成为绿脓杆菌侵入的门户。

【临床症状】 发病初期常无明显症状而突然死亡。病程稍长者表现精神萎靡,羽毛松乱,喜卧,嗜睡,食欲减退乃至废绝,排水样稀便,眼周围和肉髯水肿。有的病鸡口流黏液,站立不稳、颤抖,抽搐,最后死亡。

【病理变化】 2~3日龄病雏,部分可见颈部皮下(马立克氏病疫苗注射部位)有少量淡色胶样液体,脑膜水肿,脑实质有点状出血,多数无明显的眼观病变。年龄较大的病鸡可见肝、脾肿大,肝脏表面有大小不一的出血点和灰黄色小米粒大小的坏死灶。心包膜增厚,有的雏鸡心包内积聚胶胨状液体,心外膜有出血点。气囊膜混浊,增厚。肠黏膜呈卡他性到出血性炎症。有的病鸡可见肝周炎和肺炎病变。

【预防措施】 本病的发生主要是因种蛋及孵化过程中卫生消毒不严,或出壳雏鸡接种马立克氏病疫苗不消毒或消毒不严造成的。因此,预防本病的最根本的方法是消除环境污染,严格进行各环节的消毒。

绿脓杆菌广泛存在于自然界,如动物体表、空气、粪便及土壤中均含有病原菌。因此,要切实做好种蛋收集、贮存、入孵、孵化期中及出雏中的消毒工作,防止病原菌污染。同时要加强鸡群的饲养管理,减少应激反应,增强鸡的抗病能力。

【治疗方法】 绿脓杆菌对许多抗菌药物敏感,但也极易产生抗药性,因而使用药物前最好做药敏试验。若不具备药敏试验条件,庆大霉素可列为首选药物。

(1)用庆大霉素混水,每千克饮水中加10万单位,连用3~5天。对重症鸡可肌肉注射庆大霉素,小鸡5000单位/只,成年鸡1万~2万单位/只,每天2~3次,连用3天。

(2)用链霉素肌肉注射,雏鸡2万~4万单位/只,育成鸡5万~10万单位/只,成年鸡10万~20万单位/只,每天2次,连用3天。

(3)用磺胺喹恶啉按0.05%~0.1%浓度拌料或按0.025%~0.05%浓度混水,连用3~5天。

(4)用环丙沙星混料。环丙沙星是目前市场上最强的抗绿脓杆菌药物,按25~50毫克/千克比例混料或饮水,连用3天。

(5)用氟哌酸混料,氟哌酸对绿脓杆菌的作用优于庆大霉素,按0.005%~0.01%浓度混料,连用3~5天;饮水浓度为0.02%~0.04%。

77. 怎样防治鸡奇异变形杆菌病?

鸡奇异变形杆菌病是奇异变形杆菌引起的一种急性传染病。其主要特征为病鸡肢体瘫痪,排水样稀便,发病率和死亡率均较高,耐过鸡生长发育严重受阻,失去饲养价值。

【流行特点】 本病主要发生于7周龄以内的雏鸡,而以3~4周龄最易感,死亡率最高。7周龄以上的青年鸡可耐过,但严重影响其生长发育。温度骤变、饲料突变、卫生条件差及转群等应激因素,都可促使本病的发生。

在自然条件下,本病既可经内源传染,也可经污染的饲料、饮水而经消化道感染。吸入污染的空气及尘埃后也可经呼吸道感染。

【临床症状】 病鸡精神萎靡,羽毛蓬乱,翅膀下垂,低头缩颈,不食不饮,排黄绿色或灰白色水样稀便,部分鸡的跗关节肿胀,多数为一侧或两侧肢瘫痪不能站立。个别鸡有神经症状,头向左上方偏转。多数鸡在病后1~3天内死亡。

【病理变化】 脾脏、胸腺、法氏囊、心脏、肾脏、盲肠、扁桃体和小肠黏膜散在有出血点。肝脏肿大,呈紫红色,表面有暗红色或黄色相间的条纹,有的在肝叶间有凝血块。

【预防措施】 预防本病的措施主要是加强饲养管理,搞好鸡舍的清洁卫生,防止鸡群过于拥挤和温度过高或过低。

【治疗方法】 氟哌酸、庆大霉素等对鸡奇异变形杆菌较敏感,可用于治疗。由于病鸡食欲不振,应先肌肉注射庆大霉素,用量为每雏5000单位,每天1次,3天为一疗程。注射后病情得到控制,采食量很快恢复正常,改用氟哌酸拌料喂饲,每雏每天29毫克,连喂3天,停2天,再喂一个疗程,鸡群将很快恢复正常。

78. 怎样防治鸡曲霉菌病?

鸡曲霉菌病又称鸡霉菌性肺炎,是由多种霉菌引起的一种呼吸道疾病。其特征为病鸡呼吸道(尤其是肺和气管)发生炎症和形成霉菌性小结节。

【流行特点】 引起鸡曲霉菌病的曲霉菌有多种。其中致病力最强、起主要作用的是烟曲霉菌(烟脂颜色,即其孢子呈熏烟色),其次是黄曲霉菌、黑曲霉菌、土曲霉菌等。这些霉菌的孢子在外界环境中分布广泛,如垫草、谷物、木屑、发霉的饲料,以及墙壁、地面、用具和污染的空气中都可能存在,在适宜的温度和湿度中就可以生长繁殖。幼鸡对烟曲霉菌最易感,因而本病主要发生于幼鸡,常呈急性暴发和群发,其发病率和死亡率都比较高。雏鸡出壳后,在严重污染烟曲霉菌的环境或容器内被感染,2~3天后即开始发病和死亡,5~12日龄是流行本病的高峰,以后逐渐减少,到3~4周龄时基本停止死亡。成年鸡表现个别散发。

本病流行的主要传染媒介是污染的垫草、木屑、土壤、空气及饲料,经呼吸道和消化道而感染发病,在育雏阶段饲养管理及环境卫生条件不良,如育雏室内昼夜温差大、过分拥挤、阴暗潮湿、通风换气不好等,均可促使本病的发生和流行。此外,在孵化过程中,如果孵化器被严重污染,霉菌可穿透蛋壳而感染胚胎,以致刚孵出的幼雏即可出现症状。

【临床症状】 本病自然感染的潜伏期为2~7天。急性型病例多出现于雏鸡。病雏精神不振,食欲减退或废绝,渴欲增加,羽毛蓬乱,两翅下垂,对外界反应淡漠,嗜睡,病雏逐渐消瘦。随着病程发展,病雏呼吸困难,常伸颈张口吸气,细听有气管啰音,有时摇头,连续打喷嚏。病后期发生腹泻,冠髯发绀,精神萎靡,闭目昏睡,最后窒息死亡。少数病例有神经症状,摇头,头向背仰,运动失调。有的病雏眼睛受感染,可见结膜充血肿胀,眼睑下可能有干酪样凝块。急性病例通常在出现症状后2~7天死亡。

【预防措施】 不使用发霉的垫料和不喂发霉的饲料是预防本病的主要措施。垫料应经常翻晒,有条件的最好采用网上育雏。要保持鸡舍通风、干燥,防止潮湿。

【治疗方法】 目前对本病尚无特效的治疗方法,下列药物具有一定的防治作用,可控制病情的发展。

(1)用制霉菌素混水,每100只雏鸡用50万单位,每天2次,连用2天。

(2)用克霉唑口服,每千克体重20毫克/次,每日3次。

(3) 用硫酸铜按 1:3000 的比例混水，连用 3～5 天。

(4) 中药治疗　取鱼腥草、蒲公英各 60 克，筋骨草 15 克，山海螺 30 克，桔梗 15 克，加水煎汁，作饮水用，连服 7～10 天，有一定防治效果(此方为 100 只 5～10 日龄雏鸡 1 天用量)。

79. 怎样防治鸡结核病？

鸡结核病是由结核杆菌引起的一种慢性传染病。其主要特征为病鸡日渐消瘦，在体内形成结核结节与脓疮，严重影响产蛋。

【流行特点】　本病主要发生于鸡、火鸡、鸭、鹅、鸽及猪、牛等畜禽也均能感染。鸡的易感性与其年龄有关，雏鸡易感，成年鸡的抗病力较强。

本病的主要传染源是病鸡和带菌鸡，其感染途径主要是消化道和呼吸道，也可经皮肤创伤侵入。病鸡、带菌鸡的分泌物和排泄物含有大量病原菌，污染土壤、垫草、用具、饲料和饮水，健康鸡吞食后而受感染。鸡蛋、野禽也能传染本病。运输工具和管理人员也能成为本病的传染媒介。饲养管理条件差、鸡群密度大、重复感染等都能促进本病的发生。由病鸡蛋孵出的雏鸡患病，多半为病程较短的全身性结核病而死亡。

【临床症状】　鸡结核病的潜伏期较长，一般须经几个月才逐渐表现出明显的症状。病鸡精神沉郁，身体衰弱，不爱活动，日渐消瘦，体重减轻，特别是胸肌萎缩明显，胸骨突出、变形。随着病程发展可见羽毛松乱，皮肤干燥，冠、髯苍白。多数病鸡呈单侧性跛行和特异性痉挛，呈跳跃式的步态，偶有一侧翅膀下垂，肿胀的关节有时破溃，流出干酪样的分泌物。成年鸡产蛋量减少或停产，腹部可触摸到结节状或块状物及肝脏上的结节。如果在肠道有结核性溃疡，可导致病鸡严重腹泻或间歇性腹泻。最后病鸡多因全身衰竭而死亡。病程可长达数月乃至一年以上。

【病理变化】　病死鸡常是极度消瘦，肌肉萎缩，多在肝、脾、肠系膜淋巴结及肺脏等器官形成粟粒大至豌豆大的灰黄色或灰白色的结核结节,大多为圆形,有的几个结节融合在一起呈不规则状,将结节切开,可见结节外面包裹一层纤维性的包膜,里面充满黄白色干酪样物质。在肠壁和腹壁上也常有许多大小不等的灰白色结核结节。此外,在骨骼、卵巢、睾丸、胸腺以及腹膜等处,也可见到结核结节。这些结核结节的特点通常是界限明显,坚韧如软骨,但具有中心柔软或干酪化的病灶,如完全钙化时则质如砂砾。

【防治措施】 本病药物治疗价值不大,主要做好防疫工作。

(1)发现病鸡应及时隔离淘汰,死鸡不能随意乱扔,必须烧毁或深埋,以防传播疫病。

(2)对鸡舍和饲养用具要彻底清洗消毒,最好闲置几个月,淘汰旧设备。

(3)鸡群要进行定期检疫,发现阳性反应鸡立即淘汰,鸡场彻底消毒。6个月以后,再进行第二次检疫,检查有无新的病鸡出现,直到所有的阳性鸡全部检出时为止。

(4)病鸡群所产的蛋,不能留作种用。

80. 怎样防治鸡伪结核病?

鸡伪结核病是伪结核棒状杆菌引起的一种地方流行性或散发性传染病。其特征是发病初期表现为急性败血症,继而在各器官形成结核性病变。

【流行特点】 本病火鸡易感,发病率特别高,鸡、鸭、鹅、鸽、山鸡及一些哺乳动物也可感染。主要通过被病禽、病畜污染的土壤、饲料和饮水传播,皮肤创伤也可感染。一般雨季发病的较多。当饲养管理不当,营养不良和受凉或患寄生虫病,可诱发本病。

【临床症状】 一般潜伏期急性者3~6天,慢性者2周以上,病程表现差异较大。最急性病例可能不见任何症状而突然死亡。病程延续2~3天的病例突然下痢,并出现急性败血症症状。病程更长时表现为精神不振,呼吸困难,消瘦,虚弱,麻痹。

【病理变化】 最急性病例只可见脾脏肿大和肠炎。较慢性病例,肝、脾、肺肿大,在肝、脾、肺和胸肌中有粟粒大黄白色病灶,切面可见有干酪样变性。与结核病灶不同者,显微镜下可见渗出主要是增生性的,开始时为淋巴细胞,而后有粥样坏死物质形成层状结构,病灶的外周有结缔组织包围。

【防治措施】 对本病尚无有效疗法,发病后主要采取隔离、消毒和淘汰病鸡的办法。预防本病宜采取有效的综合性措施。

81. 怎样防治鸡坏死性肠炎?

鸡坏死性肠炎是由产气荚膜杆菌引起的一种肠道传染病。其主要特征为病鸡腹泻,排红褐色乃至黑褐色煤焦油样稀便。

【流行特点】 本病多发于温度和湿度较高的 4~9 月份,以 2~5 周龄的肉鸡和 5 周龄以上的蛋鸡尤其是 3 周龄的肉鸡发生较多,平养比笼养多发。以突然发病和急性死亡为特征。

【临床症状】 急性病例表现精神沉郁,体温升高到 43.5℃ 以上。羽毛松乱,翅膀下垂,呈蹲坐姿势。皮肤出血、坏死,部分关节肿大,食欲减退或废绝,腹泻,排红褐色乃至黑褐色煤焦油样稀便,有时混有肠黏膜组织。发病后迅速死亡。慢性病例症状不明显,仅见肛门周围沾污粪便,病鸡生长发育不良。

【病理变化】 病变主要在小肠,特别是小肠的后 1/3 部分。小肠腔内因存在大量气体而明显膨胀,肠壁有的部位黏膜脱落而菲薄,有的部位附有黄褐色伪膜而增厚。肠内含有白色、灰白色或黄白色渗出物,有的为血样、黑红色或褐色泥状。慢性病例多在小肠黏膜上形成伪膜。病鸡肌肉苍白并有出血点,腹腔内积有血液。肝、脾肿大 2~3 倍,肝脏有黄色坏死条纹,脾脏有出血点,表面有点状气泡。心脏表面有突出的芝麻大黄白色结节,呈砂粒状。肺脏气肿,有大小不等、颜色不一的坏死灶。

【预防措施】

(1)加强鸡群的饲养管理,搞好鸡舍的清洁卫生,减少病原菌的污染。

(2)鸡群发病后,对病鸡应及时隔离,并全面彻底清扫和消毒鸡舍,避免病原菌扩散。

(3)药物预防 产气荚膜杆菌对金霉素、土霉素、四环素、青霉素、杆菌肽素等均比较敏感,在鸡的易感期连续不断地使用杆菌肽素、土霉素或青霉素等混料,能有效地控制鸡坏死性肠炎的发生。

【治疗方法】

(1)用庆大霉素拌料或混水,每千克水中加2万单位,每天2次,连用5天。

(2)用四环素按0.01%浓度混水,连用5～7天。

(3)用杆菌肽素拌料,雏鸡100单位/只,青年鸡200单位/只,每天用药1次,连用5天。

(4)用环丙沙星混料或饮水,每千克饲料或饮水中添加25～50毫克,连用3～5天。

82.怎样防治鸡溃疡性肠炎?

鸡溃疡性肠炎是由肠道梭菌引起的一种急性肠道传染病,以消化道溃疡、出血,肝脏坏死为特征。因本病最早发现于鹌鹑,故又称鹌鹑病。

【流行特点】 本病多发于60～80日龄的鸡,一年四季均可发生,除肉鸡外,蛋鸡也可发生,鸭不易感染。发病率5%～70%不等,死亡率有时高达70%～80%。发病诱因主要是卫生条件不好,如潮湿、拥挤、通风不良、营养缺乏和继发于禽霍乱、鸡慢性呼吸道病等。病禽和带菌禽是本病的主要传染源;苍蝇也是本病的传播媒介。

【临床症状】 急性病例通常不见明显症状而突然死亡,病程稍长的可表现食欲减退,精神不振,远离大群,独居一隅,蹲腿缩颈,羽毛松乱而无光泽。排出的粪便常附有黏液,多呈黄绿色或淡红色的稀便,常具有一种恶臭味。随着病程的延长而引起鸡体逐渐消瘦。有时肛门周围的羽毛也被黄色混有颗粒状粪便污染。

【病理变化】 十二指肠肿胀,肠壁增厚出血,肠黏膜明显发黑,有时因肠黏膜脱落而呈现不规则的块状或附有麦麸状黄色坏死物,有时黏膜上出现暗紫色出血点或小坏死点,周围有一暗红色出血圈,从浆膜上即可看出。有时有粟粒大的小突起,中央呈喷火口样凹陷,其色稍发黑或无变化,突起内蓄有灰白色浆液状或有灰白色豆腐渣样坏死物。有的病例则出现边缘不整的溃疡,其上附有黄色片状坏死,高于表面,溃疡表面有时出血。肝脏肿大呈砖红色或紫褐色,有时呈暗绿色。肝表面有粟粒大到黄豆粒大的灰白色坏死点,有时呈现几种染色不一的花斑坏死区则为本病特征性的肝坏死病变。脾脏亦多肿大呈黑褐色,有时因瘀血出现深浅不同的紫黑花斑状,如同"雪花尼布"一样病变。偶有粟粒大或高粱粒大的坏死点。

心脏偶有少量出血点,心包液有时增多呈稻草黄色。

【防治措施】

(1)及时隔离病鸡,加强平时的消毒卫生工作是防治本病的有效措施。

(2)用链霉素防治,口服量每千克体重5万单位,7~8天后可见死亡减少。

(3)用杆菌肽素治疗,每只雏鸡内服量为20~50单位,小鸡40~100单位,青年鸡100~200单位,成年鸡200单位,每天用药1次,连用3天,也有一定疗效。

(4)用环丙沙星混料,每千克饲料添加50毫克,连喂3~5天,疗效理想。

83. 怎样防治鸡弧菌性肝炎？

鸡弧菌性肝炎又称鸡弯杆菌性肝炎，是由弧菌引起的一种传染病。其特征为发病率高，死亡率低，病程缓慢，产蛋量下降，日渐消瘦，肝脏坏死。

【流行特点】 本病仅发生于鸡，多见于比较大的青年鸡和产蛋鸡，在雏鸡中也偶有发病，常呈散发或地方性流行。

本病的主要传染源是病鸡和带菌鸡。病鸡的肠道内存在大量病原菌，随粪便排出后污染饲料、饮水及环境，主要通过消化道传染，也可以经种蛋传染。饲养管理不良、应激、球虫病及其他消耗性疾病，经常滥用抗生素破坏了肠道内正常菌群等，都可促使本病的发生。

【临床症状】 本病在鸡群中缓慢发生，持续较久。病鸡精神不振，鸡冠皱缩干枯并带皮屑，身体消瘦，青年母鸡开产推迟，成年鸡产蛋减少（有时减少20%～30%）。个别比较肥胖的病鸡可能因严重肝炎而突然死亡。

【病理变化】 主要病变在肝脏。肝脏肿胀、充血，表面可见有坏死区，肝脏也可能有许多出血点而呈现斑驳状。由于肝脏膜囊下血红细胞聚集而引起了泡沫状的病变，导致大量出血，以致造成死亡。泡沫状的囊可破裂，使血液流到腹腔内。受侵害的肝脏呈黄褐色，其表面隆起，呈菜花状。此外，在肝脏内部也可充满黏性的脓状物。这些病变不一定全部肝脏均受损害，经常只有部分肝叶表现病变。

患病雏鸡的心脏遭受损害较成年鸡严重，心脏呈灰白色而松软，可见有大面积的病变，在心脏及其周围可见有稻草色的渗出液。心包充满液体，有时可使心包膨胀。

慢性型病例出现肝硬化、肝萎缩和腹水。脾肿大偶见易碎的大梗死灶。卵巢表面卵泡萎缩、退化，仅见一丛豌豆大的卵泡。

【预防措施】 本病目前尚无有效的免疫制剂,预防本病主要是加强综合性兽医卫生措施。要做好鸡舍的清洁卫生和消毒,防止寄生虫病(毛细线虫病、肠道球虫病等)和某些传染病(大肠杆菌病、马立克氏病、支原线虫病、肠道球虫病等)的发生,保证鸡群健康,增强其抗病能力。

【治疗方法】

(1)用磺胺二甲基嘧啶0.2%浓度混料,连喂3天。

(2)用土霉素按0.1%浓度混料。连喂3天。

(3)用强力霉素混料,每千克饲料添加0.5克,连用3~5天。

(4)用恩诺沙星混料,每千克饲料添加50毫克,连喂3~5天。

84. 怎样防治鸡空肠弯曲杆菌病?

鸡空肠弯曲杆菌病是由空肠弯曲杆菌引起的一种人畜共患传染病,其主要特征为食源性腹泻。

【流行特点】 鸡、火鸡、鸭、鹅、鹌鹑、鸽及鸟类均易感染本病。感染途径为消化道,一年四季均可发病,但以夏季为发病高峰。

【临床症状】 病鸡主要表现消瘦、腹泻和血便,精神不振,减食,呆立似企鹅状。腹泻,肛门周围羽毛潮湿,常沾有少量脓汁样粪便。濒死期呈昏迷态,或出现似游泳样动作。

【病理变化】 肝脏肿大,呈暗红色,表面有小点出血,边缘黄褐色,并有少量坏死病灶。脾脏肿大,肠道充血、出血,并有大量黏液在肠腔内。腹腔内常有黄褐色积液。

【预防措施】 预防本病主要是加强综合性兽医卫生措施。严格控制病鸡粪便污染,经常消毒,注意鸡舍卫生;在屠宰家禽过程中应注意屠宰卫生,尤其是清理屠体内脏时更应小心,防止禽肉被污染。工作人员在操作期间应加强个人防护及认真做好有关清洁卫生消毒工作。

【治疗方法】

(1) 用四环素混料,每千克饲料添加 0.1～0.6 克,连喂 3～5 天。

(2) 用强力抗或一服灵混水,每瓶药加水 50 千克,连用 3～5 天;预防时药量减半。

(3) 用菌克星混水,每瓶药加水 15 千克,连用 3～5 天;预防时剂量减半。

85. 怎样防治鸡弧菌性肠炎?

鸡弧菌性肠炎是由麦氏弧菌引起的雏鸡的一种急性传染病。其主要特征为严重腹泻,粪便呈黄绿色,并混有血液。

【流行特点】 鸡、火鸡、鹅、鸽、山鸡及鸟类均易感染本病。感染途径为消化道,被病禽排泄物污染的饮水、饲料及用具为传染源。

【临床症状】 病雏精神萎靡,头冠淡白,体况消瘦,严重腹泻,粪便呈绿色,并混有血液。

【病理变化】 病鸡剖检可见消化道充血、出血,内含黄绿色液体和少量血液。脾呈灰色,体积缩小。

【防治措施】

(1) 预防本病的重要措施是加强鸡舍的环境卫生管理,经常对鸡舍进行环境消毒,严格控制病鸡粪便污染环境,切断传染途径。

(2) 用金霉素按 0.05% 浓度混料,连喂 3 天。

(3) 用土霉素按 0.1% 浓度混料,连喂 3 天。

(4) 用氟哌酸按 0.01% 浓度混料,连喂 3～5 天。

(5) 用恩诺沙星混料,每千克饲料添加 50 毫克,连喂 3～5 天。

86. 怎样防治鸡传染性滑膜炎?

鸡传染性滑膜炎又称鸡滑液囊支原体病,是由滑霉形体引起的一种传染病。其主要特征为病鸡关节肿大,滑液囊和肌腱鞘发炎。鸡群中一旦感染本病,不易彻底清除,且易混合感染其他疾病,使病情复杂化。

【流行特点】 本病主要发生于鸡和火鸡。鸡急性发病大多在9～12周龄,同群鸡发病率一般为5%～15%,死亡率1%～10%,另外有些病鸡因下肢残废被淘汰。成年鸡也有时发病,表现为慢性感染。

本病可通过直接接触和经蛋传播,也可通过污染的空气及饲料经呼吸道、消化道传播。母鸡感染后所产的蛋中就存在支原体,随孵化过程而大量增殖,并引起鸡胚死亡,或孵出不能脱壳的雏鸡,此种带有支原体的幼雏,可成为传染源。

【临床症状】 本病自然感染的潜伏期比较长,通常为11～21天。病鸡最初表现羽毛松乱,失去光泽,腹泻物常呈硫磺色,粪便内还含有多量白粉状物质,采食减少,饲料消耗量下降。随着病情发展,跗关节和趾踵部肿大,跗关节红肿,可达鸽蛋大,出现跛行,行走时呈八字步。病重较久的关节变形,甚至不能行走,卧地不起,嗜睡。病重时可波及其他关节,如翅关节、胯关节等多处出现肿胀。有些病例可引起胸部囊肿,有时囊肿破裂而在胸部羽毛处形成污垢。有些病例出现呼吸道症状,呼吸困难,呼吸时有啰音。

成鸡发病时,全身症状不明显,仅关节轻微肿胀,体重减轻,产蛋量明显减少。

【防治措施】 其药物治疗可参见"鸡慢性呼吸道病"有关部分。

由于本病能经种蛋传播,对种鸡最好也进行血清学检查,方法与慢性呼吸道病的血清学检查相同,并可以使用慢性呼吸道病诊断液,但滑膜霉形体诊断液不能用于检查慢性呼吸道病。

87. 怎样防治鸡坏疽性皮炎?

鸡坏疽性皮炎是由腐败梭菌、A型魏氏梭菌及金黄色葡萄球菌引起的一种传染病。其特征是病鸡患部皮下水肿,肌肉呈灰白色或褐色。

【流行特点】 本病可发生于鸡和火鸡,自然感染情况下多发生于鸡,一般多发生在2～20周龄,肉鸡多在4～8周龄,产蛋鸡多在6～20周龄,肉用种鸡多在20周龄。土壤、粪便、灰尘、污染的垫料和饲料以及肠道内容物中均有梭菌和金黄色葡萄球菌分布。

【临床症状】 本病病程很短,一般不超过1天。急性死亡,死亡率在10%～60%。主要表现精神萎靡,共济失调,厌食,腿软无力。

【病理变化】 剖检病变常见于翅、胸、腹部及腿部,皮肤黑色湿润区羽毛脱落。患部皮下水肿,有气体产生,肌肉呈灰白色或褐色,肌束间有气体或水肿。有些病例皮下组织水肿,并伴有血样浆液,有些病例可见肝脏有白色坏死灶,骨骼肌充血、出血、坏死。

【防治措施】

(1)加强饲养管理,注意环境消毒,及时清除病死鸡。

(2)据报道,一日龄注射梭菌混合苗可减少本病造成的损失。

(3)饮水中加适量的土霉素、青霉素、硫酸铜、环丙沙星等药物可有效地控制本病的流行。

88.怎样防治鸡爱荷华霉形体病?

鸡爱荷华霉形体病是由鸡爱荷华霉形体引起的一种传染病。其主要特征是病鸡跗关节、趾屈肌腱肿大,外观肿大,足趾屈曲能力丧失。

【流行特点】 本病主要感染鸡和火鸡,未见有感染鸭、鹅的报道。可进行垂直传播,也可通过交配传播,被感染的精液在传播上起重要作用。

【临床症状】 发病鸡畏冷,挤成一团,反应迟钝,不愿活动。感染2周后,病鸡拱背、嗜睡、不愿运动或蹲伏,运动失调,个别鸡单脚或双脚的爪趾失去屈曲能力,头向下垂,黏液流出口外;感染后约4周,病鸡身体羽毛明显减少,并变得粗乱,同时在身体各部位留有初生时的羽毛鞘;感染后约6周时,发病鸡的跗关节肿大,趾屈肌腱肿大,外观红肿。

由于肉用仔鸡对爱荷华霉形体有较高的易感性,所以还会出现严重程度的抑郁症,羽毛稀少,运动失调,肌腱和关节损害的发生率和严重程度要比轻型蛋鸡高得多。轻型杂交鸡并不引起全身性疾病,少数鸡体重相对减轻,一些鸡失去趾屈曲能力。肉用仔鸡表现生长严重受阻,青年鸡出现脱羽症,并表现出新陈代谢障碍。

【病理变化】 感染胚胎早期病变包括胚胎发育受阻,肝充血、水肿,不同程度的肝炎和脾肿大。1日龄雏鸡感染后可引起发育迟缓,腿部畸形,腿软骨营养不良,胫骨旋转,脚趾错位,有时可见跗关节的关节软骨糜烂。发病严重的鸡跗屈肌腱水肿,跗关节周围环绕的肌腱有黏液性的或轻微的出血渗出物。许多肌腱肉眼可见肿大,并被胶冻样层所包裹。不少发病鸡趾曲腱断裂,并出现特征性的肌腱弯曲状松弛,有的伴有轻度的出血。有的鸡为两侧性断裂,也有的鸡一条腿有2根屈肌腱断裂。大部分发病鸡跗关节软骨面颜色变淡,并在中央部分出现凹陷。跗关节腔内常有黏液样、血色的渗出物。关节面上有时有出血斑点。

【防治措施】 爱荷华霉形体比其他种类的霉形体对抗生素具有更强的抗药性,故在作实验性治疗时应注意这一点,选用比较敏感的药物如林肯霉素、环丙沙星。鉴于该病能经蛋垂直传播,故种蛋应在孵化前进行消毒。发病鸡群的种蛋不宜留作种用。

89. 怎样防治鸡疏螺旋体病?

鸡疏螺旋体病是由鸡疏螺旋体引起的一种急性败血性传染病。其主要特征为病鸡高热、贫血、黄疸、肝脏肿大及内脏出血。

【流行特点】 本病多见于热带和亚热带蜱繁息地区,多呈跳跃式流行，每年的6～7月份前后多发。

本病由蜱和吸血昆虫叮咬传播，蜱还可通过卵将本菌垂直传递给后代。鸡螨和鸡虱则能机械传播。除鸡外，火鸡、鹅、鸭、麻雀和乌鸦等均有自然感染性。病鸡康复后具有免疫力，其子代获得的被动免疫力可持续数周。不同日龄的鸡均易感，老龄鸡有较强的抵抗力。饲料中缺乏维生素的幼龄鸡多易患病，死亡率也高。

【临床症状】 本病潜伏期为5～9天。感染鸡表现突然发病，体温升高至43℃以上，精神沉郁，羽毛松乱，呆立，头下垂，闭目嗜睡。食欲不振或废绝，渴欲增加，排出带有浆液性包层的绿色粪便，粪便中有白色块状物。鸡冠在病初保持红润，后期出现贫血和黄疸，或苍白松弛。

本病按其病程发展和临床症状可分为急性型、亚急性型和一过型。

(1)急性型 病势凶猛，在体温升高的同时血液中出现多量螺旋体，体温下降则虫体减少或消失，随病程(3～5天)的发展可出现腹泻而突然死亡。

(2)亚急性型 此型病鸡最为多见，体温呈弛张热，随体温升高，血液中连续数日出现螺旋体。病程可持续2周以上，不予治疗死亡率也比较高。

(3)一过型 此型病鸡比较少见，在轻微出现上述症状后1～2天，体温下降，血液内螺旋体消失，病情好转，不予治疗可自行痊愈。

【病理变化】 急性病鸡内脏器官出血、黄疸，血液稀薄呈咖啡色。脾脏肿大，因淤斑性出血而呈斑点状，切面呈"槟榔"样外观。肝肿大，表面有出血点和白色坏死点。肾脏肿大苍白，肠道可见卡他性或坏死性肠炎变化。亚急性病鸡变化与之相似，但肝、脾损害不如上述变化显著和典型。

【防治措施】 为预防本病，在流行地区需实行防蚊、灭蜱及消灭鸡螨和鸡虱等措施。对新引进的鸡群应做好检疫。加强饲养管理，在饲料中补充足量的多种维生素，可增强鸡的抵抗力。

采集感染鸡的血液、器官悬液或感染的鸡胚材料，以1％福尔马林或1％的石炭酸在50℃下处理30分钟，制成灭活菌苗，肌肉或皮下注射接种，能产生良好的持久免疫力。

对病鸡应用各种抗生素、新肿凡纳明（九一四）等药物治疗，均有疗效。据报道，用硫酸链霉素肌肉注射，4月龄以内的鸡用30～50毫克，成年鸡100毫克，每天2次，经2～4天治疗可痊愈。

90. 怎样防治鸡顶辐孢霉病？

鸡顶辐孢霉病是由顶辐孢霉（是一种嗜热性真菌）引起的一种传染病。

【流行特点】 本病主要发生于雏鸡和幼火鸡，亦见于雏鹅。1～5周龄的鸡和火鸡发病率很高，死亡率多在5％～20％，高的可达30％。病菌经呼吸道感染，通过血液循环进入脑中，引起脑炎和组织坏死，造成死亡。雏鸡的垫料是传染本病的主要媒介。

【临床症状】 病鸡表现为不同程度的中枢神经系统障碍，运动失调，角弓反张，头颈歪斜，肢体麻痹，身体失去平衡倒向一侧，软弱无力，最后衰竭死亡。

【病理变化】 大脑的各部分呈现大小不等的脓肿状坏死肉芽肿，颜色各异，从白色、淡黄色到淡红棕色。有的病例可见气囊混浊，有针尖状干酪样坏死灶。肝也偶见粟粒大小的坏死灶。

【防治措施】 预防本病需加强育雏舍的清洁卫生，垫料要干燥，并经常更换、消毒，以减少霉菌污染的机会。同时保持鸡舍清洁通风、干燥是控制本病发生的主要措施。

本病治疗时可用硫酸铜1∶2000倍饮水，或每千克饲料加150万单位制霉菌素拌合饲喂，有一定疗效。

91. 怎样防治鸡衣原体病？

鸡衣原体病又称鸟疫或鹦鹉热，是由鹦鹉衣原体引起的一种高度接触性传染病。其主要特征为结膜炎、鼻炎及下痢，严重时可发生流行。

【流行特点】 本病能感染很多种鸟类，在家禽中常见的有鸡、鸭、鹅、火鸡和鸽。由于人也容易感染，所以，兽医工作者及实验室人员应特别注意。因为家禽和很多野禽都能互相传染，所以本病的传染源很难确定。

本病的传染方式主要是通过吸入含有病原体的尘土。病禽的排泄物中含有大量病原体，干燥后可随风飞扬，传播本病。另一传染途径是从皮肤伤口侵入禽体，鸡螨和鸡虱等吸血昆虫可能是本病的传染媒介。

本病常呈无症状感染，但在逆境条件下和有并发症时，可导致严重发病和较高的死亡率。如饲养密度过大、通风不良、受寒、营养不良，以及并发沙门氏菌病、多杀性巴氏杆菌病、大肠杆菌病等，易造成本病流行。

【临床症状】 发病鸡群的初期症状不明显，仅见食欲不振，饲料消耗量减少。随着病情发展，病鸡羽毛松乱，少数病鸡昏睡，呼吸困难、咳嗽，排出黄绿色稀便，眼内及鼻腔中分泌物增加，有时在眼周围羽毛上有脓性分泌物干燥凝结成的痂块。病鸡所产的种蛋孵化率、受精率明显下降，产蛋量下降20%～60%。

【病理变化】 剖检可见气囊、肝包膜、心包膜明显增厚，有纤维蛋白性渗出物积聚。肝脏肿大并部分坏死，脾脏明显肿大2～3倍。

【预防措施】 要确实加强鸡群的饲养管理，注意鸡舍、饲喂用具的清洁卫生，经常消毒。对粪便、垫草和脱落的羽毛要堆积发酵，进行无害化处理。引进鸡群应首先做好检疫，以免把病原体带进鸡场。

对发病鸡场进行检疫,淘汰病鸡,销毁被污染的饲料;用2%漂白粉或石炭酸溶液处理鸡舍,并要防止尘土飞扬;加强个人防护,防止人员感染。

【治疗方法】

(1)在饲料中添加0.05%的四环素或土霉素,连喂7~14天,或以0.02%浓度饮水,连用4天。

(2)用环丙沙星混料或饮水,每千克饲料或饮水添加25~50克,连用3~5天。

(3)用强力抗混水,每瓶药加水25~50千克,连用3~5天。

92. 怎样防治鸡肉毒梭菌中毒?

鸡肉毒梭菌中毒是肉毒梭菌的毒素引起的一种食物中毒性疾病,其特征是病鸡肌肉麻痹并迅速死亡。肉毒梭菌中毒在禽类、畜类以及人类中均可发生。

【流行特点】 肉毒梭菌是一种厌气性革兰氏阳性有芽孢的大杆菌,广泛存在于土壤中,在正常动物的消化道内也可分离到。病禽、病畜死亡时,消化道内的肉毒梭菌可能侵入肌肉,在无氧情况下生长繁殖并产生毒素。毒素可以在蝇蛆的体内和体表聚积,被鸡及其他禽类食入引起中毒。肉毒梭菌也可以在死鱼、烂虾、腐败饲料中产生毒素。

本病各种年龄的禽均可发生,常发生于鸡、锦鸡和野鸭,多流行于夏秋季节,除秃鹫以外,大多数鸟类易感。在垫草中,在某些甲虫中已被检测到肉毒梭菌毒素,这可能是某些肉用仔鸡场反复发生的缘故。

【临床症状】 本病潜伏期长短不一,主要取决于食入毒素的数量,一般由采食到症状出现需1~3天,如食入大量毒素,可在几小时之内出现明显的临床症状。病鸡精神萎靡,食欲废绝,羽毛松乱,步态不稳,翅膀拖地,颈肌软弱麻痹,头下垂或把头搁在地上,头颈曲转,严重的病例倒地,头颈伸直,所以又叫"软颈病"(见图6-11)。病后期可见羽毛振颤及羽毛脱落,下痢,死前出现昏迷。

图6-11 病鸡的软颈症状

【病理变化】 尸体剖检不见特征性变化,一般可见轻度的卡他性肠炎和肠黏膜出血。心包积水,心肌出血。肝、脾、肾充血,脑组织出血。嗉囊和胃内有不消化的食物和腐败物。

【防治措施】 注意不喂腐败性饲料,死亡的动物尸体应焚烧、深埋,有条件的可用肉毒梭菌抗毒剂治疗。也可应用泻剂,加速毒素排出。另外,据介绍,用焦四仙200克、苍术75克、砂仁35克、青皮35克、枳壳40克、皂角40克(500只50日龄鸡的量),加水1.5千克,煎之灌服,有很高疗效。

93. 怎样防治鸡冠癣?

鸡冠癣是由鸡头癣菌引起的一种慢性皮肤霉菌病,又称头癣或黄癣。其特征是病鸡头部无羽毛部位,特别是鸡冠上形成黄白色、鳞片状的癣痂。严重病例,病变也可扩展到有羽毛处。

【流行特点】 本病主要发生于鸡,体型大的品种易感,鸡冠初长成的青年鸡易感。其他禽、畜和人也偶尔感染。

本病多发于夏、秋高温多雨季节,传播途径主要经皮肤伤口,如蚊虫咬伤或擦伤而传染。鸡群密度过大、拥挤和环境卫生不良,更易促使本病的发生和传播。

【临床症状及病理变化】 病初在鸡冠上形成灰白色圆形斑点,这些小白点的表面脱落,好像冠上撒一层面粉样的鳞屑。随着病程的发展,鳞屑状沉淀物变厚,形成表面皱缩的痂皮。病变可逐渐扩大到整个冠部、肉髯、眼睑及耳部、头部,甚至体表有毛部的皮肤,致使羽毛成片脱落,皮肤增厚并覆盖鳞屑和痂皮。病鸡由于皮肤瘙痒而表现不安,精神萎靡,瘦弱,贫血,黄疸,母鸡产蛋量下降。严重病例病原菌可引起上呼吸道和消化道黏膜的点状坏死、小结节和黄色干酪样沉淀物。偶见肺脏及支气管发生炎症病变。

【防治措施】 本病的预防措施主要是严防病鸡传入,平时应加强饲养管理,避免鸡群过于拥挤,保持鸡舍的清洁卫生、通风干燥。发现病鸡应严格检查及时隔离,重症病鸡立即淘汰,轻症病例应在隔离条件下治疗,通常可涂擦碘酊或碘甘油或5%石炭酸溶液、福尔马林软膏(福尔马林1份、凡士林溶在瓶内,加入福尔马林后盖紧塞充分振荡,直至凡士林凝固为止),一般于患部涂擦1~2次即愈。

七、鸡胚胎病的防治

94. 怎样诊断鸡胚胎疾病？

鸡的胚胎病往往不具有明显的症状和典型的病变,只有在大规模生产情况下,孵化率降低,才能引起注意。因此,只有掌握胚胎发育的规律,熟悉孵化生产过程,充分系统地调查研究,进行照蛋和死胚的检查等方法,才能做出正确的诊断。

(1)病史调查 孵化率的高低主要取决于种蛋的质量、种蛋贮运和孵化过程的各种因素,因此调查的内容应包括种鸡的饲养管理状况、健康状态以及种蛋贮运、孵化等各个环节。

(2)照蛋 照蛋可检查胚胎发育状况,及时检出死胎。检出死胎后,不但要做好记录,而且要计算各胚龄段死胚的发生率。鸡胚通常在孵化第 3～5 天和第 18～19 天的死亡率最高,第一个高峰死亡的胚胎占全部死亡胚胎的 15%,第二高峰则约占 50%。若蛋内维生素和其他营养物质缺乏时,孵化中期死亡率也会增高,如种鸡缺乏维生素 B_2 时,胚胎死亡率高峰集中在孵化第 9～14 天。

(3)死胚的检查 照蛋时检出的死胚和出雏后未出雏的蛋(俗称毛蛋)均含有大量有助于诊断胚胎病的信息,应该打开检查。尤其重要的是检查"毛蛋"。在检查时,首先应确定胚胎死亡的时间(即胚龄),然后再检查其病变来分析胚胎死亡的原因。

此外,还可利用化学、免疫学、微生物学等检验方法,从病原上诊断胚胎病,其准确性会更高。

95. 怎样防治鸡营养性胚胎病？

鸡营养性胚胎病的发病原因主要是亲代的不合理饲养，也包括一些遗传因素，如维生素缺乏、氨基酸缺乏、矿物质和微量元素缺乏、饲粮营养不平衡等。

本病具有骨骼软骨早期发生变性，因而产生胚胎肢体缩短、骨的生长发育受阻等特征性临床症状。同时其他器官组织也相应发生一些不良现象。常见的营养性胚胎病主要有以下几种：

(1) 维生素 A 缺乏症　由维生素 A 缺乏引起的胚胎营养不良一般无明显症状。在孵化的早期可出现较多的死胚和雏鸡生长发育迟缓，出壳时间推迟，1 日龄雏鸡可见轻度的皮肤及羽毛色素沉着，有时还出现眼干燥病。死胚肾脏肿胀，并有结晶盐类。病胚较多的情况是蛋黄有血斑，胚胎错位，胚胎死亡率增高等。

(2) 维生素 B_1 缺乏症　当种母鸡饲料中的糠麸、豆饼、花生饼及青饲料不足，又未足量添加人工合成的维生素 B_1，常导致不同程度的维生素 B_1 缺乏症。若用缺乏维生素 B_1 的种蛋进行孵化，在孵化过程中可能出现死胚，有些胚胎在孵化期满时能够啄壳，但无法孵出而死亡。

(3) 维生素 B_2 缺乏症　因缺乏维生素 B_2 的胚胎一般在孵化的第 9～14 日内死亡率最高。死胚往往表现皮肤结节状绒毛，躯体短小、水肿、贫血，肾脏变性，轻度短肢，关节明显变形，颈部弯曲等病理变化。

(4) 维生素 B_{11} 缺乏症　维生素 B_{11} 缺乏症将导致幼雏出壳时间延长，一般只能将蛋啄一小孔而无力破壳，最后闷死在蛋内。

(5) 维生素 B_{12} 缺乏症　维生素 B_{12} 缺乏症的胚胎往往在孵化第 17 天左右死亡。生长发育迟缓，肝脏脂肪变性、出血、腿肌萎缩，心脏扩张、变形、出血等是患病胚胎的临床症状。

本病主要发生于笼养鸡和网上养鸡。

(6)维生素 D 缺乏症　胚胎维生素 D 缺乏症的特征性病变是皮肤出现极为明显的浆液性大囊泡水肿,皮下结缔组织呈弥漫性肿胀。基本上在孵化第 10~16 天内死亡。发生水肿的胚胎发育不良,胚体矮小,足肢短,肝脏脂肪浸润。本病发生的原因主要是种母鸡日粮中缺乏维生素 D 以及钙磷不足或钙磷比例不当,光照不足等。

(7)维生素 E 缺乏症　本病在孵化第 1~7 天内胚胎死亡率最高。发生本病时蛋黄的中胚层肿大,因而导致胎盘内血管受压萎缩,出现血瘀积或出血现象。在孵化后期,眼晶状体混浊,角膜出现斑点。

饲养管理条件极差时,致使种母鸡所产的种蛋缺乏维生素 E,从而导致本病的发生。

(8)微量元素缺乏症　本病的主要特征是胚胎躯体短小,肢短而弯曲,喙形成鹦鹉嘴状,同时还表现卵黄高度浓稠,有多量未被吸收的卵清。

(9)肌胃角质炎(抗肌胃腐蚀素缺乏)　本病发生于胚胎发育后期或刚出壳的雏鸡,其病变常出现在肌胃,有时也见于十二指肠。病变表现为肌胃角质层表面有裂痕、损伤及出血,有时发生溃疡;严重时,炎症的角质易于剥落。

在种母鸡饲粮中缺乏维生素 K、维生素 C、维生素 A 和胆碱及其他一些物质时,便可引起角质炎。若在饲粮中加入苜蓿粉、三叶草、甘蓝等青绿饲料时,可预防本病。

(10)锌缺乏症　因锌缺乏而引起的胚胎病表现出骨骼异常,可能无翼和无腿,绒羽呈簇状。

(11)硒缺乏症　因硒缺乏引起的胚胎病往往出现孵化率下降,皮下积液,渗出性素质。

(12)硒过量　若种鸡饲粮中硒含量过高,可导致胚胎出现弯趾、水肿,孵化率降低甚至为零。

【防治措施】 预防鸡营养性胚胎病的根本措施是加强种鸡的饲养管理,供给全价饲料,保证蛋白质、维生素、矿物质等营养物质的供给。同时,通过选择、淘汰,消除导致发病的一些遗传因素。

96. 怎样防治鸡传染性胚胎病?

鸡传染性胚胎病按其病原类型可分为细菌性、病毒性和霉菌性几类。这些病原体有以内源性途径侵入蛋内和通过破损(或没有破损)的蛋壳以外源性途径侵入蛋内两种。内源性进入蛋内的病原体引起胚胎发病的传染病有鸡白痢、副伤寒、巴氏杆菌病、结核、传染性喉气管炎、马立克氏病、败血霉形体病、病毒性肝炎等。

(1)白痢 若用患鸡白痢杆菌病的母鸡所产的蛋进行孵化,则胚胎死亡率增加,一般在孵化19天左右为死亡高峰。早期死亡的胚胎可见肝、脾肿大,心肺表面有细小的坏死结节,直肠末端蓄积白色尿酸盐。多数病胚可出壳,但在10日龄内陆续发生白痢,并成为重要的传染源。

(2)副伤寒 本病多为卵子在母鸡卵巢内已被污染,少数为污染蛋壳、病菌侵入蛋内。胚胎大多在孵化后期死亡。病变主要是尿囊肿胀和充血,肝脏有灰白色的小点,脾肿大,胆囊充满胆汁,心脏和肠道有点状出血。

(3)慢性呼吸道病 鸡慢性呼吸道病的败血霉形体可引起蛋内源性感染,病胚生长发育迟滞,严重者在出壳时即死亡,孵出的雏鸡大量带菌而可能发病,形成重要的传染源,造成严重的危害。病胚常见关节化脓肿大,肝脾肿大坏死,心包炎,部分胚体水肿,气管、气囊有豆渣样渗出物。

(4)巴氏杆菌病 本病是由巴氏杆菌引起。种母鸡感染后,有些无异常表现,但其所产的蛋在孵化后期鸡胚出现死亡,死亡率约为30%,最高可达50%。

因本病死亡的鸡胚大小不一,胎毛易脱落,体表有弥漫性出血点或出血斑,尿囊液呈血红色、土黄色、淡绿色或红棕色,卵黄囊膜有出血点或出血斑及坏死灶。心脏表面有出血点或斑,腺胃乳头个别有出血点,肌胃表面有的有坏死灶,肠道无大变化。

(5)霉形体病　患病的胚胎体型短小,呼吸道有干酪样渗出物,全身水肿,关节化脓肿大,肝脾肿大,肝坏死,心包炎等,胚胎往往在孵化8～21天内死亡。

(6)卵黄囊炎和脐炎　本病的病原菌主要是大肠杆菌、葡萄球菌、沙门杆菌、变形杆菌等。大部分病菌是由蛋壳侵入的,大肠杆菌和沙门杆菌可来源于种鸡。患病胚胎卵黄囊囊膜变厚,血管充血,卵黄呈青绿色或污褐色,吸收不良。脐部发炎肿胀。出雏时死雏及残弱雏较多,其后腹部胀大,皮肤很薄,颜色青紫,脐孔破溃污秽,有时脐环覆盖有痂皮,未封闭的脐孔有凝乳状物堵塞,大部分患病雏鸡在7日龄内死亡。

(7)曲霉菌病　曲霉菌可从蛋壳的微细小孔进入蛋内,被感染蛋的壳膜呈黑色;蛋内容物出现蓝绿色斑点;胚胎感染后出现水肿,有时出血,内脏器官有浅灰色结节。

【防治措施】

(1)加强种鸡的饲养管理,做好种鸡群的防疫、免疫和净化工作,防止一些传染病传入鸡群。

(2)禁止用急性疾病痊愈不久或有慢性传染病的种鸡所产的蛋进行孵化。

(3)做好种蛋的卫生消毒工作,减少外源性胚胎传染病的发生。尤其在种蛋收集、贮存、运输和孵化过程中,做好清洁、消毒工作,避免蛋壳污染。产蛋箱必须保持清洁干燥,增加每天的集蛋次数,严重污染的蛋不宜孵化。收集起来的种蛋应及时进行消毒,贮蛋库必须清洁、温度、湿度适宜,通风换气良好。种蛋入孵前必须严格消毒,孵化场的场地、孵化设备和工具必须清洁,做到批批消毒。此外,还可用抗生素采取特殊方法对种蛋进行处理,杀死种蛋内部的病原微生物。

97. 怎样防治孵化条件造成的鸡胚胎病?

孵化条件不当而导致的胚胎病主要有以下几种：

(1)种蛋长时间贮存引起的胚胎病　贮存5~7天以上的种蛋，首先是蛋内水分减少，导致蛋白pH值改变，引起卵带和卵黄膜变脆。因孵化时胚盘生长大大减慢，故组织与器官的分化明显延缓，使孵化率降低。

(2)短时间急剧过热引起的胚胎病　在孵化期的温度短时间急剧过高时，由于血管破裂而引起胚胎死亡，其特征为尿囊血管高度充血，皮肤充血，脑和肝脏点状出血或大块出血。

(3)长时间过热引起的胚胎病　在整个孵化期温度过高，使胚胎发育加快，导致尿囊早期萎缩，出现过早啄壳现象。孵出的雏鸡比较瘦小，绒毛生长不良，卵黄吸收不好，脐带愈合不良和出血。雏鸡出壳后，蛋壳内常有蛋白黏附。

在孵化后期温度过高时，胚胎生长受到抑制，并使蛋内的营养贮备物利用停滞，还可使酶的活性降低，其结果使胚雏无力啄壳与出壳。温度过高，还可使心搏加快，因而导致心肌麻痹和出血。所以，孵化期胚胎遭受过高的温度，由于热的代谢紊乱，致使蛋内温度升高，最后引起死亡。

(4)低温引起的胚胎病　孵化温度过低时，可抑制胚胎的生长发育，尿囊不能闭合，蛋白利用也很缓慢，雏鸡出壳时间拖延且体质较弱，常常不能站立，腹部膨大，有的可能发生下痢。出壳后可见蛋壳里面被污染并有红色水肿液。半出壳的雏鸡，可在蛋壳内存在较长时间，其尿囊并不萎缩，表面的血管内还充满血浆，很少出现畸形。最常见的病变为颈部黏膜水肿，残留液状蛋白，卵黄黏稠，呈暗绿色或略黄色。肠管充盈，其后段明显。肝脏肿大，胆囊膨胀。尿囊有血液潴留，心脏弛缓和肥大，有时出现肾水肿。低温时,由于呼吸机能抑制,使幼雏不能孵出。

(5)翻蛋不当引起的胚胎病 在孵化过程中,若不翻蛋,或翻蛋次数太少,或翻蛋角度不够(一般为90°),则可引起胚胎病。完全不翻蛋,蛋黄和胚胎偏向蛋壳时间较长,就易黏附在蛋壳上而变干,引起胚胎大批死亡。翻蛋角度不够或垂直放置孵化,尿囊沿蛋壳表面生长,蛋白不能完全被包住,也能引起胚胎死亡。

(6)湿度过大引起的胚胎病 孵化时湿度过大,妨碍蛋内水分蒸发,导致尿囊的液体蒸发缓慢和出壳时间不一致,孵出的幼雏体弱,体表常为黏液性液体所污染,且腹部常肿胀,许多幼雏在破壳时闷死,喙和体表常黏附于蛋壳上。其病变表现为:尿囊湿润,胚胎液体黏稠呈胶冻状。嗉囊、肌胃和肠充满气体。有时在气管与支气管内充满黏性液体。湿度过大,还有利于各种霉菌繁殖,并对胚胎造成感染。

(7)外源性窒息 胚胎在生长发育过程中需要不断地进行气体交换(尤其在中后期),若通风换气不足,就会引起胚胎窒息而死亡。胚胎皮肤、内脏充血或出血,心脏残缺。胚胎胎位不正,往往因为慢性缺氧而死亡,这是由于胚体对进行气体交换部位(气室)压迫的缘故。

发生窒息的原因很多,有些可见尿囊出血,更多是由于在出雏期,胚蛋的钝端被先出壳胚留下的残蛋壳套住或者气孔被尘埃堵塞。

【防治措施】 预防本病发生的主要措施是提高孵化技术,采取必要措施,严格按照孵化要求进行孵化。

八、鸡寄生虫病

98. 怎样防治鸡球虫病?

【虫体特征及其生活史】 球虫属原生动物,虫体小,肉眼看不见,只能借助显微镜观察。一般认为,寄生于鸡肠道内的球虫有9种,均属于艾美耳属,包括:寄生于盲肠的柔嫩(或脆弱)艾美耳球虫;寄生于小肠中段的毒害艾美耳球虫和巨型艾美耳球虫;寄生于小肠前段的堆型艾美耳球虫、哈氏艾美耳球虫、变位艾美耳球虫、和缓艾美耳球虫及早熟艾美耳球虫;寄生于小肠后段、直肠和盲肠近端部的布氏艾美耳球虫。其中,以柔嫩艾美耳球虫和毒害艾美耳球虫致病性最强。球虫生活史包括3个发育阶段,即在宿主体内进行的裂体增殖阶段和配子生殖阶段及在外界环境中完成的孢子增殖阶段。在鸡粪中见到的球虫叫卵囊,是球虫的一个发育阶段。随鸡粪新排到外界的卵囊,内含一团球形的原生质球。卵囊在适宜的温度、湿度条件下,进行孢子增殖,形成含有4个孢子囊,每个孢子囊内含有2个子孢子的感染性卵囊。鸡吞食了这样的卵囊便被感染。在肌胃内卵囊壁被破坏,孢子囊脱出,然后进入小肠,在胆汁和胰蛋白酶的作用下,子孢子游离出来侵入肠上皮细胞进行裂体增殖。裂体增殖进行若干世代后,开始进行有性配子生殖,大、小配子结合为合子,合子的外壁增厚成为卵囊,随粪便排出体外。

【流行特点】 球虫有严格的宿主特异性,鸡、火鸡、鸭、鹅等家禽都能发生球虫病但各由不同的球虫引起,不相互传染。

11日龄以内的雏鸡由于有母源免疫力的保护,很少发生球虫病。4～6周龄最易发急性球虫病,以后随着日龄增长,鸡对球虫的易感性有所降低(日龄免疫),同时也从明显或不明显的感染中积累了免疫(感染免疫),发病率便逐渐下降,症状也较轻。成年鸡如果从未感染过球虫病,缺乏免疫力,也很容易发病。例如将某些预防球虫病的药物从几日龄连用到开产前,在突然停药后常暴发球虫病。

发病季节主要在温暖多雨的春夏季,秋季较少,冬季很少。肉用仔鸡由于舍内有温暖和比较潮湿的小气候,发病的季节性不如蛋鸡明显。本病的感染途径主要是消化道,只要鸡吃到可致病的孢子卵囊,即可感染球虫病。凡是被病鸡和带虫鸡粪便污染的地面、垫草、房舍、饲料、饮水和一切用具,人的手脚以及携带球虫卵囊的野鸟、甲虫、苍蝇、蚊子等均可成为鸡球虫病的传播者。病鸡痊愈后数月之内,盲肠黏膜里的球虫卵囊仍可存活,因而在相当长的时间内这种带虫鸡仍然是重要的传染源。

由于球虫卵囊能附着在细微的尘土上随风飞散到数公里之外,野鸟、苍蝇、蚊子等也能携带球虫卵囊传播,加之鸡舍门前消毒池对卵囊无效,所以一般农村养鸡场、养鸡户很难避免球虫卵囊的入侵,但采取网上或笼内饲养,鸡接触卵囊较少,感染较轻。

另外,鸡群过分拥挤,卫生条件差,阴热潮湿,饲料搭配不当,缺乏维生素A、维生素K等,均可促使球虫病的发生。

【临床症状及病理变化】 由于多种球虫寄生部位和毒力不同,对鸡肠道损害程度有一定差异,因而临床上出现不同的球虫病型。

(1)急性盲肠球虫病 由柔嫩艾美耳球虫引起,雏鸡易感,是雏鸡和低龄青年鸡最常见的球虫病。鸡感染(吃进卵囊)后第3天,盲肠粪便变为淡黄色水样,量减少(正常盲肠粪便为土黄色糊状,俗称溏鸡粪,多在早晨排出),第4天起盲肠排空无粪。第4天末至第6天盲肠大量出血,病鸡排出带有鲜血的粪便,明显贫血,精神呆滞,缩头闭眼打盹,很少采食,出现死亡高峰。第7天盲肠出血和便血减少,第8天基本停止,此后精神、食欲逐渐好转。剖检可见病变主要在盲肠。第5~第6天盲肠内充满血液,盲肠显著肿胀,浆膜面变成棕红色。第6~第7天盲肠内除血液外还有血凝块及豆渣样坏死物质,同时盲肠硬化、变脆。第8~第10天盲肠缩短,有时比直肠还短,内容物很少,整个盲肠呈樱红色。重度感染的病死鸡,直肠有灰白色环状坏死。

(2)急性小肠球虫病 本病多见于青年鸡及初产成年鸡,由毒害艾美耳球虫引起。病鸡也是在感染(吃进卵囊)后第4天出现症状:粪便带血色稍暗,并伴有多量黏液,第9~第10天出血减少,并渐止,由于受损害的是小肠,对消化吸收机能影响很大并易于继发细菌和病毒性感染。一部分病鸡在出血后1~2天死亡,其余的体质衰弱,不能迅速恢复,出血停止后也有零星死亡。产蛋鸡在感染后5~6周才能恢复到正常产蛋水平,有继发感染的,在出现血便后3~4天(吃进卵囊后7~8天)死亡增多,死亡率高低主要取决于继发感染的轻重及防治措施。剖检可见小肠缩短、变粗、臌气(吃进卵囊后第6天开始,第10天达高峰),同时整个小肠黏膜呈粉红色,有很多粟粒大的出血点和灰白色坏死灶,肠腔内滞留血液和豆渣样坏死物质。盲肠内也往往充满血液,但不是盲肠出血所致,而是小肠血液流进去的结果。将盲肠用水冲净可见其本质无大变化。其他脏器常因贫血而褪色,肝脏有时呈轻度萎缩。

急性小肠球虫病发病期死亡率比急性盲肠球虫病低一些,但病鸡康复缓慢,并常遗留一些失去生产价值的弱鸡,造成很大损失。

(3)慢性球虫病 病原主要是堆型、巨型艾美耳球虫,引起的症状不是大量便血、迅速导致死亡,而是比较持久的消化机能障碍,故称慢性球虫病。病鸡在感染后4~6天,小肠前段及中段的黏膜上出现许多点状、线状、环状的灰白色坏死灶,从肠管外面亦可见到;肠壁弹性丧失,黏膜上皮组织脱落,黏膜层变薄。病鸡厌食,大量饮水但仍有脱水症状,排水样稀便,混有未消化的饲料,有时也排细长粪条,而裹有黏液,一般无明显血便。此外,肠壁对胡萝卜素的吸收能力降低,以致维生素A缺乏,腿脚和皮肤褪色。病鸡很快消瘦衰弱,体重减轻,恢复比较缓慢。如果感染较重,治疗护理措施未及时跟上,会陆续有一些鸡死亡,累计死亡率也比较高。

(4)混合感染 柔嫩艾美耳球虫与害艾美耳球虫同时严重感染,病鸡死亡率可达100%,但这种情况比较少。常见的混合感染是包括柔嫩艾美耳球虫在内的几种球虫轻度感染,病鸡有数天时间粪便带血(呈瘦肉样),造成一定的死亡,然后渐趋康复,3~4周内生长比较缓慢。

【防治措施】

(1)抗球虫药的使用方法

①球痢灵(硝苯酰胺):对多种球虫有效,尤其对柔嫩艾美耳球虫和毒害艾美耳球虫效果最好,但对堆型艾美耳球虫效果稍差。主要作用于第二代裂殖体。该药主要优点是不影响对球虫产生免疫力,并能迅速排出体外,无需停药期。预防用量,按0.012 5%浓度混料;治疗用量,按0.025%浓度混料,连用3~5天。

②氯本胍:对多种鸡球虫有效,对已产生抗药性的虫株也有效,主要抑制第一代裂殖体的发育增殖。该药毒性较小,雏鸡用6倍以上治疗量连续饲喂8周,生长正常。该药对鸡球虫免疫力形成无影响。该药缺点为连续饲喂可使鸡肉、鸡蛋产生异味,故应在鸡屠宰前5~7天停药。给药剂量为33毫克/千克混料,急性球虫病暴发时可用66毫克/千克,1~2周后改用33毫克/千克。

③球虫净(尼卡巴嗪):对柔嫩艾美耳球虫等致病性强的球虫

均有较好效果。作用于第二代裂殖体,其杀灭球虫的作用比抑制球虫的作用更为明显。该药优点是不易产生抗药性和不影响球虫产生免疫力。预防剂量为125毫克/千克,混入饲料中连续饲喂。产蛋鸡群禁用,肉鸡宰前4～17天停止给药。

④克球多(又名氯吡多、氯吡醇、氯甲吡啶酚、氯羟吡啶、可爱丹、康乐安、球定等):对9种球虫均有效,尤其对柔嫩艾美耳球虫作用最强。该药主要作用是抑制球虫子孢子发育,因此应在感染前混入饲料内一起投服,否则无效,同时应在整个育雏期间连续投药,一旦中止投药可引起球虫病暴发。预防可按0.012 5%、治疗可按0.025%浓度混入饲料中给药。该药安全范围大,长期应用无不良反应。应用0.025%浓度拌料时,应在鸡屠宰前5天停药;应用0.012 5%浓度混料时则无需停药。

⑤磺胺类药:主要作用于第二代裂殖体,对第一代裂殖体亦有一定作用。因此,当鸡群中开始出现球虫病症状时,使用磺胺类药往往有效,尤其配合应用适量维生素K及维生素A更有助于鸡群康复。但由于磺胺类药长期连续应用具有毒性和产生抗药性,故少用于预防而多用于治疗。磺胺二甲氧嘧啶按0.05%浓度混水或按0.2%浓度拌料,连用6天;磺胺间甲氧嘧啶按0.1%～0.2%浓度混水或拌料,连用3天;磺胺吡嗪按0.03%浓度混水,连用3天。这些药物能有效地控制暴发性球虫病。磺胺类药物应在鸡宰前有2天以上休药期。

⑥盐霉素(优素精,为每千克赋形物质中含100克盐霉素钠的商品名):对各种球虫均有效,对已产生抗药性的虫株也有效,药效高峰期在感染后32～72小时,可杀灭子孢子及第一代裂殖体,随后对第二代裂殖体也有一定杀灭力。长期连续使用对预防球虫病有良好效果,并可促进鸡的生长发育,如在发病时用于治疗,则效果有限。其用法为:从10日龄之前开始,每吨饲料加进本品60～100克(优素精为600～1 000克),连续使用至8～10周龄,然后减半

用量,再用2周。本品的缺点是使鸡不能产生对球虫的免疫力,因而要逐渐停药,停药后要通过中轻度感染去获得免疫力。

⑦土霉素:对柔嫩艾美耳球虫和毒害艾美耳球虫有一定防治作用,主要杀灭第二代裂殖体,对子孢子及第一代裂殖体也有效,不影响免疫力。治疗量:按0.2%浓度混料,连用5～7天;预防量:按0.1%浓度混料,连用10～15天。用药期间饲料中要有充足的钙,以免影响药效。

(2)卫生、消毒措施 对球鸡虫病要重视卫生预防,雏鸡最好在网上饲养,使其很少与粪便接触,地面平养的要天天清扫鸡粪,使大部分卵囊在成熟之前被扫除,并保持运动场地干燥,以抑制球虫卵的发育。球虫卵的抵抗力很强,常用的消毒剂杀灭卵囊的效果极弱。因此,鸡粪堆放要远离鸡舍,采用聚乙烯薄膜覆盖鸡粪,这样可利用堆肥发酵产生的热和氨气,杀死鸡粪中的卵囊。

(3)药物预防措施 在生产中,可根据实际情况,采取以下3种方案。

①从10日龄之前开始,到8～10周龄,连续给予预防药物,可选用盐霉素、莫能霉素、球虫净、克球粉等,防止低日龄时期发病死亡,然后停药,让鸡再经过2个月的中轻度自然感染,获得免疫力,进入产蛋期。这是目前一种比较好的,也是被广泛采用的方案。在实施中需要注意3个问题:第一是用药剂量不要过大,不要总想将球虫病"防绝",有一些轻微的感染,出现轻微的便血现象,对生长发育没有多大影响,却可以获得免疫力,有利于停药后的安全。第二是停药不能太晚,一般不宜超过10周龄,必须使鸡在开产前有2个月的时间通过自然感染获得免疫力,避免开产后再受球虫病侵扰。第三是由于选用的药物及剂量不同,用药期间可能安全不产生免疫力,也可能产生一定的免疫力,但总的来说,骤然停药后有暴发球虫病可能性。为此应逐渐停药,可减半剂量用2周作过度,同时要准备好效力较高的药物如鸡宝20、盐霉素等,以便必

要时立即治疗。中度感染也可以用复方敌菌净、土霉素等治疗,还可以用这些药物作短期预防,轻微便血则不必治疗。总之,既要维护鸡群不受大的损失,又要获得免疫力。

②不长期使用专门预防球虫病的药物。雏鸡在 3～4 周龄之内,选用链霉素、土霉素等药物预防白痢病,同时也预防了球虫病。此后不用药而注意观察鸡群,出现轻微球虫病症状不必用药。经过一段时期,鸡群从自然感染中积累了足够免疫力,球虫病即消失。这一方法如能掌握得好,也是可取的,但应准备一些高效治疗药物,以防万一暴发球虫病可进行抢治。

③对鸡终身给予预防药物。一般来说,这种方法主要适用于肉用仔鸡,因为蛋鸡采用这种方法药费过高,将增加生产成本。

99. 怎样防治鸡蛔虫病?

鸡蛔虫病分布很广,常引起雏鸡生长发育不良,甚至造成大批死亡。

【虫体特征及其生活史】 鸡蛔虫是鸡体内最大的线虫,寄生于小肠中,雄虫长 2.6～7.0 厘米,雌虫长 6.5～11.0 厘米,虫体黄白色,表面有横纹。雌虫在鸡小肠内产卵后,卵随粪便排出体外,在外界适宜条件下发育成内含幼虫的感染性卵。鸡采食被感染卵污染的饲料、饮水等而遭感染,感染卵在腺胃、肌胃中释放出幼虫,幼虫先在十二指肠和肠腔内生活 9 天左右,然后钻进肠黏膜内蜕皮,在此期间可引起肠黏膜出血和发炎,并继发致病菌感染。幼虫在肠黏膜内寄生 8～9 天又回到肠腔,分布到小肠各段,发育成熟,交配产卵。从鸡食入虫卵到排出下一代虫卵,需 35～50 天。

虫卵对环境因素抵抗相当强,在潮湿无阳光直射处可存活很长时间,寒冷季节经 3 个月冻结虫卵仍不死亡。但在直射阳光下或经沸水处理和粪便堆沤等可迅速死亡。

【流行特点】 本病 2～3 月龄鸡多发,5～6 月龄鸡有较强的抵抗力,1年以上的鸡多为带虫者。饲料中动物性蛋白质过少,维生素A和各种维生素B缺乏,以及赖氨酸和钙不足等,使鸡的易感性增强。

【临床症状及病理变化】 鸡的肠道内有少量蛔虫寄生时看不出明显症状。雏鸡和3月龄以下的青年鸡被寄生时,蛔虫的数量往往较多,初期症状也不明显,随后逐渐表现精神不振,食欲减退,羽毛松乱,翅膀下垂,冠髯、可视黏膜及腿脚苍白,生长滞缓,消瘦衰弱,下痢和便秘交替出现,有时粪便中混有带血的黏液。成年鸡一般不呈现症状,严重感染时出现腹泻、贫血和产蛋量减少。

剖检常见病尸明显贫血、消瘦,肠黏膜充血、肿胀、发炎和出血;局部组织增生,蛔虫大量突出部位可用手摸到明显硬固的内容物堵塞肠管,剪开肠壁可见有多量蛔虫拧集在一起呈绳状。

【防治措施】 实施全进全出制,对鸡舍及运动场地面认真清理消毒,并定期铲除表土;改善卫生环境,粪便应进行堆积发酵;料槽及水槽最好定期用沸水消毒;4月龄以内的幼鸡应与成年鸡分群饲养,防止带虫的成年鸡使幼鸡感染发病;采用笼养或网上饲养,使鸡与粪便隔离,减少感染机会;对污染场地上饲养的鸡群应定期进行驱虫,一般每年2次,第一次驱虫在雏鸡2~3月龄时,第二次驱虫在秋末;成后鸡和第一次驱虫可在10~11月份,第二次驱虫在春季产卵季节前一个月进行。驱虫药可选用以下几种:

(1)驱虫灵　每千克体重0.25克,混料一次内服。
(2)驱虫净　每千克体重40~60毫克,混料一次内服。
(3)左咪唑　每千克体重10~20毫克,溶于水中内服。
(4)丙硫苯咪唑　每千克体重10毫克,混料一次内服。

100. 怎样防治鸡盲肠虫病?

【虫体特征及其生活史】 鸡盲肠虫也称鸡异刺线虫,是一种很小的线虫,雄虫长6~11毫米,雌虫长8~12毫米,粗细如丝线,浅黄白色,可寄生于鸡、珍珠鸡、火鸡、鸭、鹅等禽类的盲肠。雌虫产卵后,卵随粪便排出,在外界温暖、潮湿的环境中经1~2周发育成感染性卵。感染性卵被鸡吞食后在小肠内孵化出幼虫,然后移至盲肠,钻入肠黏膜发育一段时间又重返肠腔,发育为成虫。从感染开始到发育为成虫需24~30天。有时感染性卵或感染性幼虫被蚯蚓吞食,它们可以在蚯蚓体内存活,当鸡吃了这种蚯蚓后,也可感染异刺线虫。

【流行特点】 各种年龄的鸡对异刺线虫均有易感性,但由于病鸡症状不很明显,常被忽视,未能及时治疗,在不知不觉中影响鸡的生长和产蛋。成虫在鸡盲肠内的寿命约1年。如果鸡群营养不良,特别是钙、磷等矿物质缺乏,会降低鸡对异刺线虫的抵抗力。

此外,鸡异刺线虫卵可携带组织滴虫。组织滴虫侵入异刺线虫卵后,随粪便排到外界,在异刺线虫卵的保护下,组织滴虫在外界环境中可存活较长时间,当鸡吞食了含有组织滴虫的异刺线虫卵后,可并发组织滴虫病。

【临床症状及病理变化】 少量异刺线虫寄生不引起明显症状,寄生的数量较多时,病鸡精神不振,食欲减退,羽毛无光泽,贫血消瘦,腹泻,成年鸡产蛋减少。当饲养管理不良和鸡群拥挤时,能导致少数病鸡死亡。剖检可见盲肠黏膜肥厚,有时形成结节和溃疡,盲肠尖部有大量虫体。

【防治措施】 参见鸡蛔虫病防治有关部分。

101. 怎样防治鸡胃虫病?

【虫体特征及其生活史】 能引起鸡胃虫病的线虫种类很多,主要有扭状胃虫、螺状胃虫和分棘四棱线虫等。

(1)扭状胃虫 又称钩状唇旋线虫或斧钩华首线虫。寄生于鸡、火鸡的肌胃壁内,呈淡红色,雄虫长10~14毫米,雌虫长16~29毫米。虫体特征为表皮有4条双双平行的绳索状隆起的饰带,始于口部,呈波浪状向后延伸,几达后部,不折回亦不互相吻合。虫卵随粪便排出体外,被蚱蜢、甲虫、象鼻虫等中间宿主吞食后,在其体内发育为感染性幼虫先钻入肌胃角质层下,经35天后移行到肌胃壁内,再经67天发育成熟。

(2)螺状胃虫 又称长鼻分咽线虫或旋华首线虫。寄生于鸡、火鸡等腺胃壁、食道壁,偶尔见于小肠,雄虫长7～8.3毫米,雌虫长9～10.2毫米。虫体特征为前部背、腹面各有2条波浪形的饰带,先向后,再折回,但不吻合。虫卵随粪便排出后被中间宿主(鼠妇,俗称潮虫)吞食,在其体内经26天发育为感染性幼虫,鸡啄食中间宿主而被感染,经27天发育为成虫,虫体常钻入腺胃黏膜内,引起胃黏膜发炎、肥厚甚至溃疡。

(3)分棘四棱线虫 寄生于鸡、火鸡、鸽、鸭等的腺胃食管等处的黏膜内。雌雄异形,雄虫细长3～6毫米,由于受孕后子宫显著膨大,雌虫呈椭圆形,其前端和后端有呈圆锥状突起的头和尾,虫体表面有4条纵沟。分棘四棱线虫的中间宿主为水蚤等。

【临床症状】 本病的临庆症状不明显,一般不易发现。如果虫体寄生过多,将会影响胃的机能,病鸡消瘦、贫血、衰弱、下痢,严重的可导致死亡。

【病理变化】 本病剖检时发现虫体即可确诊。

【防治措施】

(1)鸡场内外保持清洁卫生,特别要妥善处理粪便,使之堆积发酵,避免虫卵被中间宿主吃到和防止中间宿主孳生,减少鸡与中间宿主的接触机会。

(2)药物驱虫

①四氯化碳:每千克体重1.5～2毫升,装入胶囊口服。

②四氯乙烯:每只鸡1～2毫升,口服。

102. 怎样防治鸡气管虫病?

鸡气管虫病又称交合线虫病或比翼线虫病。

【虫体特征及其生活史】 鸡交合线虫也称比翼线虫、气管虫或张口虫,寄生于鸡、火鸡、鹅及野鸟的气管。虫体因吸血呈红色。头端大,呈半球形,口囊呈杯状。雄虫长2~4毫米,雌虫长9~26毫米,雌雄虫永为交配状态,外形呈"丫"字形。雌虫在宿主气管内产卵,虫卵随分泌液咳出或被咽下随粪便排出体外,虫卵在外界环境中发育为感染性虫卵。鸡吞食了这种感染性虫卵或由其中逸出的幼虫被感染,这种感染性虫卵被贮藏宿主(蚯蚓、蜗牛、蛞蝓)吞食,可在其体内形成包囊,存活4~5年并保持感染力,鸡吞食了贮藏宿主即可被感染。鸡遭受感染后,幼虫经血流至肺泡再到气管,发育为成虫。

【临床症状及病理变化】 幼鸡感染后病情严重,症状明显。虫体叮在气管黏膜上,雄虫的头扎入黏膜下层,引起黏膜发炎,分泌多量黏液,障碍呼吸,因而病鸡时常仰头、开口呼吸,有时竭力摇头或头部痉挛性抽动或咳嗽、喷嚏,似欲将蓄积在气管内的虫体和黏液排出来。有时出现异常呼吸音(喘鸣音)。后期病鸡消瘦,贫血,精神不振,食欲废绝,最后有些病鸡因窒息而死亡。剖检可见气管内有大量混有血液的黏液,气管黏膜发炎,有时可见有小结节和寄生在黏膜上的虫体。

【防治措施】

(1)鸡舍内外要经常打扫,及时清除粪便,集中发酵处理。同时要保持地面干燥,阳光充足,清除积水,以减少蚯蚓、蜗牛、蛞蝓等。

(2)药物驱虫

①噻苯唑:每千克体重300~1500毫升,口服,连用3天。也可按0.1%比例加入饲料中喂服,连用2~3周。

②甲苯咪唑:每千克体重100毫克,口服,连用3天。

③二磺硝基酚:每千克体重7.7毫克,装入胶囊一次口服或混于饲料内连用5天。

103. 怎样防治鸡绦虫病?

【虫体特征及其生活史】 鸡绦虫的种类很多,我国常见的鸡绦虫有棘沟赖利绦虫、四角赖利绦虫、有轮赖利绦虫和节片戴文绦虫,它们均寄生于鸡小肠前段。

(1)虫体特征

①棘沟赖利绦虫:又名棘盘赖利绦虫或结节绦虫,虫体呈黄白色,扁平带状,长达250毫米、宽1～4毫米。头节小,有一个缩在窝中的顶突及4个呈圆形的吸盘。

②四角赖利绦虫:虫体大小、形态与棘沟赖利绦虫相似,肉眼难以区分,主要区别点为头节上的4个呼盘呈卵圆形。

③有轮赖利绦虫:虫体长一般不超过40毫米,偶有长达150毫米的,头节上的顶突宽大肥厚,呈轮状突出于前端,故称宽头绦虫。

④节片戴文绦虫:虫体短小,长仅0.5～3毫米,由4～9个节片组成,节片由前往后逐个增大,整体似舌形。

(2)生活史 寄生于鸡小肠中的绦虫,成熟后定期地脱落孕卵结片,孕卵结片随同鸡的粪便排到外界,孕卵结片破裂后释放出大量虫卵,每个虫卵含有一个六钩蚴。当虫卵被中间宿主(棘沟赖利绦虫和四角赖利绦虫的中间宿主是蚂蚁,有轮赖利绦虫的中间宿主是蝇类和甲虫,节片戴文绦虫的中间宿主是蛞蝓或陆地螺)吞食后,卵壳在中间宿主肠道中被破坏,六钩蚴在其体内发育为具有感染性的幼虫,叫似囊尾蚴。鸡吞食了含有似囊尾蚴的中间宿主而被感染。中间宿主在鸡消化道内被消化后,似囊尾蚴固着在小肠黏膜上,经12～23天发育为成虫。

【流行特点】 本病可发生于各种年龄的鸡,但以25~40日龄的雏鸡易感性最强,发病率和死亡率高。被鸡粪污染的鸡舍和运动场常是绦虫病的传染来源,因此,散养的鸡群容易感染,如采取网上饲养或笼养,感染会明显下降。

【临床症状及病理变化】 严重感染时,病鸡精神沉郁,羽毛松乱,两翅下垂,不爱活动,食欲减退,渴欲增加,粪便稀薄,常混有淡黄色血样黏液,继而消瘦、贫血。雏鸡生长发育迟缓,母鸡产蛋量减少。节片戴文绦虫病有时发生麻痹,从两腿开始,逐渐波及全身。

剖检可见病鸡尸体消瘦,小肠黏膜肥厚,有时肠黏膜上有出血点,肠腔内有许多黏液,有特异的臭味。棘沟赖利绦虫寄生时,可引起肠壁出现结节,结节有粟粒大,中央凹陷,以后此类凹陷变成大的疣状溃疡。肠道中可见到白色长带状的绦虫。

【防治措施】 预防本病必须改善环境卫生,切断中间宿主;由地面平养改为网上饲养或笼养;注意粪便的处理,尤其是驱虫后粪便应堆积发酵。驱虫药物可选用以下几种,最好先做小群投药试验,如确定安全有效再做大群治疗。

(1)灭绦灵(氯硝柳胺) 每千克体重150~200毫克,混入饲料中喂服。

(2)六氯酚 每千克体重26~50毫克,口服。

(3)硫双二氯酚(别丁) 每千克体重150~200毫克,混入饲料中喂服,4天后再服一次。

(4)槟榔煎汁 每千克体重用槟榔片或槟榔粉1~1.5克,加水煎汁,用细橡皮管直接灌入嗉囊内,早晨逐只给药并多饮水,一般在给药后3~5天内排出虫体。

104. 怎样防治鸡前殖吸虫病?

【虫体特征及其生活史】 鸡前殖吸虫有多种,常见的为卵圆前殖吸虫和透明前殖吸虫,寄生于鸡的输卵管和幼雏的法氏囊,有时也见于直肠和蛋内。除鸡外,火鸡、鸭及野禽也有寄生。虫体呈鲜红色,扁平状,前端狭小,后端钝圆,体表有小棘,大小为(3~6)毫米×(1~2)毫米。口吸盘呈椭圆形,腹吸盘位于虫体前1/3处。前殖吸虫的发育需要2个中间宿主,第一中间宿主为淡水螺,第二中间宿主为蜻蜓的若虫及成虫。鸡啄食含有吸虫囊蚴的蜻蜓若虫或成虫而感染,虫体经肠道进入泄殖腔,转入输卵管或法氏囊,发育为成虫。

【临床症状及病理变化】 病鸡初期没有明显症状,当前殖吸虫破坏了输卵管的黏膜和分泌蛋白及蛋壳的腺体量,使正常机能发生障碍,病鸡产无黄蛋、软壳蛋或无壳蛋等异常蛋。当病情严重时,病鸡食欲不振,消瘦,精神萎靡,有时从泄殖腔中排出蛋壳的碎片或流出大量浓稠的灰白色液体。有些病鸡腹部膨大,步态不稳,泄殖腔脱出并充血发炎,甚至死亡。剖检可见输卵管和泄殖腔发炎,黏膜变厚,充血、出血。有时可见腹膜炎,腹腔内积有多量混浊的渗出液,或混有脓液、卵黄块等。

剖检时刮取输卵管或法氏囊黏膜,用水洗沉淀法或将刮取物直接压于两载玻片间镜检,找到虫体即可确诊。

【防治措施】

(1)保持舍内外清洁卫生,妥善处理粪便,使之堆积发酵,并远离水源,严防污染。尽量防止鸡啄食蜻蜓及其幼虫。

(2)春末夏初流行季节普查鸡群,发现病鸡及时隔离驱虫或淘汰。

(3)药物驱虫

①丙硫苯咪唑:每千克体重120毫克,混料喂服,投药后有减食、停食、拉稀、产软壳蛋等副作用,一般于48小时后症状自行消失。

②四氯化碳:每只鸡2~3毫升,可用胃管投药或嗉囊注射,于

病初可收到良好效果,投药后18~20小时可见有虫体排出,延续3~5天。

105. 怎样防治鸡组织滴虫病?

鸡组织滴虫病又称传染性盲肠肝炎或黑头病。

【虫体特征及其生活史】 组织滴虫寄生于鸡的盲肠和肝脏。其形状有2种:一种是寄生在细胞内的,呈圆形、卵圆形,没有鞭毛;另一种寄生盲肠内,呈不规则形,有一根鞭毛,能作钟摆状运动。

组织滴虫在鸡体内以二分裂方式繁殖,一部分虫体随粪便排出,污染饲料、饮水和土壤,鸡通过消化道感染。由于虫体非常嫩弱,对外界环境抵抗力很差,不能长时间存活,所以鸡直接吃进虫体引起发病的情况很少。如病鸡寄生组织滴虫的同时有异刺线虫寄生时,组织滴虫可侵入异刺线虫体内,并传入其卵内,随异刺线虫卵一起排到外界,由于得到了卵壳的保护而生存较长时间,成为本病的主要传染源。

【流行特点】 本病除鸡、火鸡外,珍珠鸡、鹌鹑等多种禽都能感染,但症状轻重不同。鸡在2周龄至3月龄发病率较高,以后逐渐降低。康复后带虫、排虫持续数周至数月。成年鸡感染时一般不表现明显症状,但粪便含虫体,成为传染源。

本病多发生在春末至初秋的暖热季节。卫生良好的鸡场很少发生本病;反之,鸡舍和运动场污秽、潮湿、阴暗,堆放砖瓦杂物、隐藏蚯蚓小虫,以及鸡群拥挤、营养不良、维生素缺乏,均易引起本病。

【临床症状】 本病的潜伏期为8~21天,若鸡吃进的是裸露的组织滴虫,则发病较快,潜伏期有时仅3~4天。病初症状不明显,患者逐渐精神不振,行动呆滞,羽毛松乱,翅下垂,蜷体缩颈(见图8-1),食欲减退,排淡黄、淡绿色稀便,继而粪便带血,严重时排出大量鲜血,有的粪便中可发现盲肠坏死组织的碎片。在出现血便后,病鸡全身症状加重,食量骤减,贫血,消瘦,陆续发生死亡。病的后期由于血液循环障碍,有些病鸡面部皮肤(特别是火鸡)变成紫蓝色或黑色,故称为"黑头病"。临死前常常出现长期的痉挛。病程1～3周,如果及时治疗可较快停止死亡,转向康复。死亡率一般不超过30%。

图8-1 病鸡精神萎靡、羽毛松乱,缩颈、嗜眠

【病理变化】 剖检病变主要在盲肠和肝脏。病鸡一侧或两侧盲肠肿大,外观似腊肠样,内充满干燥、坚硬、干酪样的凝固栓子,剥离时肠壁只剩下菲薄的浆膜层,黏膜层、肌层均遭破坏,有的病例可见盲肠黏膜出血、增厚及溃疡。肝脏肿大,质脆,表面有大小不一、圆形或不规则形、黄绿色或暗红色的坏死灶,有时散在,有时密布于肝脏表面(见图8-2)。坏死灶中央下陷,边缘突起。

症状较轻的病例,盲肠病变还没有达到上述程度,主要是黏膜有出血性炎症,肠腔内充满血液,在此时或早些进行治疗,可能收到较好的疗效。

【防治措施】

(1)保持鸡舍及运动场地面清洁卫生或采用网上平养或笼养,可有效地预防本病。由于本病的发生与鸡异刺线虫有关,故应注意防治鸡异刺线虫病。

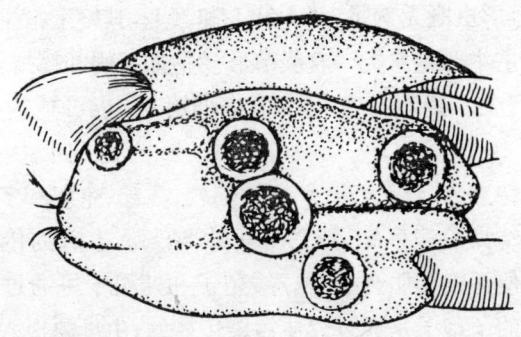

图 8-2 病鸡肝脏有圆形暗红色的坏死灶

(2)发现病鸡应立即隔离治疗,重病鸡宰杀淘汰,鸡舍地面用 3% 苛性钠溶液消毒。

(3)药物治疗

①二甲硝基咪唑(达美素):每天每千克体重 40~50 毫克,如为片剂、胶囊剂可直接投喂;如为粉剂可混料,连喂 3~5 天,之后剂量改为 25~30 毫克,连喂 2 周。

②甲硝基羟乙唑(灭滴灵):按 0.05% 浓度混水,连用 7 天,停药 3 天后再用 7 天。

106. 怎样防治鸡弓形虫病?

鸡弓形虫病是由龚地弓形虫寄生于鸡组织细胞内引起的以神经症状和肝脾肿大为特征的原虫病。

【虫体特征及其生活史】 龚地弓形虫在中间宿主禽体内可发育滋养体和包囊,滋养体往往单个游离于组织血液中,也可多个滋养体聚集于一个宿主细胞中形成假包囊。在慢性病例中,滋养体在宿主的脑、心、眼和骨骼肌中发育为真包囊(内含缓殖子)。当龚地弓形虫单个存在时,呈月牙形,大小为(4~6)微米×(2~3)微米。

粪地弓形虫既无伪足,又无纤毛和鞭毛,其终末宿主是猫科动物,中间宿主主要是禽类。食粪节肢动物如苍蝇和蟑螂,可作为本虫的搬运宿主。蚯蚓在食入弓形虫卵囊后,也可成为鸡的感染来源。

【流行特点】 鸡、火鸡、鸭、鹅、鹌鹑、乌鸦、企鹅和多种野鸟均易感,其中幼禽发病率高,死亡率可达50%。本病的传播方式是肉食癖、粪便污染和胎盘感染。缓殖子和速殖子可通过肉食而传播,卵囊内的子孢子是通过粪便污染传播的,由母源摄入的有包囊的速殖子或有子孢子的卵囊均可通过胎盘感染而传播。

【临床症状及病理变化】 病鸡表现厌食、消瘦、冠髯苍白和皱缩,眼睛半闭,结膜发炎,水肿,视力减退或失明,排白色稀便;共济失调,扭颈歪头,震颤,角弓反张。

剖检可见肝脾肿大,常有出血点,表面有灰白色小结节。心包、心肌充血,肠黏膜充血或溃疡性肠炎,肺充血,脑充血、出血。

【防治措施】

(1)加强鸡群的饲养管理,对鸡舍定期消毒,严防猫科动物和鼠类进入鸡舍。

(2)用畜禽肉作为饲料应进行高温杀虫。

(3)发现病鸡及时隔离治疗。

(4)治疗可用磺胺类、乙胺嘧啶、三磺合剂等药物

107. 怎样防治鸡隐孢子虫病?

【虫体特征及其生活史】 隐孢子虫的发育过程可划分为脱囊(感染性子孢子的释放)、裂殖生殖(无性增殖)、配子生殖(配子形成)、受精、卵囊壁形成和孢子生殖(子孢子形成)等6个阶段。隐孢子虫的发育史与艾美耳球虫(柔嫩艾美耳球虫)相比,有较大差异:

(1)隐孢子虫寄生在宿主上皮细胞表面,而艾美耳球虫则寄生

在细胞内较深的地方。

（2）隐孢子虫第一代裂殖子释放后，一部分又在新的宿主上皮细胞上形成新的第一代裂殖体，借此进行反复循环增殖。而艾美耳球虫则不存在这种增殖方式。

（3）隐孢子虫的孢子生殖是在宿主体内进行的，每个卵囊内形成4个裸露的子孢子。而且孢子化卵囊有两种类型，一类为厚壁卵囊，随宿主粪便排出体外后，即可感染其他易感动物；另一类为薄壁卵囊，卵囊易破裂释出子孢子。这些子孢子可在原宿主体内发生新的发育周期，这种现象又称自感染。正是这种自感染，使禽类一旦受隐孢子侵袭，感染则持续相当长的时间，而艾美耳球虫的孢子生殖是卵囊随宿主粪便排出体外后，在一定环境条件下进行，不存在上述自感现象。

【流行特点】 鸡孢子虫病流行广泛，亚洲、澳洲、欧洲和北美洲均有本病发生的报道。鸡、鸭、鹅、火鸡、鹌鹑、鹦鹉等均可感染，感染途径一般是由卵囊或卵囊污染物经口吞入或由鼻吸入。本病一年四季均可发生，但以春季较常见。

【临床症状及病理变化】 鸡隐孢子虫可寄生于鸡的呼吸道、消化道、法氏囊、眼、肾等器官组织的上皮细胞表面，既可以感染单一器官，又可以是多个器官同时感染，引发相应的症状及病变。呼吸器官感染时，鸡表现嗜眠、厌食、咳嗽、打喷嚏、呼吸困难等症状，而且生长发育受阻，死亡率增加；消化道感染时，常见病鸡消瘦、嗜眠、羽毛松乱和下痢等症状；其他器官感染时，也会表现出相应的变化，如法氏囊表现囊内积液、黏膜出血和萎缩变化；眼则表现为流泪、结膜水肿等；肾则苍白及肿大，肾小管上皮细胞变性和坏死。此外，隐孢子虫病还常与其他疾病并发。

剖检可见尸体消瘦、脱水，肠黏膜充血，法氏囊肿胀、充血，有液体积蓄。鼻腔、气管内有分泌物，气囊混浊，呈灰色硬结。有的鸡肺有炎症，具有暗红色小炎灶，呈多种颜色外观，肺部切开，流出浆液性液体,胸腔也有积液。

【防治措施】 在饲科中添加交沙霉素(0.8克/千克)、大蒜素(600克/千克)、甲硝唑(4.0克/千克)、复方新诺明(8.6克/千克)连喂5天,对雏鸡隐孢子虫病有一定的治疗作用;在饲料中添加乙酰螺旋霉素400毫克/千克,对雏鸡隐孢子虫病亦有一定的治疗效果。对鸡隐孢子虫病的预防应加强饲养管理、改善环境卫生,成年鸡与雏鸡分群饲养。饲养场地和用具应经常用热水或5%氨水或10%福尔马林消毒。粪便污物定期清除,进行堆积发酵处理。

108. 怎样防治鸡六鞭原虫病?

鸡六鞭原虫病又称鸡传染性卡他性肠炎,是由火鸡六鞭原虫寄生鸡体所致的一种以严重下痢为特征的原虫病。

【虫体特征及其生活史】 火鸡六鞭原虫具有2个细胞核,有4根前鞭毛、2根侧鞭毛和2根后鞭毛,前鞭毛沿虫体向后弯曲。火鸡六鞭原虫寄生部位主要为小肠。虫体大小为(6~12.4)微米×(2~5)微米。

【流行特点】 本病主要侵害雏火鸡,鸡、鸭、鹌鹑及孔雀均易感。3~8周龄的幼鸡发病严重,传播主要通过被污染的饲料和饮水。

【临床症状及病理变化】 本病病初表现神经过敏和好动,水泻;病程后期精神萎靡,挤堆,消瘦,黄色下痢,最后惊厥和昏迷。

剖检后发现主要病变在肠道,出现卡他性肠炎,并表现为肠弛缓和肠膨胀现象,肠道内容物呈水样和泡沫状,尤以小肠上段病变更为明显。

【防治措施】
(1)加强鸡群的饲养管理,创造适宜的环境条件。
(2)剔除带虫鸡,隔离幼鸡与成鸡,保持饲槽与饮水器的清洁卫生,防止本病的流行。

(3)药物治疗

①用丁醇锡按 0.375% 浓度拌料。

②用金霉素按 0.005 5% 浓度拌料。

③用土霉素按 0.044% 浓度拌料。

109. 怎样防治鸡住白细胞原虫病?

鸡住白细胞原虫病又称鸡白冠病或鸡出血性病,以急性发作、肝脾肿大、贫血为特征。

【虫体特征及其生活史】 本病病原体有卡氏住白细胞原虫、沙氏住白细胞原虫和休氏住白细胞原虫 3 种,我国已发现了前两种。卡氏住白细胞原虫是致病力最强、危害最严重的一种。

(1)虫体特征

①卡氏住白细胞原虫:成熟的配子体近似圆形。大配子体直径为 12~14 微米,细胞质较丰富,呈深蓝色,核居中较透明;小配子体直径为 10~12 微米,细胞质少,呈浅蓝色,核大,几乎占去虫体全部体积。宿主细胞为圆形,直径为 13~20 微米,细胞核被挤压形成一深色狭带,围绕虫体 1/3,有时可见被寄生的宿主细胞核与胞浆均已消失的虫体。

②沙氏住白细胞原虫:成熟的配子体为长形,宿主细胞呈纺锤形,细胞核呈深色狭长的带状,围绕于虫体一侧。大配子体大小为 22 微米×6.5 微米,着色深蓝,色素颗粒密集,核仁明显。小配子体大小为 20 微米×6 微米,着色淡蓝,色素颗粒稀疏,核仁不明显。

(2)生活史:鸡住白细胞原虫的生活史包括裂体增殖、配子生殖和孢子增殖 3 个阶段。住白细胞原虫的配子生殖的一部分和孢子增殖是在中间宿主内完成的,其中卡氏住白细胞原虫在库蠓体内完成,沙氏住白细胞原虫在蚋内完成,因此这两种住白细胞原虫分别通过库蠓和蚋来传播。当带有住白细胞原虫的库蠓或蚋在鸡体内吸血时,虫体的子孢子随库蠓或蚋的唾液注入鸡体内,经血流到达肝、脾、肺、心、脑等器官的组织细胞里进行裂体增殖,形成大量裂殖子。裂殖子进入白细胞发育为配子体,随血液循环到达鸡的外周血液中,当库蠓或蚋叮咬吸食病鸡血液时,配子体进入它们胃内,继续配子生殖,最后通过孢子增殖形成大量子孢子,聚集在库蠓或蚋的唾液腺内,当它们再去叮咬其他鸡时,又可重复上述过程。

【流行特点】 由于本病必须有库蠓和蚋才能流行,所以主要发生于温、湿季节,一般为6~10月份。各种年龄的鸡均可感染,但以3~6周龄的雏鸡发病死亡率最高,可达50%~80%,采用药物防治可降低发病率及死亡率。

【临床症状】 雏鸡症状明显,死亡率高。病雏生长停滞,食欲减退,精神沉郁,体温升高,冠髯苍白,两翅轻瘫。流口涎,下痢,粪便呈绿色。严重病例因咳血、出血、呼吸困难而突然死亡。死前口流鲜血是卡氏住白细胞原虫病的特异性症状。青年鸡和成年鸡一般死亡率不高,主要表现为发育迟缓,鸡体消瘦,冠苍白,贫血,拉水样白色或绿色稀便。产蛋鸡产蛋减少甚至停止,耐过和治愈之后可逐渐恢复。

【病理变化】 鸡体消瘦,鸡冠苍白,口流鲜血,全身皮下出血。肝、脾、肾肿大,并有出血,肺瘀血或出血。胸肌、心肌有出血斑点和灰白色或灰黄色由裂殖体形成的小结节。骨髓变黄,有时可见腹腔、嗉囊及气管的积血。

【预防措施】

(1)消灭中间宿主 在本病流行季节,清除鸡舍周围库蠓和蚋栖息的杂草,加强鸡舍通风,并在鸡舍及其周围撒布长效杀虫剂,以杀死灭库蠓和蚋等昆虫。

(2)药物预防 在本病流行季节到来之前或流行期间,可实行药物预防。

①用磺胺喹恶啉按 50 毫克/千克拌料或饮水,连续服用。
②用乙胺嘧啶(息疟定)按 1 毫克/千克混料,连续服用。

【治疗方法】

(1)用磺胺二甲氧嘧啶 0.25%～0.3%浓度混料,连喂 5～7 天。

(2)用磺胺六甲氧嘧啶按 0.2%浓度混料,连喂 5～7 天。

(3)用 5 毫克/千克乙胺嘧啶配合 50 毫克/千克磺胺二甲氧嘧啶混于饲料,连用 1 周后剂量减半。

110. 怎样防治鸡虱?

【虫体特征及其生活史】 鸡羽虱是鸡体表常见的体外寄生虫。其体长为 1～2 毫米,呈深灰色。体型扁平,分头、胸、腹三部分,头部的宽度大于胸部,咀嚼式口器。胸部有 3 对足,无翅。寄生于鸡体表的羽虱有多种,有的为宽短形,有的为细长形。常见的鸡羽虱主要有头虱、羽干虱和大体虱(见图 8-3)3 种。头虱主要寄生在鸡的颈、头部,对幼鸡的侵害最为严重;羽干虱主要寄生在羽毛的羽干上;鸡大体虱主要寄生在鸡的肛门下面,有时在翅膀下部和背、胸部也有发现。鸡羽虱的发育过程包括卵、若虫和成虫 3 个阶段,全部在鸡体上进行。雌虱产的卵常集合成块,粘着在羽毛的基部,经 5～8 天孵化出若虫,外形与成虫相似,在 2～3 周内经 3～5 次蜕皮变为成虫。羽虱通过直接接触或间接接触传播,一年四季均可发生,但冬季较为严重。若鸡舍矮小、潮湿,饲养密度大,鸡群得不到砂浴,可促使羽虱的传播。

【临床症状】 羽虱繁殖迅速,以羽毛和皮屑为食,使鸡奇痒不安,因啄痒而伤及皮肉,使羽毛脱落,日渐消瘦,产蛋量减少,以头虱和大体虱对鸡危害最大,使雏鸡生长发育受阻,甚至由于体质衰弱而死亡。

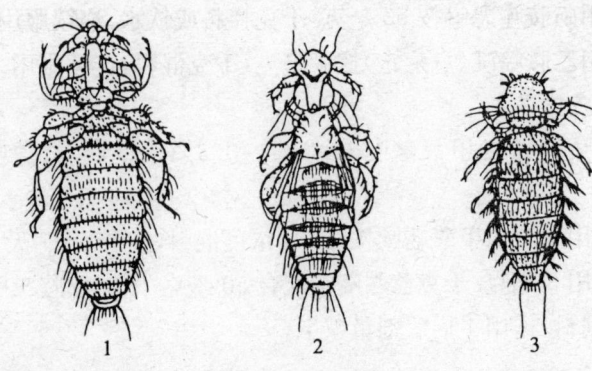

图 8-3 鸡羽虱
1.大体虱 2.头虱 3.羽干虱

【防治措施】

(1)用 $12.5×10^{-6}$ 溴氰菊酯或 $(10～20)×10^{-6}$ 杀菊酯直接向鸡体喷洒或药浴,同时对鸡舍、笼具进行喷洒消毒。

(2)在运动场内建一方形浅池,在每 50 千克细砂内加入硫磺粉 5 千克,充分混匀,铺成 10～20 厘米厚度,让鸡自行砂浴。

111. 怎样防治鸡螨?

鸡螨即疥癣,属蜘蛛纲,同蜘蛛一样有 8 条腿。虫体很小,一般 0.3～1 毫米,肉眼不易看清。鸡螨的种类很多,寄生部位、习性及防治方法各不相同。主要的鸡螨有:

(1)鸡刺皮螨 也叫红螨,是寄生于鸡体最常见的一种螨。虫体呈长椭圆形,白天潜伏于墙壁、笼架的缝隙中,并在这些地方产卵和繁殖。夜晚爬到鸡体上叮咬吸血,每次一个多小时,吸饱后离开。鸡遭大量刺皮螨侵袭时,则日渐贫血,消瘦,成年鸡产蛋减少;雏鸡生长发育受阻,失血严重时可引起死亡。

【防治方法】 用 0.5% 敌百虫水喷洒鸡笼等设备。舍内墙缝、角落先喷洒 0.5% 敌百虫水,再用石灰浆加 0.5% 敌百虫刷堵墙缝。舍内清除出的垫草等杂物,能烧掉的烧掉,不能烧的用0.5%敌百虫水浇透,堆到远处。隔1周再这样处理一次。

(2)林禽刺螨　也叫北方羽螨,成虫呈长椭圆形,形态与鸡刺皮螨相似,但背板呈纺锤形。雌虫产卵于鸡的羽毛上,1天内孵化为幼虫。幼虫和两个若虫期在4天之内发育完成,从幼虫孵化到成虫产卵的生活史均在鸡体上。

林禽刺螨伏在鸡体上昼夜吸血,严重感染时可使羽毛变黑,肛门周围皮肤结痂龟裂。受感染的鸡群产蛋量减少,饲料消耗增加,感染严重的,可造成鸡体贫血,甚至死亡。此外,林禽刺螨还可能是鸡痘和新城疫的传播媒介。

【防治方法】　用0.1敌百虫溶液或0.2%三氯杀螨醇溶液药浴,然后将药液喷洒于鸡舍内及笼架等饲养设备。

(3)脱羽膝螨　寄生在鸡羽毛根部,成虫形态呈球形。寄生部位引起剧烈瘙痒,以致鸡自己啄掉大片羽毛。危害多在夏季。

【防治方法】　鸡脱羽膝螨的防治方法与林禽刺螨相同。

(4)鸡突变膝螨　也叫鳞足螨,常寄生于年龄较大的鸡。虫体几乎呈球形,表皮上具有明显的条纹。突变膝螨寄生在鸡腿脚的鳞片,并在患部深层产卵繁殖,整个生活史不离开患部,使患部发炎。病患处先起磷片,接着皮肤增生而变粗糙,裂缝,流出大量渗出液。干燥后形成白色的痂皮,好像涂上一层石灰的样子,因而这种寄生虫病又叫鸡石灰脚。如不及时治疗,可引起关节炎,趾骨坏死而发生畸形,鸡只行走困难,采食、生长、产蛋都受影响。鸡鳞足螨的感染力不强,通常是一部分鸡受害较严重。

九、鸡营养代谢病的防治

112. 怎样防治鸡维生素 A 缺乏症？

维生素 A 是一种脂溶性维生素，其功用非常广泛，可维护视觉和黏膜，特别是呼吸道和消化道上皮层的完整性，并能促进机体骨骼的生长，调节脂肪、蛋白质、碳水化合物代谢功能，使鸡增加抗病能力。

维生素 A 只存在于动物体内。植物性饲料不含维生素 A，但含有胡萝卜素，黄玉米中含有玉米黄素，它们在动物体内都可以转化为维生素 A。胡萝卜素在青饲料中比较丰富，在谷物、油饼、糠麸中含量很少。一般配合饲料每千克所含胡萝卜素及玉米黄素，大约相当于维生素 A 1000 国际单位，远远不能满足鸡的需要。所以对于不喂青饲料的鸡来说，维生素 A 主要依靠多种维生素添加剂来提供。

鸡对维生素 A 的需要量与日龄、生产能力及健康状况有很大关系，在正常情况下，每千克饲料的最低添加量为：雏鸡和青年鸡 1500 国际单位，肉仔鸡 2700 国际单位，产蛋鸡 4000 国际单位。由于疾病等诸因素的影响，产蛋鸡饲料维生素 A 的实际添加量应达到每千克 8000~10 000 国际单位。

【病因分析】 引起鸡维生素 A 缺乏症的原因大致有以下几个方面：

(1) 饲料中维生素 A 添加剂的添加量不足或其质量低劣。

(2)维生素添加剂配入饲料后时间过长,或饲料中缺乏维生素E,不能保护维生素 A 免受氧化,造成失效过多。

(3)以大白菜、卷心菜等含胡萝卜素很少的青饲料代替维生素添加剂。

(4)长期患病,肝脏中储存的维生素 A 消耗很多而补给不足。

(5)饲料中蛋白质水平过低,维生素 A 在鸡体内不能正常移送,即使供给充足也不能很好发挥作用。

(6)饲料中存在维生素 A 的拮抗物如氯化萘等,影响维生素 A 的吸收和利用。

(7)种鸡缺乏维生素 A,其所产的种蛋及免强孵出的雏鸡也都缺乏维生素 A。

【临床症状】 轻度缺乏维生素 A,鸡的生长、产蛋、种蛋孵出率及抗病力受一定影响,但往往不被察觉,使养鸡生产在不知不觉中受到损失。当严重缺乏维生素 A 时,才出现明显的、典型的临床症状。

种蛋缺乏维生素 A,孵化初期死胚较多,或胚胎发育不良,出壳后体质较弱,肾脏、输尿管及其他脏器常有尿酸盐沉积,眼球干燥或分泌物增多,对传染病的易感性增高。如果出壳后给予丰富的维生素 A,这些情况可逐渐好转,否则病情很快加重,出现典型症状。另一种情况是健康的雏鸡和成年鸡饲料中缺乏维生素 A 时,肝脏中储存的维生素 A 逐渐消耗,消耗到一定程度才出现明显症状,这是一个比较缓慢的渐进过程,雏鸡为 6 周左右,成年鸡 2~3 个月。

雏鸡患维生素 A 缺乏症,表现为精神不振,发育不良,羽毛脏乱,嘴、脚黄色变淡,步态不稳,往往伴有严重的球虫病。病情发展到一定程度时,出现特征性症状:眼内流出水样液体,眼皮肿胀鼓起,上下眼皮粘在一起。若用镊子轻轻拨开眼皮,可见眼皮下蓄积黄豆大的白色干酪样物质(可完整地挑出),眼球凹陷,角膜浑浊成云雾状,变软,半失明或失明,最后因衰弱而死亡。

成年鸡缺乏维生素A,起初产蛋量减少,种蛋受精率和孵化率下降,抗病力降低。随着病程发展,逐渐呈现精神不振,体质虚弱,消瘦,羽毛松乱,冠、腿褪色,眼内和鼻孔流出水样分泌物,继而分泌物逐渐浓稠呈牛乳样(见图9-1),致使上下眼睑粘在一起,眼内逐渐蓄积乳白色干酪样物质,使眼部肿胀(见图9-2)。此时若不把蓄积的物质去除,可引起角膜软化、穿孔,最后造成失明。口腔黏膜上散布一种白色小脓疱或覆盖一层灰白色伪膜。鸡蛋内血斑发生率和严重程度增加。公鸡性机能降低,精液品质下降。

图9-1 病鸡眼内流出牛乳样分泌物

图9-2 病鸡眼部肿胀,内充满干酪样物质

【病理变化】 剖检病死鸡或重病鸡,可见其口腔、咽部及食管黏膜上出现许多灰白色小结节,有时融合连片,成为假膜(见图9-3)。这是本病的特征性病变,成年鸡比雏鸡明显。同时,内脏器官出现尿酸盐沉积,与内脏型痛风相似,最明显的是肾肿大,颜色变淡,表现有灰白色网状花纹,输卵管变粗,心、肝、等脏器的表面也常有白霜样尿酸盐覆盖。雏鸡的尿酸盐沉积一般比成年鸡严重。

【鉴别诊断】

(1)鸡维生素 A 缺乏症与鸡痘(白喉型)的鉴别　二者均有精神萎靡、消瘦,口腔有灰白色结节且覆有白色假膜,揭去假膜有溃疡等临床症状。但二者的区别在于:鸡痘有传染性,其病原为痘病毒。病鸡吞咽、呼吸均困难,并发出嘎嘎声,病料接种 9～12 日龄鸡胚、绒毛尿囊膜上,4～5 天后可见有痘斑病灶。

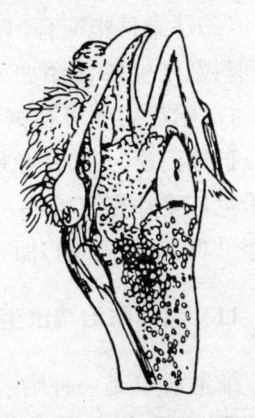

图 9-3　病鸡口腔、咽部及食管黏膜形成假膜

(2)鸡维生素 A 缺乏症与鸡痛风的鉴别　二者均有消瘦,冠苍白,步态不稳,产蛋率降低等临床症状,并均有肝、脾、心包表面有尿酸盐等剖检病变。但二者的区别在于:鸡痛风的病因是日粮中蛋白质太多而造成尿酸血症。病鸡不由自主排白色半黏液状稀粪,血中尿酸水平增高达 10～16 毫克/升(正常为 1.5～3.0 毫克/升)。关节肿胀、蹲坐或独肢站立,行动迟缓,跛行。剖检可见脑膜、腹膜、肺、心包、肝、脾、肾、肠系膜有一层半透明薄膜或白色结晶,关节也有结晶。

(3)鸡维生素 A 缺乏症与鸡脑脊髓炎的鉴别　二者均有精神委顿,羽毛松乱,生长缓慢,运动失调,走路不稳等临床症状。但二者的区别在于:鸡脑脊髓炎的病原为禽脑脊髓炎病毒。病鸡部分晶体混浊,眼球增大。驱赶时以跗关节走路并拍打翅膀。剖检可见脑膜充血、出血,肌胃、肌层有散在灰白区。用荧光抗体阳性鸡可见黄绿色荧光。

【防治措施】

(1)平时要注意保存好饲料及维生素添加剂,防止发热、发霉和氧化,以保证维生素 A 不被破坏。

(2)注意日粮配合,日粮中应补充富含维生素 A 和胡萝卜素的饲料及维生素 A 添加剂。

(3)治疗病鸡可在饲料中补充维生素 A,如鱼肝油及胡萝卜等。群体治疗时,可用鱼肝油按 1％～2％浓度混料,连喂 5 天(按每千克体重补充维生素 A 1 万国际单位),可治愈。对症状较重的成年母鸡,每只病鸡口服鱼肝油 1/4 食匙,每天 3 次。

113. 怎样防治鸡维生素 D 缺乏症?

维生素 D 是一种脂溶性维生素,它在鸡的肠道内可造成一种酸性环境,促使钙、磷盐类易于溶解而被肠壁吸收,并能促使钙、磷在骨骼中沉积和减少磷从尿中排出。如果维生素 D 缺乏,即使日粮中钙、磷充足且比例适当,但其吸收和利用受到影响,鸡也会出现一系列缺钙、缺磷症状。

维生素 D 主要有维生素 D_3 和维生素 D_2 两种,维生素 D_3 是由动物皮肤内的 7-脱氢胆固醇经阳光紫外线照射而生成的,主要贮存于肝脏、脂肪和蛋白中。维生素 D_2 是由植物中的麦角固醇经阳光紫外线照射而生成的,主要存在于青绿饲料和晒制的青干草中。对于鸡来说,维生素 D_3 的作用要比维生素 D_2 强 30～40 倍,但鱼粉、肉粉、血粉等常用动物性饲料含维生素 D_3 较少,谷物、饼粕及糠麸中维生素 D_2 的含量也微不足道,鸡从这些饲料中得到的维生素 D 远远不能满足需要。

鸡所需要的维生素 D 主要有两个来源:第一是自身合成,幼雏合成较少,青年鸡每日在阳光下活动 50 分钟以上,产蛋鸡经常到运动场上晒太阳,合成量都可以满足需要。第二是由维生素添加剂提供,这对于室内笼养鸡和雏鸡尤为重要。在正常情况下,0～20 周龄要求每千克饲料添加维生素 D 200 国际单位;20 周龄之后进入产蛋期,要增至 500 国际单位。当饲料中钙、磷不足或比例不当时,添加量要适当增加。

【病因分析】 鸡患维生素 D 缺乏症主要见于笼养鸡和雏鸡，致病因素主要有以下几个方面：

(1)笼养鸡得不到日光浴,鸡体内不能自身合成维生素 D_3。

(2)饲料中维生素 D 添加剂的添加量不足或其质量低劣。

(3)胃肠及肝、胰脏疾病,使维生素 D 吸收、贮存量减少。

(4)饲料中添加过多的硫酸锰,影响维生素 D 的利用。

(5)种鸡缺乏维生素 D,造成雏鸡先天性缺乏症。

【临床症状及病理变化】 雏鸡饲料缺乏维生素 D,最早的在 10~11 日龄即出现症状,大多在 1 月龄前后出现症状。雏鸡食欲尚好而发育不良,羽毛污乱,两腿无力,步态不稳(见图 9-4),腿骨变脆易折断,喙和趾变软易变曲。肋骨也失去正常的硬度,在椎肋与胸肋结合处向内弯曲。椎肋与椎骨结合处肋骨的内侧有界限明显的球状突起,呈串珠状(见图 9-5),一些肋骨在这一区域甚至发生自发性折裂。腰荐部脊椎向下凹陷。这些情况实际上是由于钙和磷吸收利用不良而引起的,也称为佝偻病。

图 9-4 病雏羽毛生长不良,两腿无力,步态不稳

成年鸡缺乏维生素 D,经 2~3 个月,蛋壳明显变薄,经常出现软壳蛋,产蛋减少,种蛋孵化率显著降低(主要是入孵后 10~16 天

死胚较多)。产蛋减少及蛋壳变薄变软的现象往往有周期性,一段时期严重,随后又变轻,反复交替,总的趋势是病程越长越严重。个别母鸡产蛋后期因腿软不能站立,蹲伏数小时才能恢复正常。严重病鸡也有胸骨、肋骨和趾爪变软的现象。

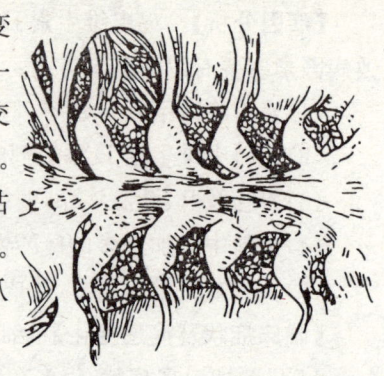

图 9-5 病雏肋骨椎端呈串珠状

【鉴别诊断】

(1)鸡维生素 D 缺乏症与鸡钙磷缺乏和比例失调症的鉴别 二者均有雏鸡喙、爪较软,行走吃力,成年鸡产蛋、孵化率降低,产软壳蛋、薄壳蛋等临床症状,并均有骨易折断,肋骨呈串珠状,胸骨弯曲等剖检病变。但二者的区别在于:鸡钙磷缺乏和比例失调症的病因是日粮中钙磷缺乏和比例失调。雏鸡跗关节肿大,关节面软骨肿胀和缺损或纤维素样物附着。

(2)鸡维生素 D 缺乏症与鸡锰缺乏症的鉴别 二者均有生长迟缓,行走吃力,常以跗关节伏下等临床症状。但二者的区别在于:鸡锰缺乏症的病因是日粮中锰缺乏。病鸡骨粗短,腓肠肌腱脱出骨槽,胚胎体躯短小,腿粗短,头呈圆球样,喙短弯如鹦鹉嘴。

【防治措施】

(1)在允许条件下,保证鸡只有充分接触阳光的机会,并注意日粮配合(尤其是室内笼养鸡),确保日粮中维生素 D 的含量。

(2)对于发病鸡群,要及时补充维生素 D。雏鸡和成年鸡均可于每千克饲料中添加鱼肝油 10~20 毫升,同时每 50 千克饲料添加多种维生素 25 克,持续一段时间,一般 2~4 周,至病鸡恢复正常健康为止。

114. 怎样防治鸡维生素 E 缺乏症？

维生素 E 又称生育酚，是一种脂溶性维生素，其主要功能有以下 4 个方面：

(1)维持鸡的正常生育机能，缺乏时鸡的配种能力、精液品质、种蛋受精率及受精蛋孵化率均降低。

(2)维护肌肉和外周血管，缺乏时，肌肉营养不良，外周血管的血管壁渗透性改变，血液成分渗出。

(3)具有抗氧化作用，可保护饲料中维生素 A 等多种营养物质，减少其氧化破坏。

(4)和硒起协同作用，当饲料中缺乏硒时，只要维生素 E 充足，可以减轻缺硒的不利影响。

鸡对维生素 E 的需要量与日粮组成、饲料品质、不饱和脂肪酸或天然抗氧化物含量有关。在正常情况下，若不喂饲青绿饲料，0～14 同龄的幼鸡、产蛋种鸡及肉仔鸡要求每千克饲料添加维生素 E 10 国际单位；15～20 同龄的青年鸡和商品产蛋鸡要求添加 5 国际单位。

【病因分析】 引起鸡维生素 E 缺乏症的因素大致有以下几个方面：

(1)饲料中维生素 E 添加剂的添加量不足。

(2)添加剂贮存不当或时间过长，使维生素 E 遭破坏。

(3)饲料发生腐败，不饱和脂肪酸含量增多，从而增加了维生素 E 的需要量。

(4)饲料缺硒，需要较多的维生素 E 去补偿。

(5)鸡患球虫病或其他慢性肠道疾病，使维生素 E 的吸收利用率降低。

【临床症状及病理变化】 成年鸡缺乏维生素 E 时无明显症状，母鸡基本上照常产蛋，只是公鸡睾丸变小，性欲不强，精液中精子数减少甚至无精子;种蛋受精率降低,一般孵化到第 4 天胚胎死亡较多,按习惯说法是头照时"弱精蛋"较多。

雏鸡维生素 E 缺乏症多发于 15~30 日龄,主要出现以下症状和病变。

(1)脑软化症 病雏头向下挛缩或向一侧扭转,也有的向后仰,步态不稳,时而向前或向侧面冲去,两腿阵发性痉挛抽搐,不完全麻痹。由于很少采食,最后衰弱死亡。剖检病死鸡,可见小脑肿胀、柔软,脑膜水肿,小脑表面常有散在出血点(见图 9-6),并有一种黄绿色浑浊的坏死区。这些病变也经常波及到大脑和其他脑部。

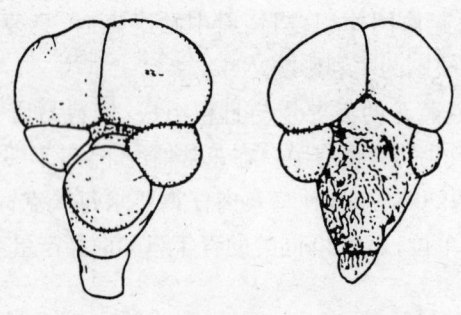

图 9-6 病雏小脑肿胀、柔软、表面出血

(2)渗出性素质 常因维生素 E 和硒同时缺乏而引起,发病日龄一般比脑软化症稍晚。其特征是毛细血管的通透性改变,血液成分外渗。病雏精神不振,两腿向外叉开,胸部、腹部、头颈部、翅内侧、大腿内侧皮下水肿,腹部膨大,外观呈绿色,有的翅部皮肤出现溃烂。剖检可见皮下水肿,有大量淡黄绿色黏性液体(见图 9-7)。肌肉表面常出血斑点,腹腔内积有黄绿色腹水,心包液增多。

(3)白肌病 由维生素 E 与含硫氨基酸(蛋氨酸、胱氨酸)同时缺乏而引起,多发于 1 月龄前后。病雏消瘦衰弱,行走无力,陆

图9-7 病雏皮下有大量黄绿色黏性液体

续发生死亡。剖检可见骨骼肌,尤其是胸肌和腿肌因为营养不良而苍白贫血,并有灰白色条纹。

【防治措施】

(1)注意日粮配合,日粮中应补充富含维生素E的饲料及维生素E添加剂。

(2)对发病鸡应及时治疗。

①雏鸡脑软化症,每只每日一次口服维生素E 5国际单位(维生素E醛脂5毫克),病情较轻的1~2天即明显见效,可连服3~4天。

②雏鸡渗出性素质及白肌病,每千克饲料加维生素E 20国际单位、亚硒酸钠0.2毫克(0.1%的针剂0.2毫升)、蛋氨酸2~3克,连用2周。

③成年鸡缺乏维生素E,每千克饲料加维生素E 10~20国际单位或大麦芽30~50克,连用2~4周,并酌情喂些青绿饲料。

④植物油中富含维生素E并有利于维生素E的吸收,在饲料中混合0.5%的植物油,可得到较好的治疗效果。

115. 怎样防治鸡维生素 K 缺乏症？

维生素 K 是一种脂溶性维生素，其主要作用是促进肝脏合成凝血酶原和凝血活素，维持正常的凝血机能。当血管破损时，在凝血酶的作用下，流出的血液迅速凝固，封住伤口，阻止出血。

鸡所需要的维生素 K 主要有以下 3 个来源：

(1) 肠道内的微生物能少量合成。

(2) 鸡粪与垫料中的微生物能合成一些维生素 K，当鸡扒翻垫料啄食鸡粪时可获取。

(3) 从饲料中获取，这是主要来源。青绿饲料中含有丰富的维生素 K，鱼粉等动物性饲料中也有一定的含量，其他饲料中比较贫乏。在正常情况下，若不喂青绿饲料，0~20 周龄的青年鸡、产蛋鸡要求每千克饲料添加维生素 K 0.5 毫克，肉用仔鸡要求添加 0.53 毫克。

【病因分析】 维生素 K 缺乏症很少见于成年鸡，有时见于雏鸡和低龄青年鸡，往往是由多方面因素造成的。其主要因素有：

(1) 饲料中维生素 K 供给量不足。

(2) 笼养鸡和网上育雏鸡啄食不到鸡粪。

(3) 长期使用抗菌药物，杀死了肠道内正常栖居的微生物，使体内维生素 K 的合成量大大减少。

(4) 患肝脏及胃肠道疾病，影响维生素 K 的吸收。

(5) 饲料中存在双羟香豆素、丙酮苄羟豆素等物质，干扰维生素 K 的代谢。

【临床症状及病理变化】 雏鸡缺乏维生素 K 经 2~3 周出现症状，病鸡生长发育不良，蜷缩发抖，胸、腿、翅部皮下和肌肉出血，腹腔内也常有血液，血液不易凝固。由于出血和骨髓造血机能障碍的双重原因，造成严重贫血，部分鸡很快死亡。种母鸡缺乏维生素 K 可导致种蛋孵化后期鸡胚出血和死亡。

【防治措施】

(1)在日粮中注意添加富含维生素 K 的饲料和维生素 K 添加剂。

(2)对病鸡可用维生素 K 治疗,每千克饲料添加 3～8 毫克,同时多喂一些青绿饲料和动物性饲料,用药后 4～6 小时可使血液凝固恢复正常。

116. 怎样防治鸡维生素 B_1 缺乏症?

维生素 B_1 又称硫胺素,是组成消化酶的重要成分,参与体内碳水化合物的代谢,维持神经系统的正常机能。

维生素 B_1 在自然界中分布广泛,多数饲料中都含有,在糠麸、酵母中含量丰富,在豆类饲料、青绿饲料的含量也比较多,但在根茎类饲料中含量很少。

鸡对维生素 B_1 的需要量与日粮组成有关,日粮中主要能量来源是碳水化合物时,维生素 B_1 的需要量增加。在一般情况下,鸡每千克饲料应含维生素 B_1 的量为:0～14 周龄的幼鸡 1.8 毫克;15～20 周龄的青年鸡 1.3 毫克;产蛋鸡、种母鸡 0.8 毫克;0～4 周龄肉仔鸡 2.0 毫克,5 周龄以上 1.8 毫克。

【病因分析】 虽然大部分饲料中均含有一定量的维生素 B_1,但它是一种水溶性维生素,在饲料加工过程中容易损失,而且对热极不稳定,在碱性环境中易分解失效。肉骨粉和鱼粉中的维生素 B_1 在加工过程中绝大部分已丢失。鸡肠道最后段的微生物能合成一部分,但量很少,也不利于吸收。饲料和饮水中加入的某些抗球虫药物如安普洛里等,会干扰鸡体内维生素 B_1 的代谢。此外,新鲜鱼虾及软体动物内脏中含有较多的硫胺素酶,能破坏维生素 B_1,如果生喂这些饲料,易造成维生素 B_1 缺乏症。

【临床症状及病理变化】 雏鸡维生素 B_1 缺乏症常突然发生,表现厌食,消瘦,贫血,体温降低,腿软无力,有的下痢。继而由于多发性神经炎,腿、翅、颈的伸肌痉挛,病鸡以飞节和尾部着地,仿佛坐于地面,头向后仰,呈特征性的"观星"姿势(见图9-8),有时倒地侧卧,头仍向后仰,严重时衰竭死亡。成年鸡发病较慢,除精神、食欲失常外,还表现鸡冠呈蓝紫色,步态不稳,进行性瘫痪。

图9-8 病雏的"观星"姿势

剖检病死鸡,可见皮肤广泛水肿;肾上腺肥大(母鸡明显);胃肠有炎症,十二指肠溃疡;心脏右侧常扩张,心房较心室明显;生殖器官萎缩,以公鸡的睾丸较明显。

【鉴别诊断】

(1)鸡维生素B_1缺乏症与鸡维生素B_2缺乏症的鉴别 二者均有行走困难,脚腿麻痹不能行走,生长不良,消瘦等临床症状。但二者的区别在于:鸡维生素B_2缺乏症的病因是日粮中维生素B_2缺乏。雏鸡1~2周龄腹泻,食欲良好,足趾向内弯曲,以跗关节着地,张开翅膀以保持平衡。随后两腿瘫痪,皮肤干而粗糙。成年鸡瘫痪。孵化率下降,胎胚结节状绒毛、颈部弯曲,躯体短小,关节水肿,贫血。

(2)鸡维生素B_1缺乏症与鸡维生素B_6缺乏症的鉴别 二者均有食欲减退,生长不良,贫血,抽搐,头偏向一侧奔跑等临床症状,并均有皮下水肿等剖检病变。但二者的区别在于:鸡维生素B_6缺乏症的病因是日粮中维生素B_6缺乏。病鸡双脚神经性颤动,惊厥时奔跑,翅膀扑击,翻仰时头腿急剧摆动至衰竭而死。剖检可见内脏稍肿,脊髓外周神经变性。

(3)鸡维生素B_1缺乏症与鸡弓形虫病的鉴别 二者均有食减,消瘦,贫血,运动失调,抽搐,角弓反张等临床症状。但二者的区别在于:鸡弓形虫病的病原为弓形虫。病鸡歪头失明,转圈,排白色稀粪。剖检可见心包有淡红色液体,心膜有圆形结节,小肠有结节、增厚。肝肿大、有坏死灶,脾有坏死灶。取腹腔液或组织涂片镜检可见虫体。

(4)鸡维生素 B_1 缺乏症与鸡呋喃类药物中毒的鉴别　二者均有运动失调,抽搐,强直痉挛,角弓反张等临床症状。但二者的区别在于:鸡呋喃类药物中毒的病因是服用呋喃类药物过量而发病。病雏兴奋鸣叫,头颈反转作圆圈运动。成年鸡点头颤动,鸣叫作转圈运动。剖检可见口腔充满泡沫,嗉囊扩张,有轻度出血性胃肠炎,肠内充满黄色内容物。

(5)鸡维生素 B_1 缺乏症与鸡黄曲霉毒素中毒的鉴别　二者均有精神沉郁,减食,羽毛松乱,消瘦,贫血,运动失调,两脚麻痹,角弓反张等临床症状。但二者的区别在于:鸡黄曲霉毒素中毒的病因是鸡吃了黄曲霉污染的饲料而发病。病鸡排血便,冠髯苍白,成年鸡产蛋率和孵化率均下降。剖检可见肝肿大,呈橘黄或土黄色,弥漫性出血和坏死,时间长可出现肝细胞瘤或胆管癌。用紫外线照射可见到亮黄绿色荧光(G族毒素)或蓝紫色荧光(B族毒素)。

【防治措施】

(1)注意日粮中谷物等富含维生素 B_1 饲料的搭配,适量添加维生素 B_1 添加剂。

(2)妥善贮存饲料,防止由于霉变、加热和遇碱性物质而致使维生素 B_1 遭受破坏。

(3)对病鸡可用硫胺素治疗,每千克饲料10～20毫克,连用1～2周;重病鸡可肌肉注射硫胺素,雏鸡每次1毫克,成年鸡5毫克,每日1～2次,连续数日。同时饲料中适当提高糠麸的比例和维生素 B_1 添加剂的含量。除少数严重病鸡外,大多经治疗可以康复。

117. 怎样防治鸡维生素 B_2 缺乏症?

维生素 B_2 又称核黄素,是一种水溶性维生素。它是黄素酶的组成部分,参与体内的生物氧化反应,直接影响机体的新陈代谢。

维生素 B_2 在青绿饲料、苜蓿粉、酵母粉、蚕蛹粉中含量丰富,鱼粉、油饼类饲料及糠麸次之,籽实饲料如玉米、高粱、小米等含量较少。在一般情况下,鸡每千克饲料应含维生素 B_2 的量为:0~14周龄幼鸡 3.6 毫克;商品产蛋鸡 2.2 毫克;种母鸡 3.8 毫克;肉仔鸡 0~4 周龄 7.2 毫克,5 周龄以上 2.6 毫克。

【病因分析】 维生素 B_2 缺乏症主要见于雏鸡。雏鸡对维生素 B_2 需要量较多,而自身肠道内微生物合成量很少,若饲料单一,如给初生雏鸡单独喂小米、碎大米或玉米面等,很容易造成雏鸡对维生素 B_2 的缺乏。此外,维生素 B_2 在光照和碱性条件下易被分解,若配合饲料保存时间过长,就会造成维生素 B_2 的损失。

【临床症状及病理变化】
雏鸡维生素 B_2 缺乏症,一般发生在 2 周龄至 1 月龄之间。病鸡生长缓慢,衰弱、消瘦,羽毛粗乱,绒毛很少,有的腹泻。具有特征性的症状是脚趾向内弯曲,中趾尤为明显(见图 9-9),两腿不能站立,以飞节着地,当勉强以飞节移动时,常展翅以维持身体平衡。食欲正常,但

图 9-9 病雏的趾爪向内弯曲

行走困难吃不到食物,最后衰弱死亡或被其他鸡踩死。成年鸡缺乏维生素 B_2 时,产蛋量减少,种蛋孵化率低,胚胎出现"侏儒"、水肿等异常现象,死胎数增加。

剖检病死雏或重病雏可见坐骨神经和臂神经肿大变软,胃肠

壁很薄,肠内有多量泡沫状内容物,肝脏较大而柔软,含脂肪较多。

【防治措施】

(1)雏鸡开食最好采用配合饲料,若采用小米、玉米面等单一饲料开食,只能饲喂1~2天,3日龄后开始喂配合饲料。

(2)在日粮中应注意添加青绿饲料、麸皮、干酵母等含维生素B_2丰富的成分,也可直接添加维生素B_2添加剂。配合饲料应避免含有太多的碱性物质和强光照射。

(3)对病鸡可用核黄素治疗,每千克饲料加20~30毫克,连喂1~2周。成年鸡经治疗1周后,产蛋率回升,种蛋孵化率恢复正常。但"蜷爪"症状很难治愈,因为坐骨神经的损伤已不可能恢复。

118. 怎样防治鸡维生素B_3缺乏症?

维生素B_3又称泛酸,是一种水溶性维生素。它是辅酶A的组成成分,参与体内碳水化合物、蛋白质、脂肪三大有机物的代谢过程。

维生素B_3在各种饲料中均有一定含量,在苜蓿粉、糠麸、酵母及动物性饲料中含量丰富。在一般情况下,鸡每千克饲料应含维生素B_3的量为:0~20周龄的青年鸡和种母鸡10毫克;商品产蛋鸡2.2毫克;肉仔鸡0~4周龄9.3毫克,5周龄以上6.8毫克。

【病因分析】 虽然维生素B_3广泛存在于各种饲料中,但植物籽实中的含量相对较少,尤其是玉米中含量极少,通常以玉米为主要成分的配合饲料,除商品蛋鸡外,维生素B_3不能满足需要,必须用添加剂补充。在酸性及碱性环境中维生素B_3被热所破坏,如果饲料中缺乏维生素B_{12},则鸡对维生素B_3的需要量增加。长期患球虫病和其他严重的肠道疾病可导致维生素B_3缺乏。

【临床症状及病理变化】 泛酸又称为"抗皮炎因子",因而本病以雏鸡羽毛生长受阻和粗糙为特征。病雏消瘦,口角、眼睑和肛门处形成局限性小痂块,眼睑常常由于黏液性渗出物粘着发生感染,影响视力(见图9-10)。有的病鸡头部、趾间和脚底皮肤发炎,头部羽毛脱落。有的腿部皮肤增厚和角化,生长发育,发生脱腱病而死亡。成年种母鸡缺乏维生素 B_3,种蛋孵化率低,在入孵后2~3天死胚较多,孵出的雏鸡体小衰弱。

剖检病死雏或重病雏可见口腔内有脓性物质,腺胃有灰白色渗出物。肝脏暗黄色、肿大,有的肾脏轻度肿大,脾有些萎缩,脊髓神经变质。

图9-10 病雏喙角有痂块,眼睑粘在一起

【防治措施】

(1)在日粮中应注意添加糠麸、酵母等含维生素 B_3 丰富的成分,也可直接添加维生素 B_3 添加剂。

(2)对病鸡可用泛酸钙治疗,每千克饲料加20~30毫克,连用2周左右。同时,在日粮中适当增加动物性饲料,以补充维生素 B_{12}。

119. 怎样防治鸡维生素 PP 缺乏症?

维生素 PP 又称烟酸或尼克酸,是一种水溶性维生素。它是某些酶类的重要成分,与碳水化合物、蛋白质和脂肪的代谢有关。

烟酸的性质稳定,不易受酸、碱、热的破坏,是维生素中最稳定的一种。烟酸在青绿饲料、糠麸、酵母及花生饼中含量丰富,在鱼粉、肉骨粉中含量也较多。在一般情况下,每千克鸡饲料应含烟酸的量为:0~14周龄的幼鸡27毫克;15~20周龄的青年鸡11毫克;商品产蛋鸡、种母鸡10毫克;肉用仔鸡0~4周龄37毫克,5周龄以上7.8毫克。

【病因分析】 维生素 PP 缺乏症主要发生于雏鸡,成年鸡较少发生。在鸡的常用饲料中,玉米含烟酸很少,而且绝大部分呈结合状态,很难被鸡所利用,因此,单独用玉米喂鸡易引起维生素 PP (烟酸)缺乏症。此外,日粮中色氨酸缺乏时,对维生素 PP 的需要量增多。

【临床症状及病理变化】 鸡缺乏烟酸表现为"黑舌病",舌与口腔有深红色炎症。其他症状有:食量减少,生长停滞,羽毛粗糙,脚软无力,有时脚和皮肤呈现鳞片状皮炎,成年鸡有时羽毛脱落,产蛋量和孵化率下降。

【防治措施】

(1)在日粮中应注意添加青绿饲料、糠麸、酵母、花生等含烟酸丰富的成分,也可直接添加含烟酸的多种维生素添加剂。

(2)在发病初期治疗时,可在每千克饲料中添加烟酸 10 毫克,但对于已经发生飞节肿大和骨变形的病例难以治愈。

120. 怎样防治鸡维生素 B_6 缺乏症?

维生素 B_6 是一种水溶性维生素,它包括吡哆醇、吡哆醛及吡哆胺 3 种化合物。

维生素 B_6 主要存在于酵母、糠麸及植物性蛋白质饲料中,动物性饲料及根茎类饲料中相对贫乏,籽实饲料中每千克含 3 毫克左右。在一般情况下,每千克鸡饲料应含维生素 B_6 的量为:雏鸡、青年鸡、商品产蛋鸡 3 毫克;种母鸡 4.5 毫克;肉用仔鸡 0~4 周龄 3.1 毫克,5 周龄以上 1.7 毫克。

【病因分析】 当日粮中蛋白质含量过高(30%以上),尤其是动物性蛋白质含量过高时,容易出现鸡维生素 B_6 缺乏症。

【临床症状及病理变化】 雏鸡缺乏维生素 B_6 兴奋性增强,失控向前奔跑,痉挛时以胸部着地,腿抬起离开地面,翅膀拍打或下垂,有时迅速划动双腿,头部伸直又缩回,呈痉挛性升降运动。剧烈痉挛可使鸡衰竭直至死亡。有些病雏还有脱毛、皮炎、毛囊出血等症状。成年鸡缺乏维生素 B_6 时食欲减退或废绝,体重减轻,产蛋量减少,孵化率降低。

【防治措施】 在玉米、豆饼、麦麸等一些常用饲料中,维生素 B_6 的含量都比鸡的需要量高,因而一般不会缺乏。一旦出现缺乏症,可于发病初期及时补充维生素 B_6,一般每千克饲料添加 1.5 毫克。

121. 怎样防治鸡维生素 B_{11} 缺乏症?

维生素 B_{11} 又称叶酸,是一种水溶性维生素,它的作用是促进新细胞的形成和红细胞、白细胞的成熟。

维生素 B_{11} 在酵母、苜宿粉中含量丰富,在麦麸、青绿饲料中也比较多,但在玉米中较贫乏。在一般情况下,每千克鸡饲料应含叶酸的量为:0~14 周龄的幼鸡 0.55 毫克;15~20 周龄的青年鸡、商品产蛋鸡 0.25 毫克;种母鸡 0.35 毫克;肉用仔鸡 0.55 毫克。

【病因分析】 当日粮中玉米的含量过高时容易发生本病。

【临床症状】 雏鸡和青年鸡缺乏维生素 B_{11} 时生长停滞,发育不良,贫血,头颈部麻痹(头抬不起来,向前伸直下垂),喙触地,有色品种羽毛色素不足,出现白羽。维生素 B_{11} 缺乏还会使雏鸡对胆碱的需要量增加,每千克饲粮含胆碱 2 克仍感不足,以致引起骨粗短症。成年鸡缺乏维生素 B_{11} 时产蛋量下降,种蛋孵化率降低。

【防治措施】 维生素 B_{11} 在大多数饲料中含量较多,一般不会缺乏。但以玉米为主配合的日粮中维生素 B_{11} 含量较少,应注意搭配含维生素 B_{11} 丰富的酵母粉、苜蓿粉等,也可直接添加含叶酸的多种维生素添加剂。

对发病鸡可用叶酸治疗,每千克饲料添加 5 毫克,或肌肉注射 50~100 微克/只。

122. 怎样防治鸡维生素 B_{12} 缺乏症?

维生素 B_{12} 又称氰钴胺,是一种水溶性维生素,它参与酶的构成,对核酸和甲基的合成、碳水化合物和脂肪的代谢起重要作用,还可加速血液细胞的成熟。

维生素 B_{12} 只存在于动物性饲料中,鸡的肠道内能合成一些维生素 B_{12};但合成后吸收率很低,在含有鸡粪的垫草中以及牛羊粪、淤泥中,含有大量由微生物繁殖所产生的维生素 B_{12},因而地面平养鸡可以通过扒翻垫料、啄食粪便而获取维生素 B_{12},但笼养或网上平养鸡无法从垫料中得到维生素 B_{12} 的补充。在一般情况下,每千克鸡饲料中含维生素 B_{12} 的量为:0~4 周龄的幼鸡、4 周龄以内的肉用仔鸡 0.009 毫克;5 周龄的青年鸡、商品产蛋鸡、种母鸡 0.003 毫克;5 周龄以上的肉用仔鸡 0.004 毫克。

【病因分析】 如果配合饲料中鱼粉等动物成分很少,多种维生素添加剂用量不足,又采取笼养或网养方式,就容易引起雏鸡维生素 B_{12} 缺乏症。

【临床症状】 病鸡没有特征性症状。雏鸡缺乏维生素 B_{12} 时生长缓慢,发育不良,消瘦,贫血,因而有不同程度的死亡。成年鸡缺乏维生素 B_{12} 时产蛋量减少,蛋重减轻,种蛋孵化率低,在孵化中后期死胚多。

【防治措施】 在日粮中保证适量的动物性饲料成分,种鸡的饲粮中每千克添加 4 微克维生素 B_{12},即能保证种蛋的孵化率和防止雏鸡缺乏维生素 B_{12}。

治疗病鸡可以肌肉注射维生素 B_{12} 制剂,每只鸡 2 微克。

123. 怎样防治鸡胆碱缺乏症?

胆碱是一种水溶性维生素,广泛存在于动、植物体内,是卵磷脂和乙酰胆碱的组成部分。卵磷脂参与脂肪代谢,对脂肪的吸收、转化起一定作用,可防止脂肪在肝脏中沉积。胆碱可维持神经的传导功能。胆碱还是促进雏鸡生长的维生素。饲料中胆碱充足可降低蛋氨酸的需要量,因为胆碱结构中的甲基可供机体合成蛋氨酸,蛋氨酸中的甲基也可供合成胆碱。甲基的转移过程需要维生素 B_{12} 和叶酸参与,所以胆碱的需要量与饲料中蛋氨酸、维生素 B_{12} 和叶酸的含量有关。

天然饲料中均含有胆碱,大多数蛋白质饲料每千克含胆碱 2~4 克,禾本科籽实饲料每千克仅含 0.5~1 克。在一般情况下,每千克鸡饲料应含胆碱的数量为:0~14 周龄的幼鸡、0~4 周龄的肉用仔鸡 1300 毫克;15~30 周龄的青年鸡和商品产蛋鸡、种母鸡 500 毫克;5 周龄以上的肉仔鸡 750 毫克。

【病因分析】 鸡对胆碱的需要量比其他维生素大得多,虽然体内能合成一些,但并不能满足需要,尤其是雏鸡,合成量很少,主要靠饲料供给。如果日粮中缺乏蛋白质饲料,玉米占过大比例,容易引起鸡胆碱缺乏症。

【临床症状及病理变化】 雏鸡缺乏胆碱时生长缓慢,发育不良,脾肿大,肾出血,并可发生腿骨粗短和脱腱症,与缺锰症相似。成年鸡缺乏胆碱会造成脂肪在肝脏中沉积,特别是笼养母鸡,在饲粮中玉米含量过多,蛋氨酸和胆碱不足时,容易发生脂肪肝。

【防治措施】 鸡对胆碱的需要量比其他维生素大得多,虽然体内能合成一些,但不能满需要,尤其是雏鸡,合成量很少,如果日粮中缺乏蛋白质饲料,玉米占过大比例,容易引起胆碱缺乏症。因此,必须注意补充胆碱。一般多种维生素添加剂中不含有胆碱,补充胆碱要用氯化胆碱,商品氯化胆碱中含纯品 50%。产蛋鸡的配合饲料虽然一般不缺乏胆碱,但每千克饲粮添加氯化胆碱 0.1~0.2 克,可显著提高产蛋率,越是质量较差的配合饲料,添加效果越显著。

124. 怎样防治鸡生物素缺乏症？

生物素又称维生素 H，是一种水溶性维生素。它是体内多种羧化酶的辅酶，参与脂肪和蛋白质的代谢。

生物素在蛋白质饲料中含量丰富，在青绿饲料、苜蓿粉和糠麸中也比较多，但鸡对禾谷类籽实中的生物素吸收利用率不同，有些籽实饲料中的生物素，鸡只能利用 1/3 左右。在一般情况下，鸡每千克饲料应含生物素的量为：0～14 周龄的幼鸡 0.15 毫克；15～20 周龄的青年鸡、商品产蛋鸡 0.1 毫克；种母鸡 0.15 毫克；肉用仔鸡 0.09 毫克。一般配合饲料都可以达到这一水平；优质的多种维生素也含有生物素，通常不会缺乏。

【病因及临床症状】 不同鸡的生物素缺乏症，原因和症状有所不同，在蛋鸡饲养中主要有以下 3 种情况。

(1)雏鸡生物素缺乏症 鸡对禾谷类籽实中生物素的利用率比较低，雏鸡仅能利用 50% 左右，只有蛋白质饲料和青绿饲料中的生物素，鸡才能充分利用。如果雏鸡日粮中鱼粉、豆饼等蛋白质饲料比例较低，所用的多种维生素添加剂又不含生物素，即易患生物素缺乏症。病雏脚底粗糙，龟裂出血，严重时足趾坏死；口角和眼边出现皮炎，眼皮肿胀，上下眼皮粘合。这些症状与泛酸缺乏症相似，但泛酸缺乏症引起的皮炎首先出现的口角、眼边和腿上，严重时才波及脚底。此外，病雏有时还出现较轻的骨粗短症，与缺锰症相似。

(2)产蛋鸡生物素缺乏症 酸败的脂肪和生蛋清都能破坏生物素。如果用大量不新鲜的肉渣喂产蛋鸡，或者鸡有食蛋癖，就会造成生物素缺乏。产蛋鸡缺乏生物素时虽然产蛋量不受大的影响，但种蛋孵化率明显降低，胚胎出现许多畸形。

(3)肉用仔鸡脂肪肝-肾综合征 本病多发于 3～5 周龄的肉用仔鸡，病鸡胸颈部麻痹，垂头站立；继而头着地伏下，数小时死亡,发病死亡率一般不超过6%,其余的鸡增重缓慢。剖检可见肝、肾肿大呈青白色,肝中脂肪增多,体脂肪呈粉红色,肌胃和小肠内有黑色液体滞留。

【防治措施】 对生物素缺乏症,首先应消除病因,增加鱼粉、酵母等蛋白质饲料的含量,同时多喂些青绿饲料,即可逐渐恢复。必要时用生物素治疗,每千克饲粮中加0.1毫克。

125. 怎样防治鸡维生素C缺乏症?

维生素C又称抗坏血酸,是一种水溶性维生素,它能促进肠道内铁的吸收,增加鸡的免疫力,缓解应激反应。由于大部分饲料中均含有维生素C,青绿饲料含量丰富,且鸡体内又能合成,所以在一般情况下,鸡很少出现维生素C缺乏症。有时饲料中的维生素C受到热、碱等不利因素的破坏,而鸡又处于逆境中,则易发生此病。

【临床症状】鸡缺乏维生素C时易患坏血病,生长停滞,体重减轻,关节变软,严重时身体各部位出血或贫血。产蛋鸡在高温骤升时期,蛋壳硬度降低。

【防治措施】 在正常情况下,鸡饲料中不需要添加维生素C,但在高密度集约化饲养或高温季节及其他逆境中,鸡体内维生素C合成力降低,需要量增加,则应适当补充,这样有利于减轻逆境因素对鸡体的影响。

126. 怎样防治鸡钙缺乏与过量?

钙是鸡体内含量最多的元素,鸡需要的钙大约有99%用于构成骨骼和蛋壳,其余分布在细胞和体液中,对维持神经、肌肉和心脏的正常功能,维持酸碱平衡和细胞渗透性,以及促进伤口血液凝固具有重要作用。

钙在一般谷物、糠麸中含量很少,在贝粉、石粉、骨粉等饲料中含量丰富。雏鸡和青年鸡要求日粮含钙0.9%左右,成年鸡开产后对钙的需要量随产蛋率的增加而增加,一般要求日粮含钙量为 $3\%\sim3.5\%$ 。

【病因分析】 鸡缺钙症的原因,除日粮含钙不足外,就是维生素D缺乏或含磷量过多,影响钙的吸收利用。若日粮中钙、磷比例略有不当,但维生素D充足,则能够进行调节,可以维持钙、磷的正常代谢。

【临床症状】 雏鸡和青年鸡缺钙,生长缓慢,骨骼发育不良,质脆易折断,或变软易弯曲,严重时两腿变形外展,站立不稳,胸廓变形,形成佝偻病,与缺乏维生素D的症状相似。产蛋鸡缺钙,食欲减退,产蛋减少,蛋壳变薄,严重时产软壳蛋、无壳蛋。

【防治措施】 治疗鸡缺钙症的主要措施是调整饲粮配合,适当增加骨粉、贝壳粉及维生素D添加剂的含量,对雏鸡必要时酌用鱼肝油,让鸡多晒太阳,症状即可很快减轻和消失。雏鸡骨骼已经变形的较难恢复,必须考虑淘汰。

日粮含钙过多对雏鸡和青年鸡的危害比较大,可形成钙盐在肾脏沉积,损害肾脏,阻碍尿酸排出,引起痛风病。成年鸡日粮含钙量如果超过 4.5%,则适口性降低,使采食与产蛋减少,蛋壳上有钙质颗粒,蛋的两端粗糙。钙过量的原因,一是用产蛋鸡的日粮喂雏鸡和青年鸡;二是日粮中贝壳粉或石粉加得过多。

127. 怎样防治鸡磷缺乏与过量?

磷在鸡体内的含量仅次于钙,鸡所需要的磷约有 80% 同钙一起构成骨骼,其余分布在软组织和体液中,参与机体代谢。

【病因分析】 磷的主要来源是矿物质饲料、鱼粉、饼粕类和糠麸,而饲料中全部的磷称为总磷,其中鸡可以吸收利用的称为有效磷。鱼粉等动物性饲料和骨粉等矿物质性饲料中的磷,鸡很容易吸收利用,都视为有效磷;植物性饲料中的磷,鸡只能利用其 30% 左右。因此,配合饲料中的有效磷=动物磷+矿物磷+植物磷×

30%。雏鸡要求日粮含有效磷0.55%,青年鸡要求0.5%,产蛋鸡要求0.4%。如果单纯用谷物喂鸡,或者配合饲料中骨粉、鱼粉及维生素D不足,会造成磷的缺乏。

【临床症状】 鸡缺磷时食欲减退,精神不振,易发生食癖。雏鸡生长缓慢,骨骼发育不良,严重时像缺钙一样患软骨症和佝偻病,成年鸡产蛋减少。

【防治措施】 治疗鸡缺磷症的主要措施是调整日粮配合,适当增加骨粉等含磷矿物质含量,补充维生素D添加剂,对雏鸡必要时酌用鱼肝油,让鸡多晒太阳,症状可很快消失,但雏鸡骨骼已经变形的难以恢复。

饲料中磷过多会影响钙的吸收利用,所以钙和磷要保持一定的比例。由于生长鸡(雏鸡、青年鸡)与产蛋鸡对钙的需要量有很大差别,不同产蛋水平的产蛋鸡对钙的需要量也有一定差异,而它们对磷的需要量差别较小,所以钙、磷的适宜比例是因鸡而异的。在生产中,如果骨粉在日粮中占的比例太大(2.5%~3%以上),就会造成磷过量,此时尽管日粮中钙很充足,也会出现缺钙症状。

128. 怎样防治鸡钾缺乏与过量?

钾是进行机体代谢的必需物质,对调节渗透压、维护正常生理机能等方面起重要作用。在正常情况下,饲料中含钾量保持在0.16%~0.2%,可以满足各种鸡的需要。

由于钾广泛存在于动植物饲料中,所以在一般情况下不需要补充,但在鸡体代谢异常,并长期进食困难时可考虑补钾。

鸡缺钾时表现厌食,羽毛松乱,消瘦,共济失调。病鸡生长缓慢,全身无力,腿动作不灵敏,肌肉常有强直性收缩。验血时,血钾含量低下,血清钾亦降低,心率下降。全身肌肉虚弱,心力衰竭,最后出现呼吸困难。

对鸡缺钾症可用氯化钾治疗,效果良好。但注意补钾不要过量,因为体内钾与钠是相互关联的,若一方过多,会引起另一方的显著缺乏,所以两者必须保持相对平衡状态。

129. 怎样防治鸡钠缺乏症?

钠在鸡体内主要分布于血液和体液中。它在肠道里能使消化液保持碱性,有助于消化酶的活动,另外还具有调节体液酸碱度,维持心脏的正常活动等功能。鸡对钠的需要量,主要以食盐(氯化钠)的形式供给,鱼粉中含有一定量的食盐,添加食盐时应予考虑。在正常情况下,要求鸡日粮含钠量为 $0.1\%\sim0.3\%$,相当于在日粮中补充食盐 0.37%。

缺钠时,鸡生长发育滞缓,消化不良,食欲减退,外形憔悴,骨质变软,角膜角质化,体重下降,心脏输出血量减少。出现啄爪、啄肛和啄羽等恶癖。成年鸡产蛋减少,蛋重减轻。

治疗鸡钠缺乏症,可在日粮中补充适量食盐,症状将很快消失。但补充食盐应注意不要过量,以免发生鸡食盐中毒。

130. 怎样防治鸡氯缺乏症?

氯与钠的作用相似,主要有维持体内渗透压与酸碱平衡等功能,在胃内可形成胃酸。鸡对氯的需要,主要以食盐(氯化钠)的形式供给,在日粮中补加食盐,既可提供鸡所需的钠,同时又提供了氯。

鸡缺乏氯时生长发育滞缓,死亡率高,脱水,血液浓缩,并出现神经症状。当病鸡受到惊吓时,两腿向后伸直,体躯向前倒,突然倒地,不能站起,但瞬间可消除,恢复较快。验血时,血清钾、钠、氯均降低。

治疗氯缺乏症,可在日粮中补充适量食盐,症状将很快消失。

131. 怎样防治鸡锰缺乏与过量?

锰在鸡体内主要存在于血液和肝脏中,其他器官及皮肤、肌肉、骨骼中含量极少,它是某些酶的组成成分,参与碳水化合物、蛋白质和脂肪的代谢。在正常情况下,要求每千克饲粮含锰55毫克。鸡常用饲料如谷物、油饼、糠麸、鱼粉等,由于产地不同,含锰量差别很大。总的来说配合饲料中锰的含量不能满足鸡的需要,通常在每吨饲料中添加硫酸锰242克(含在微量元素添加剂之中,相当于55克纯锰),即可满足鸡的需要。

鸡的缺锰症比较常见,其主要原因有以下三方面:①微量元素添加剂质量低劣,含锰不足;②钙、磷过量,使锰的利用率降低;③胆碱、烟酸、生物素、核黄素、维生素 B_{12} 及维生素 D 不足,使鸡对锰的需要量增加。

雏鸡缺锰会发生骨粗短症和滑腱症,即腿骨稍粗短,飞节肿大,扭转,其上下的骨骼(胫骨下端、跖骨上端)弯曲变形(见图9-11)。发展到一定程度时,腓肠肌的腱从关节后面的骨突上滑脱,离开正常位置(见图9-12),使患肢不能站立。这些症状也能由胆碱和生物素缺乏等引起,但大多数由缺锰引起。病鸡的骨质并不变软或变脆,据此可区别于钙、磷、维生素 D 缺乏所引起的佝偻病。

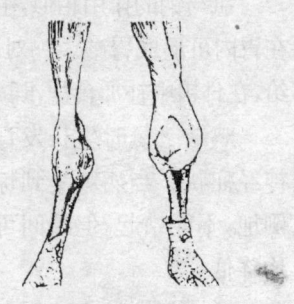

图9-11　病雏飞节肿大,扭转,腿骨弯曲变形

图9-12　病雏右腿腓肠肌腱滑脱

成年鸡缺锰,产蛋量显著减少,蛋壳变薄易破碎。种蛋入孵后胚胎发生短肢性营养不良症,表现为腿短而粗,翼骨变短,下喙不成比例地缩短而形成"鹦鹉嘴",出雏前1～2天大批死亡。

对病鸡除补充锰外,还应补充胆碱、生物素等有关维生素。可于每千克饲料中添加硫酸锰0.2～0.25克,氯化胆碱1～1.2克,适当增加多种维生素添加剂。有条件的酌喂青绿饲料,以补充生物素。雏鸡腿骨变形和脱腱的,难以恢复,应予淘汰。

鸡对过量的锰有较强的耐受性,据试验,成年鸡饲料中含0.1%的纯锰,比需要高出将近20倍,短时期无明显中毒现象。因此,生产中一般不会发生锰中毒现象,只是饲粮含锰过多时对维生素A有一定破坏作用。

132. 怎样防治鸡硒缺乏与过量?

硒是谷胱甘肽过氧化酶的组成成分,与维生素E协同阻止体内某些代谢产物对细胞膜的氧化,保护细胞膜不受损害。硒与维生素E如果一方缺乏,另一方充足有余,引起的症状就比较轻,双方都缺乏则症状加重,所以二者有一定的互补作用。在正常情况下,要求每千克饲粮含硒0.1毫克。植物性饲料的硒含量与土壤有很大关系,我国大部分地区土壤含硒较少,因而大部分配合饲料含硒量不足。如果饲料本身含硒量不足,微量元素添加剂的质量又低劣,不含硒或含量未达到标准,就会发生硒缺乏症。

硒缺乏症多发于3～6周龄的雏鸡,病初症状不明显,少数雏鸡突然死亡,多数表现精神不振,食欲减退,呆立少动,行动困难,两腿内外叉开,有的用飞节触地行走,爬在地上起立困难。随着病程发展,病鸡缩颈,羽毛蓬乱,翅膀下垂,腿后伸,冠苍白,胸部、腹部、头颈部、翅内侧、大腿内侧皮下水肿,腹部膨大,外观呈绿色,有的翅部皮肤出现溃烂。剖检可见皮下水肿,呈胶冻样,淡黄绿色。肌肉表面常见出血斑点。腹腔内积有黄绿色腹水,心肌有灰白色局限性坏死灶,心包液增多。

对缺硒病鸡,可用亚硒酸钠与维生素 E 的混合制剂治疗,也可分别使用这两种药品,即每千克饮水加 0.1% 的亚硒酸钠注射液 1.5 毫升(1.5 毫克/千克),每千克饲料中加维生素 E 1 万单位或植物油(豆油、花生油、菜籽油等)5 克,连用 5~7 天,一般可基本控制病情。

过量的硒会引起毒性反应。雏鸡和青年鸡饲料中含硒超过 5 毫克/千克,则生长受阻,羽毛松乱,神经过敏,性成熟延迟。种鸡饲料含硒超过 5 毫克/千克,种蛋入孵后会产生大量畸形胚胎;含硒达 10 毫克/千克时,种蛋孵化率降到零。对雏鸡按每千克体重 10 毫克注射亚硒酸钠,数小时即可导致死亡。

133. 怎样防治鸡铁缺乏与过量?

铁是鸡体内血红蛋白和某些酶类的组成成分,是造血和形成羽毛色素所必需的物质。要求每千克饲粮含铁量为:0~14 周龄的幼鸡 80 毫克,15~20 周龄的青年鸡 40 毫克,商品产蛋鸡 50 毫克,种母鸡 80 毫克。

铁在血粉、鱼粉、骨粉中含量丰富,植物性饲料的含铁量与土壤有关,差别较大。一般来说,配合饲料的含铁量可以满足鸡的需要,但不是很可靠,应按鸡实际需要量的 1/3~1/2 添加硫酸亚铁,即每千克饲料添加硫酸亚铁 130~200 毫克。若饲粮中缺铜或维生素 B_6,可影响铁的吸收利用,易发生铁缺乏症。

缺铁时鸡消化不良,生长缓慢,羽毛不整,冠、髯苍白,贫血。严重缺铁时羽毛褪色。

对缺铁病鸡可口服硫酸亚铁治疗。鸡对铁的耐受性较大,在正常饲料中罕见中毒现象。

134. 怎样防治鸡铜缺乏与过量？

铜是鸡体内某些酶的组成成分，对血红蛋白的形成起催化作用，缺铜时则影响铁的吸收。

鸡对铜的需要量很少（每千克饲粮 4 毫克），除玉米的含铜量为 3~4 毫克/千克外，其他常用饲料的含铜量都高于鸡的需要量，所以一般不会发生缺铜问题。

鸡缺铜时表现贫血，羽毛褪色，骨骼变形，动脉血管弹性减退，易于破裂。成年鸡产蛋减少，种蛋孵化率低，入孵后死胚多。

对缺铜病鸡，可用适量硫酸铜拌料（40~50 毫克/千克）进行治疗。

鸡对铜的耐受性比较大，雏鸡饲料含铜 350 毫克/千克、饮水含铜 150 毫克/千克以上才会出现毒性反应，在正常饲养条件下不会发生这种情况，但用硫酸铜治疗缺铜症或曲霉菌病时则需要注意这个问题。

135. 怎样防治鸡锌缺乏与过量？

锌是鸡体内多种酶类、激素和胰岛素的组成成分，参与碳水化合物、蛋白质和脂肪的代谢，与毛的生长、皮肤健康和伤口愈合密切相关。在正常情况下，要求每千克鸡饲料含锌 65 毫克左右。

锌在鱼粉、肉骨粉和糠麸中含量较多，但植物性饲料的含锌量与土壤有关，差别较大。虽然配合饲料的含锌量一般可以满足鸡的需要，但不是很可靠，需要添加适量的锌，可在每千克配合饲料中添加 0.1~0.2 克的硫酸锌（含在微量元素添加剂中）。如果饲料本身含锌不足，微量元素添加剂质量又差，或饲料中含钙过多（超过正常标准 1%~2%），或喂给生黄豆粉，影响锌的吸收利用，则易造成锌缺乏症。

鸡缺锌时，雏鸡体质虚弱，食欲消失，刺激受惊时呼吸困难；青年鸡生长缓慢,羽毛生长不良,飞节肿大,骨短粗,皮肤形成鳞片,尤在脚部更为严重;成年鸡产薄壳蛋,孵化率低,胚胎出现畸形。

治疗鸡锌缺乏症可用锌制剂,加碳酸锌或硫酸锌等。

饲粮中含锌过多会影响铁和铜的吸收及利用,如含锌量超过800毫克/千克,即超过需要量12倍,则引起中毒反应,表现厌食,生长受到抑制。

136. 怎样防治鸡碘缺乏与过量?

碘是构成鸡体甲状腺的重要成分,参与体内各种物质代谢过程,对能量代谢、生长发育和繁殖等多种生理功能具有促进作用。在正常情况下,鸡要求每千克饲料含碘0.35毫克。

海鱼粉和海贝粉中含有丰富的碘,沿海地区的土壤和饮水,以及这些地区生产的饲料也含有微量的碘,但为了可靠地满足鸡对碘的需要,应通过微量元素添加剂,向每千克饲料添加碘化钾0.46毫克。在我国一些内陆地区,饲料中往往缺碘,因此,除使用含碘的微量元素添加剂外,配料所用的食盐应是碘化食盐。

鸡缺碘时易患甲状腺肿大病,雏鸡和青年鸡生长缓慢,骨骼发育不良,羽毛不丰满,成年鸡产蛋减少,种蛋孵化率降低。

鸡碘缺乏症可采用碘制剂,如碘化钾、碘酸钾等药物治疗。

在饲料中添加较多的碘化钾或喂给海藻,能使母鸡产出含碘量很高的鸡蛋,即所谓的"碘蛋",在内陆缺碘地区是一种有益的保健食品,但饲料含碘量如超过30毫克/千克,会使产蛋减少甚至停止,种蛋的孵化率也显著降低。

137. 怎样防治鸡镁缺乏与过量?

镁在鸡体内的量约有70%与钙、磷共同构成骨骼,其余分布在体液中,与神经机能有密切关系。一般配合饲料中的含镁量可以满足鸡的需要,在正常情况下不必另外添加。

体内缺镁时,雏鸡和青年鸡生长缓慢,骨骼发育不良,严重时呈昏迷状态,时而发生痉挛,可导致死亡。成年鸡产蛋减少,骨质疏松。

药物治疗鸡镁缺乏症,可使用硫酸镁或氯化镁与食盐减少量的饲料相混合。

在生产中很少有镁缺乏症,相反,对镁应着重防止过量。钙、磷、镁三者有一定的比例关系,有些地区的石灰石含镁量相当高,用这种石粉配制饲粮,过剩的镁需要较多的钙与之平衡,钙的消耗又影响钙、磷比例,结果引起缺钙症状,母鸡产蛋减少,蛋壳变薄。饲粮含镁太多还会引起拉稀。因此,向饲粮中补充钙最好用贝壳粉,不用石粉。如果限于条件,只能用石粉,钙与磷的含量要稍高于正常水平。

138. 怎样防治鸡蛋白质缺乏症?

蛋白质是构成鸡体的主要成分,又是鸡生长、发育、产蛋所必需的养分。此外,蛋白质还参与形成鸡体内活动性物质,如激素、抗体等,是维持生命不可缺少的物质。如果日粮中缺乏蛋白质,鸡可出现一种病态——蛋白质缺乏症。

饲粮中蛋白质含量不足,特别是缺乏动物性蛋白,满足不了鸡生长发育和产蛋的需要,或者所喂的饲料中缺乏必需氨基酸时,都可能引起蛋白质缺乏症。

【临床症状】 由于雏鸡和产蛋母鸡所需蛋白质相对较多,故易发生本病。雏鸡表现生长缓慢,发育不良,羽毛不整,抗病力差,易感染其他疾病,严重的出现水肿、贫血,鸡冠苍白。母鸡产蛋减少或停产,公鸡精子活力差,配种率和孵化率低。

【防治措施】
(1)合理配合饲料,供给充足的蛋白质和必需氨基酸,尤其是几种限制性必需氨基酸。

(2)及早发现病症,尽快补足蛋白质和必需氨基酸。晚期治疗效果不佳。

139. 怎样防治鸡营养性衰竭症?

鸡营养性衰竭症又称瘦弱病,主要是由于鸡体内的营养供给与消耗之间呈现负平衡而引起的营养不良综合征。其主要特征是病鸡表现进行性消瘦、贫血,逐渐衰竭。

【病因分析】 本病多发于雏鸡和青年鸡,主要是由于生长期喂料不足或饲料品种单一,饲料营养不能满足鸡体需要,使体内营养处于负平衡状态。此外,本病也常继发于各种慢性消耗性疾病,如鸡传染性贫血、白痢、球虫病及慢性胃肠炎等。

【临床症状及病理变化】 病鸡精神沉郁,站立无力,羽毛松乱,冠、髯苍白,进行性消瘦,胸骨弯曲。重病鸡爪趾蜷缩,站立不稳,常以尾部着地支撑。后期不会走路,两腿向两侧叉开,最后以全身衰竭而死亡。病鸡采食正常,直到濒死前1~2天仍能卧地采食,但食量明显减少。有些鸡出现啄肛、啄羽等异嗜现象,整个鸡群生长发育缓慢。

病死鸡剖检可见皮下、肌间、腹膜下和肠系膜等处的脂肪全部消耗。全身肌肉严重萎缩、变薄,缺乏弹性,色泽变淡,个别胸部肌肉有血斑。心肌菲薄,色淡,极脆弱,个别心肌出血。肝脏体积缩小,韧性增强,边缘锐薄。肾脏肿大,呈土黄色。多数肠管明显增厚,肠黏膜也有不同程度的瘀血,盲肠扁桃体肿大、出血。

【防治措施】 加强饲养管理,合理配合饲粮,避免鸡群长期处于饥饿状态。鸡群发病后,逐渐增加能量、蛋白质饲料以及多种维生素和微量元素添加剂,一周后过渡到符合饲养标准的饲粮。同时在饮水中加入0.02%的土霉素,进行肠道消炎,预防感染。

十、鸡中毒性疾病的防治

140. 怎样防治鸡食盐中毒？

【病因分析】 引起鸡食盐中毒的因素主要有几个方面：

(1)饲料搭配不当,含盐量过多。

(2)在饲料中加进含盐量过多的鱼粉或其他富含食盐的副产品,使食盐的含量相对增多,超过了鸡所需要的摄入量。

(3)虽然摄入的食盐量并不多,但因饮水受限制而引起中毒。如用自动饮水器,一时不习惯,或冬季水槽冻结等原因,以致鸡几天饮水不足。

【临床症状及病理变化】 当雏鸡饲粮含盐量达0.7％、成年鸡达1％时,则引起明显口渴和粪便含水量增多；如果雏鸡饲粮含盐量达1％、成年鸡达3％,则能引起大批中毒死亡；按鸡的体重每千克口服食盐4克,可很快致死。

鸡中毒症状的轻重程度,跟摄入食盐量多少和持续时间长短有很大关系。比较轻微的中毒,表现饮水增多,粪便稀薄或混有稀水,鸡舍内地面潮湿。严重中毒时,病鸡精神萎靡,食欲废绝,渴欲强烈,无休止地饮水。鼻流黏液,嗉囊胀大,腹泻,泻出稀水,步态不稳或瘫痪,后期呈昏迷状态,呼吸困难,有时出现神经症状,头颈弯曲,胸腹朝天,仰卧挣扎,最后衰竭死亡。

剖检病死鸡或重病鸡,可见皮下组织水肿,腹腔和心包积水,肺水肿,消化道充血出血,脑膜血管充血扩张,肾脏和输尿管有尿酸盐沉积。

【防治措施】

(1)严格控制食盐用量 鸡味觉不发达,对食盐无鉴别能力,喂鸡时应格外留心。准确掌握饲料含盐量,喂鱼粉等含盐量高的饲料时要准确计量。平时应供给充足的新鲜饮水。

(2)对病鸡要立即停喂含盐过多的饲料 轻度与中度中毒的,供给充足的新鲜饮水,症状可逐渐好转。严重中毒的要适当控制饮水,饮水太多会促进食盐吸收扩散,使症状加剧,死亡增多,可每隔1小时让其饮水10~20分钟,饮水器不足时分批轮饮。

141. 怎样防治鸡菜籽饼中毒?

菜籽饼内富含蛋白质,可作为鸡的蛋白质饲料,在鸡的饲料中搭配一定量的菜籽饼,既可以降低饲料成本,也有利于营养成分的平衡。但是,菜籽饼中含有多种毒素,这些毒素对鸡体有毒害作用。如果鸡摄入大量未处理过的菜籽饼,就可以引起中毒。

【病因分析】 菜籽饼的毒素含量与油菜品种有很大关系,与榨油工艺也有一定关系。普通菜籽饼在产蛋鸡饲料中占8%以上,即可引起毒性反应。当菜籽饼发热变质或饲料中缺碘时,会加重毒性反应。不同类型的鸡对菜籽饼的耐受能力有一定差异,来航鸡各品系和各种雏鸡的耐受能力较差。

【临床症状及病理变化】 鸡的菜籽饼中毒是一个慢性过程,当饲料中含菜籽饼过多时,鸡的最初反应是厌食,采食缓慢,耗料量减少,粪便出现干硬、稀薄、带血等不同的异常变化,逐渐生长受阻,产蛋减少,蛋重减轻,软壳蛋增多,褐壳蛋带有一种鱼腥味。

剖检病死鸡可见甲状腺(甲状腺位于胸腔入口气管两侧,呈椭圆形,暗红色)、胃肠黏膜充血或呈出血性炎症,肝脏沉积较多的脂肪并出血,肾肿大。

【防治措施】

(1)对菜籽饼要采取限量、去毒的方法,合理利用。

(2)对病鸡只要停喂含有菜籽饼的饲料,即可逐渐康复,无特效治疗药物。

142. 怎样防治鸡棉籽饼中毒?

棉籽饼内富含蛋白质,可作为鸡的蛋白质饲料,在鸡的饲料中搭配一定量的棉籽饼,既可以降低饲料成本,也有利于营养成分的平衡。但是,在棉籽饼中含有一种叫棉籽酚的有害物质,对组织细胞、血管、神经有毒害作用。如果加工调制不当或鸡摄入量过多,就会引起中毒。

【病因分析】 引起鸡棉籽饼中毒的因素主要有以下几个方面:

(1)用带壳的土榨棉籽饼配料 这种棉籽饼不仅含有大量的木质素和粗纤维,而且游离棉籽酚(游离态棉籽酚毒性强,结合态棉籽酚毒性弱)含量很高,因此不能用于喂鸡。目前随着榨油工业向现代化发展,这种棉籽饼已越来越少。

(2)在配合饲料中棉籽饼比例过大 棉籽饼中的游离棉籽酚与棉花品种、土壤、特别是榨油工艺有很大关系,常用的棉籽饼含游离棉籽酚 0.08% 左右,如果在鸡的饲料中配入 8%~10% 以上,就容易引起中毒。

(3)如果棉籽饼发霉变质,其游离棉籽酚的含量就会增高,则增加中毒的危险。

(4)如果配合饲料中维生素 A、钙、铁及蛋白质不足,会促使中毒的发生。

【临床症状及病理变化】 中毒病鸡食欲减退或废绝,排黑褐色稀便,并常混有黏液、血液和脱落的肠黏膜。羽毛松乱,翅膀下垂,行动不稳,身体急剧消瘦。有些病鸡出现抽搐等神经症状,呼吸困难,最后因衰竭而死亡。母鸡产蛋减少或停产,公鸡精液中精子减少,活力减弱,种蛋的受精率和孵化率降低。

剖检病死鸡可见胃肠炎症,心肌松软无力,心外膜出血。肝脏充血肿大,质硬色黄。肺充血水肿,腹腔、胸腔均积有渗出液。

【防治措施】

(1)去毒处理 饲料中每配入100千克棉仁饼,同时拌入1千克硫酸亚铁,这样在鸡的消化道内,棉籽酚与铁结合而失去毒性。棉仁饼的去毒方法有蒸煮2小时、用2%~2.5%的硫酸亚铁溶液浸24小时等。

(2)限量饲喂 棉仁饼在蛋鸡饲料中所占比例以5%~6%为宜,最多不超过8%。

(3)间歇使用 由于棉籽酚在体内积蓄作用较强,鸡饲料中最好不要长期配入棉仁饼,每隔1~2个月停用10~15天。

(4)区别对待 1月龄以下的雏鸡不喂棉仁饼,青年鸡适当多喂,18周龄以后及整个产蛋期少喂,种鸡在提供种蛋期间不喂。

(5)增喂青绿饲料 青绿饲料可显著增强动物机体对棉籽酚的解毒能力,在饲料中配入棉仁饼时,应尽可能供给充足的青绿饲料。

(6)对病鸡应停喂含有棉仁饼或棉籽饼的饲料,多喂些青绿饲料,经1~3天可逐渐恢复。

143. 怎样防治鸡黄曲霉毒素中毒?

黄曲霉毒素是黄曲霉菌的代谢产物,广泛存在于各种发霉变质的饲料中,对畜禽具有毒害作用。如果鸡摄入大量黄曲霉毒素,可造成中毒。

【病因分析】 鸡的各种饲料,特别是花生饼、玉米、豆饼、棉仁饼、小麦、大麦等,由于受潮、受热而发霉变质,含有多种霉菌与毒素,一般来说,其中主要的是黄曲霉菌及其毒素,鸡吃了这些发霉变质的饲料即引起中毒。

【临床症状及病理变化】 本病多发于雏鸡,6周龄以内的雏鸡,只要饲料中含有微量黄曲霉毒素就能引起急性中毒。病雏精神萎靡,羽毛松乱,食欲减退,饮欲增加,排血色稀粪。鸡体消瘦,衰弱,贫血,鸡冠苍白。有的出现神经症状,步态不稳,两肢瘫痪,最后心力衰竭而死亡。由于发霉变质的饲料中除黄曲霉菌外,往往还含有烟曲霉菌,所以3~4周龄以下的雏鸡常伴有霉菌性肺炎。

青年鸡和成年鸡的饲料中含有黄曲霉毒素等,一般是引起慢性中毒。病鸡缺乏活力,食欲不振,生长发育不良,开产推迟,产蛋少,蛋形小,个别鸡肝脏发生癌变,呈极度消瘦的恶病质,最后死亡。

剖检病变主要在肝脏。急性中毒的雏鸡肝脏肿大,颜色变淡呈黄白色,有出血斑点,胆囊扩张。肾脏苍白,稍肿大。胸部皮下和肌肉有时出血。成年鸡慢性中毒时,肝脏变黄,逐渐硬化,常分布有白色点状或结节状病灶。

【防治措施】 对黄曲霉毒素中毒目前尚无特效药物治疗,禁止使用发霉变质的饲料喂鸡是预防本病的根本措施。发现中毒后,要立即停喂发霉饲料,加强护理,使其逐渐康复。对急性中毒的雏鸡喂给5%的葡萄糖水,有微弱的保肝解毒作用。

144. 怎样防治鸡亚硝酸盐中毒?

【病因分析】 引起鸡亚硝酸盐中毒的常见因素主要有以下几方面:

(1)白菜、韭菜、菠菜、萝卜叶、甜菜等青菜均含有硝酸盐,由于加工调制不当,比如用蒸煮白菜的喂鸡,蒸煮得不透(没有搅拌)、煮后焖在锅里或煮后数小时保持在40~60℃,则菜内的硝酸盐形成亚硝酸盐。

(2)鸡吃了腐烂变质的蔬菜,或由于鸡消化不良,食入白菜等青绿饲料后,在细菌的作用下,将菜里的硝酸盐还原成亚硝酸盐。

【临床症状及病理变化】 由于过多的亚硝酸盐被吸入血液后,将正常的血红蛋白氧化成高铁血红蛋白,失去携带氧的机能,病鸡表现缺氧,冠髯发紫,呼吸困难,抽搐,卧地不起,窒息而死亡。

病尸剖检可见腹部膨胀,血液凝固不良,呈酱油色。气管与支气管充满白色或淡红色泡沫样液体,肺胸膜下散发点状出血,肺水肿、瘀血。肝、脾、肾等内脏器官均呈黑紫色。胃内充满青饲料,胃底部黏膜弥漫性充血,胃黏膜易于剥离,肠管充气,小肠黏膜有散在性点状出血,肠系膜血管充血,心外膜出血。死鸡多为体况较好的鸡只。

【防治措施】 预防本病的有效措施是坚持青饲料生喂,不喂腐烂变质的青绿饲料。

一旦中毒,可采用以下解毒方法:

(1) 5%葡萄糖饮水,任其自饮3~5天。

(2) 加维生素C,按每千克体重50毫克,同时加入饮水中饮服,连续3~5天。

(3) 1%美蓝溶液,每千克体重肌注0.1毫升,必要时重复注射1次,效果很好(1%美蓝溶液的配法是:取美蓝1克,溶于10毫升纯酒精中,加生理盐水90毫升混合而成)。

(4) 饮水中交替用药(美蓝、高锰酸钾、葡萄糖、维生素B_1等)自由饮服。

145. 怎样防治鸡高氟饲料中毒?

【病因分析】 鸡体对氟的耐受量很低,一旦饲料、饮水中含氟过量,将会引起鸡氟中毒,鸡日龄越小,中毒症状越严重。

饲料原料磷酸氢钙、磷酸钙中的含氟量最多不能超过0.2%,成品料中的含氟量不能超过0.02%,超过限量就可引起高氟饲料中毒。饮水中含氟量每升超过5毫克也可使畜禽中毒。

氟过量对畜禽（包括人在内）的最大危害是干扰钙的吸收和钙磷代谢，从而导致骨骼和牙齿严重病变，因而也称为氟骨病。氟还能干扰甲状腺、肾上腺、性腺、胰岛等内分泌腺的功能，使肾上腺、性腺、胰腺分泌减少或紊乱，从而导致低血压、低血糖及性功能障碍。

【临床症状及病理变化】 病鸡表现精神不振，生长缓慢，喙软，粪便稀薄，腿软无力，以跗关节着地趴伏于地，或两腿呈"八"字型外翻倒地，食欲废绝，最后昏迷死亡。雏鸡摄入高氟饲料后可造成鸡群大量瘫痪和死亡。

剖检可见骨骼软而柔韧，骨髓颜色变淡，严重者呈土黄色，有的病鸡肋骨与肋软骨、肋骨与椎骨接合部呈珠状突起，有些病例见心包、胸腔和腹腔积液，心、肝、肾脂肪变性。脑膜轻度充血，其他脏器无特异性病变。

【防治措施】 要严格制控饲料、饮水中氟的含量，发现中毒时应立即停止使用造成中毒的饲料，换用低氟饲料。同时在饲料中添加骨粉、鱼肝油、多种维生素；在饮水中添加补液盐、维生素C，连喂3~4天，鸡群可基本稳定并逐渐好转。

146. 怎样防治鸡马铃薯中毒？

【病因分析】 马铃薯由于保存不好而发芽，在发芽的芽孔及胚芽中都含有马铃薯毒素或龙葵素。这种毒素遇酸极易分解为各种糖类，经过彻底煮熟、煮透也有解毒作用。

马铃薯毒素对运动、呼吸中枢有麻痹作用，对黏膜有强烈刺激，可溶解细胞组织。

【临床症状及病理变化】 中毒病禽精神不振，食欲废绝，步行不稳，运动失调，并有腹泻现象。严重中毒者可见体温升高，还见有昏迷、抽搐、呼吸困难，最后多因麻痹而死亡。

病尸剖检可见肝、脾肿大瘀血，有时见出血，死鸡血液呈暗紫色,胃肠有卡他性炎症,腺胃黏膜脱落。

【防治措施】

(1)不喂发芽或腐败的马铃薯,如用做饲料时,必须除去嫩菜经蒸煮后再喂。不可用马铃薯嫩芽、茎叶、花蕾做饲料,如用茎须晒干或青贮后饲喂。

(2)治疗时可用淡盐水或糖水灌服。也可灌服0.02%高锰酸钾溶液适量或0.5%鞣酸溶液。

147. 怎样防治鸡蓖麻中毒?

【病因分析】 蓖麻的茎、叶和果实都含有毒物质,即蓖麻素和蓖麻碱。蓖麻中毒是因鸡误食了蓖麻茎、叶、果实所致。鸡误食后,经胃肠缓慢分解、吸收,引起组织变性,使血液凝集形成血栓,血流循环产生障碍,而发生急剧的出血性胃肠炎。当进入体循环后,可造成心、肝、肾出血、变性乃至坏死。

【临床症状及病理变化】 鸡蓖麻中毒,多于食后2～3小时之间突然倒地,痉挛、发抖,结膜苍白,体温下降,昏迷,抽搐,以致死亡。

剖检可见血液凝固不全,结膜苍白,肺充血,心内外膜出血,心包积液,肾肝郁血,脑血管扩张、充血、出血。有出血性胃肠炎病变。

【防治措施】

(1)蓖麻饼要经加热煮沸2～3小时,或用6倍量的氯化钠(食盐)溶液浸泡6～10小时,用清水洗净后再喂。

(2)无其他特效治疗。可口服硫酸钠、油类泻剂和对症治疗。

148. 怎样防治鸡夹竹桃中毒?

【病因分析】 夹竹桃是一种常绿灌木,其有毒物质为主要存在于皮、种子、叶中的夹竹桃苷。具有强心功效。夹竹桃叶3～6

克,可使禽类发生中毒死亡。新生嫩叶毒性较小,需15克方能引起中毒。

【临床症状及病理变化】 中毒病鸡表现精神沉郁,下痢,消瘦,失明,心率过速,呼吸困难,步态不稳,痉挛,有时出现麻痹。剖检病尸,主要可见消化道炎症病变。

【防治措施】

(1)加强管理,防止鸡误食夹竹桃。

(2)急救时,可用0.5%鞣酸液洗胃,且内服硫酸镁。必要时可用阿托品解毒。

149. 怎样防治鸡鸦胆子中毒?

【病因分析】 鸦胆子的有毒成分为苷类鸦胆子毒。它是一种中药,常因治疗上用药不当而引起中毒。中药店有时称其为苦参子,鸦胆子又名苦榛子、鸦蛋子、老鸭胆等。

【临床症状及病理变化】 病初患禽表现惊恐不安,继而呼吸困难,走路不稳,体温下降,发绀,精神委顿,常出现血便,很快死亡。

解剖病尸,常见皮下有出血现象,血液凝固不全,肝脏呈棕红色,胆囊肿大,脾亦肿大,肺气肿,心冠脂肪、心内外膜均出血,胃肠有出血性炎症。

【防治措施】

(1)鸦胆子常用来驱虫,必须准确掌握用量,防止中毒。

(2)无特效治疗方法,一般可用高锰酸钾洗胃,注射维生素C和强心剂等。

150. 怎样防治雏鸡水中毒?

【病因分析】 水是机体的重要组成成分,也是机体一切生命活动的物质基础,适时适量给水,能保持机体代谢和维持机体微量元素平衡,促进雏鸡的正常生长发育。在生产中,有时由于不适当限制雏鸡饮水或工作疏忽而长时间忘记给水,使机体调节机能降低。一旦大量给水,会造成雏鸡暴饮,使体液失去平衡,体组织中大量蓄水。因细胞外液水分过多,血浆中钠、氯浓度下降,致使细胞内液渗透压相对增高(与细胞外液渗透压相比较),水进入细胞内,引起细胞水肿,尤其脑细胞水肿更为明显,从而使雏鸡脑内压升高,出现一系列中毒症状,甚至引起死亡。

【临床症状及病理变化】 病雏表现精神沉郁,食欲废绝,离群,羽毛松乱,黏膜发绀,口流液体,嗉囊膨大、积水而透明,并排出少量稀便,若抢救不及时,就会造成死亡。

尸体剖检可见嗉囊蓄积大量水而无饲料,消化道轻度出血,肠黏膜用刀背轻刮易脱落。

【防治措施】 一旦发生雏鸡水中毒,可采取以下措施。

(1)将病雏倒提,并按摩其嗉囊,让积水从口腔流出。

(2)每只病雏肌肉注射安钠咖 0.5 毫升(中雏)、维生素 B_1 注射液 0.5 毫升,皮下注射 0.1 毫升硝酸士的宁,适量滴服口服补液盐溶液(1 包供 100 只用量)。

(3)给有食欲的病雏喂些易消化的饲料,并滴服复合维生素 B 溶液(三倍浓度),每只 1~2 毫升,连滴 1~2 天。

151. 怎样防治鸡链霉素中毒?

【病因分析】 链霉素属氨基糖甙类抗生素,对革兰阴性杆菌作用很强,低浓度可抑菌,高浓度有杀菌作用。它之所以能抑杀细菌,是因为能阻碍菌体蛋白质的生物合成,但同时对动物也有一定的毒性。在生产中,如果用药不当,如肌肉注射剂量过大,或者给体弱或肾功能发育未完全成熟的雏鸡用药,均可引起毒性反应,轻者可自然恢复,重者可致死。

【临床症状】 链霉素中毒主要侵害鸡的脑神经,肾功能也受到损害。病鸡出现眩晕,两翅下垂,运动失调,重者导致死亡。此外,链霉素还可作用于感觉神经末梢,若注射链霉素用量稍大,则可引起鸡两腿软弱无力,呼吸困难。

【防治措施】 使用链霉素时应严格掌握用量。5 周龄以下雏鸡肌肉注射时每只为 50 毫克;5～8 周龄为 80～100 毫克;8～22 周龄 100～150 毫克;22 周龄以上成鸡 150～200 毫克;每日 1 次,连用 3～5 天。当鸡群发病时,最好将链霉素溶解在温水中饮服,浓度为每千克饮水中含链霉素 1 万单位。

一旦链霉素中毒,重症者可每只静脉注射 3％氯化钙 3 毫升。

152. 怎样防治鸡磺胺类药物中毒?

磺胺类药物是治疗鸡细菌性疾病和球虫病的常用药物,若应用方法不当会引起中毒。其毒性作用主要是损害肾脏,同时能导致黄疸、过敏、酸中毒和免疫抑制等。

【病因分析】 如果给药时,使用剂量过大,时间过长,或者混药过程搅拌不均匀,饲料或饮水局部药物浓度过大而使某些鸡采食过量药物,均可引起中毒。

【临床症状及病理变化】 若急性中毒,病鸡表现为精神兴奋,食欲锐减或废绝,呼吸急促,腹泻,排酱油色或灰白色稀便,成年鸡产蛋量急剧减少或停产。后期出现痉挛、麻痹等症状,有些病鸡因衰竭而死亡。慢性中毒常见于超量用药连续一周时发生,病鸡表现为精神萎靡,食欲减退或废绝,饮水增加,冠及肉髯苍白,贫血,头肿大发紫,腹泻,排灰白色稀便,成年鸡产蛋量明显下降,产软壳蛋或薄壳蛋。

剖检病死鸡可见皮肤、肌肉、内脏各器官表现贫血和出血,血液凝固不良,骨髓由暗红色变为淡红色甚至黄色。腺胃黏膜和肌胃角质层下可能出血。从十二指肠到盲肠都可见点状或斑状出血,盲肠中可能含有血液。直肠和泄殖腔也可见小的出血斑点。

胸腺和法氏囊肿大出血。脾脏肿大,常有出血性梗死。心脏和肝脏除出血外,均有变性和坏死。肾脏肿大,输尿管内有白色尿酸盐沉积。

【防治措施】 严格按要求剂量和时间使用磺胺类药物是预防本病的根本措施。无论是拌料还是饮水给药,一定要搅拌均匀。一般常用磺胺类药的混饲量为0.1%～0.2%,3～5天为1个疗程,1个疗程结束,应停药3～5天再开始下一个疗程。无论治疗还是预防用药,时间过长都会造成蓄积中毒。

由于磺胺类药物对鸡产蛋影响颇大,故在鸡群产蛋率上升阶段应慎重使用。

因为磺胺类药物的作用是抑菌而不是杀菌,所以在治疗过程中应加强饲养管理,提高鸡群抵抗力。用药之后要细心观察鸡群的反应,出现中毒则应立即停药,并给予大量饮水,可在饮水中加入0.5%～1%的碳酸氢钠或5%葡萄糖。在饲料中加入0.05%的维生素K,水溶性B族维生素的量应增加1倍,内服适量维生素C以对症治疗出血。如此处理3～5天后,大部分鸡可恢复正常。

153. 怎样防治鸡痢特灵中毒?

痢特灵是呋喃类药物中毒性最小的一种,其毒性仅相当于呋喃西啉(现已淘汰)的1%,过去常用于防治鸡白痢、伤寒、副伤寒、球虫病等,有时用药不当,会发生中毒现象。

【病因分析】 临床给药时,使用剂量过大,时间过长,或者混药过程搅拌不均匀,饲料或饮水局部药物浓度过大而使某些鸡采食过量药物,均可引起中毒。

【临床症状及病理变化】 鸡痢特灵中毒后,有的表现兴奋不安,头颈反转,尖声鸣叫,运动失调,转圈,无目的向前奔跑。有的精神沉郁,闭眼缩颈,站立不稳,或丧失平衡而倒地,倒地后翅膀及腿硬直,甚至弓角反张。严重的病鸡在飞奔或转圈时突然倒地,抽搐死亡。一般在给药后 3~4 小时或数日后开始出现症状,中毒严重的在症状出现 10 多分钟后,即可倒地抽搐而死,有的可延至 10 多个小时后死亡。

剖检可见口腔黏膜黄染,腺胃、肌胃中有黄色黏液,肌胃内容物深黄色,角质膜易脱落,肠黏膜充血、出血,肠管浆膜面(外面)呈黄褐色。心包积液,心外膜有点状出血,心肌水肿、变性。肝脏有散在的充血、出血,有的可出现明显的肝周炎,胆囊肿大,充满胆汁。肾脏充血、出血,颜色变深。

【防治措施】 正确掌握用药量,一般大群鸡预防量为 0.01%~0.02% 拌料或饮水,治疗量为 0.03%~0.04%。拌料时,要先把片剂研碎,搅拌过程要均匀。饮水时,需先用少量水把药溶化加热,然后加水至所需浓度,以免药物沉淀。5~7 天为 1 个疗程,如需再用,要在停药 3~5 天之后。长期连续使用会抑制鸡的生长。

若发现中毒,要立即停药,喂服 0.01% 高锰酸钾水溶液或 5% 葡萄糖生理盐水,同时内服维生素 B_1 片剂,每只每次 10 毫克,每天 2 次,连用 3 天。

154. 怎样防治鸡氯苯胍中毒?

【病因分析】 氯苯胍是防治鸡球虫病和白细胞原虫病的常用药物,一般预防量为每千克饲料加药 33 毫克,治疗量为每千克饲料加药 66 毫克。由于耐药虫株的产生,目前临床通过增加给药剂量,取得了较好疗效。由于不同品种鸡对氯苯胍耐受力不同(如迪卡、罗曼鸡耐受力强,海兰鸡耐受力差),有时会因用药过量而产生中毒现象。

【临床症状及病理变化】 病鸡表现精神沉郁,闭目,蹲伏,呆立,颈部前伸,羽毛松乱,食欲减退,下痢,粪便中白色居多,全身颤抖,尾翅垂直,头向左或右钩,有的鸡做转圈运动,严重者昏迷死亡。

剖检可见肝脏肿大，轻度瘀血，脾表面血管充血呈树状条纹，肾肿大；刚死亡的鸡心内血液未完全凝固，颜色发暗，嗉囊、胃内容物有一股浓烈的氯苯胍气味，腺胃黏膜有炎症，二指肠至空肠前端黏膜脱落，有出血点或出血斑或呈充血状，盲肠扁桃体肿大、出血，生殖腔有条状出血。

【防治措施】 要根据鸡群品种、状态控制给药剂量，一般以0.01%浓度为宜，但拌料一定要均匀，尤其在与其他药物如磺胺类药物、呋喃类药物联合应用时，更应谨慎。要注意观察鸡群动态，一旦发现中毒现象，可采取以下措施：

(1)马上停止使用氯苯胍及其他药物。

(2)0.5%葡萄糖加10%维生素C水溶液让鸡充分、自由饮用3天。病重鸡每只每次灌服20毫升，每日3次，连灌2天。

(3)饲料中增加多种维生素用量，每千克饲料加0.4克。

155. 怎样防治鸡喹乙醇中毒？

喹乙醇又称快育灵，是一种广谱抗菌药物，可用于防治禽霍乱。此外，它还可以作为肉用仔鸡的饲料添加剂，具有抗菌助长、促进增重的作用，但如果使用不当，也常发生中毒。一般每千克体重喂90毫克将很快中毒死亡，每千克体重60毫克喂6天也能导致中毒死亡。

【病因分析】 临床给药时，使用剂量过大（如计算错误，重复用药等），时间过长，或者混药过程搅拌不均匀，饲料或饮水局部药物浓度过大而使某些鸡采食过量药物，均可引起中毒。

【临床及病理变化】 病鸡表现精神沉郁，羽毛松乱，食欲减退或废绝，渴欲增加，有的鸡冠出现黄白色水疱，2天内破裂，然后变成青紫色，坏死、干枯、萎缩。粪便干燥呈短棒状。病后期蹲伏不起，极度衰竭，死前有的拍翅挣扎，鸣叫。

剖检可见腿肌有出血点或出血斑，肠外膜有少量针尖大小的出血点,嗉囊空虚,胃肠内容物呈淡黄色,腺胃与肌胃交界处黏膜、十二指肠黏膜出血,肝脏黄染,质脆易碎。肾肿大,紫黑色,有多量出血点。心脏扩张,心肌充血,质地坚硬,心包液增多。肺脏稍肿呈暗红色,有少量出血点。

【防治措施】 注意喹乙醇的使用剂量和疗程,一般预防量为每千克饲料中加 25～30 毫克,治疗量为每千克饲料加 50 毫克,连用 2～4 天为 1 个疗程。在用药前要了解一下饲料是否已添加喹乙醇添加剂,防止重复加药。一旦中毒后,应立即停喂加药饲料,并供给充足的葡萄糖水和维生素 C 水溶液,可逐渐控制病情。

156. 怎样防治雏鸡氯霉素中毒?

【病因分析】 氯霉素是过去防治鸡肠道疾病的常用药之一,拌料粉剂浓度为 0.05%～0.1%。3～5 天为 1 个疗程。在生产中,若用药不当,如剂量过大,用药时间过长或拌料不均匀等,也会出现鸡群中毒现象。

【临床症状及病理变化】 中毒鸡病初表现精神不振,缩颈、步态不稳,减食,后期食欲废绝,坐地,一侧腿强直,最后衰竭至死。

剖检病死鸡可见胸部皮下有黄色胶冻样液体,胸肌和整个腿部肌肉有大量条纹状出血,肝略肿大,肾高度肿大,肾小管有大量尿酸盐沉积并呈冰花状放射,输尿管增粗,内有乳白色尿酸盐。其他脏器未见明显病变。

【防治措施】 使用氯霉素药物要注意剂量和疗程,并且拌料要均匀。一旦发现中毒,宜采取以下措施:

(1)立即换料,并增拌倍量的多种维生素。

(2)饮水中增加 5% 蔗糖精(红、白糖也可)、小苏打,每天饮用 4～5 小时。对病情严重的患鸡改用 5% 葡萄糖水灌服。

157. 怎样防治鸡左旋咪唑中毒？

【病因分析】 口服盐酸左旋咪唑片防治鸡蛔虫等线虫病，效果显著。但用药时若过多地超过规定剂量，往往也会出现中毒现象。

【临床症状及病理变化】 患鸡病初排粪频繁，呼吸困难，站立不稳，羽毛蓬乱，精神高度沉郁，眼睛和鼻孔等处有大量的分泌物，排出带有黏液和血丝的粪便。后期病鸡无力站立，借助跗关节以下肢趴地行动，两翅外展，四趾蜷曲、紧缩，角弓反张，两眼紧闭，肢体抽搐，最终向一侧倒卧，衰竭死亡。

剖检病死鸡可见后躯被粪便严重污染，口腔、鼻腔有较多的分泌物，眼睛内有较多的泪液，全身发紫，趾紧缩，剖开体腔，有暗红色血液流出，嗉囊内有较多的食物和黏液，胃肠壁肿胀，肠黏膜高度充血、出血，有大小不等的坏死灶，肠管空虚，气管中有较多的分泌物，心肌有大小不等的出血点，心包液增多。有的还因痉挛、抽搐而引起小肠发生套叠或部分盲肠、回肠套叠于直肠中。

【防治措施】 为了避免左旋咪唑中毒事故的发生，在使用药物时要注意3个方面的问题。一是要仔细确定鸡只体重；二是要严格按规定计算用药量；三是要把药片研碎捣细，拌料均匀。

158. 怎样防治鸡高锰酸钾中毒？

【病因分析】 高锰酸钾常被用来作饮水消毒，如配制浓度过高，不仅有刺激性，甚至可引起中毒，很快造成死亡。一般饮水浓度为0.02%～0.03%，如果饮水浓度超过0.03%，对消化道黏膜就有一定的刺激性、腐蚀性，浓度达到0.1%能引起明显中毒。成年鸡口服高锰酸钾的致死量为1.95克。

【临床症状及病理变化】 高浓度的高锰酸钾引起的急性中毒，主要表现强烈的腐蚀作用，使口腔、舌、咽呈红紫色，黏膜水肿，呼吸困难,有的出现腹泻,常于一天内死亡。

剖检可见整个消化道黏膜都有腐蚀现象和轻度出血,严重时嗉囊黏膜大部分脱落。

【防治措施】 使用高锰酸钾时,要严格掌握剂量,配制的溶液浓度不要过高。

发现鸡群中毒后,应供应充足的洁净饮水,一般经 3~5 天可逐渐康复,必要时于饮水中酌加鲜牛奶或奶粉,对消化道黏膜有一定的保护作用。

159. 怎样防治鸡硫酸铜中毒?

【病因分析】 硫酸铜除了是微量元素添加剂的成分外,对雏鸡曲霉菌病还有一定的预防和辅助治疗作用。给药时,饮水浓度为 0.03%~0.05%,连用不能超过 10 天。如果饮水浓度达到 0.07%,即能引起中毒,浓度达到 0.25%可迅速致死。

【临床症状及病理变化】 轻度中毒的鸡表现精神不振,生长受阻,肌肉营养不良。严重中毒时,先表现短暂的兴奋,继而出现萎靡、衰弱,死前则昏迷、惊厥和麻痹。

剖检可见食道、嗉囊黏膜因硫酸铜的腐蚀作用而出现凝固性坏死,胃肠黏膜有轻度炎症,肝、肾变性。

【防治措施】 要严格掌握在饲料和饮水中投放硫酸铜制剂的用量,防止由于过量中毒。

发现鸡群中毒后,应立即停喂含硫酸铜的饮料和饮水。轻度中毒的鸡在停喂硫酸铜后可康复。对急性中毒的雏鸡,可用鸡蛋清加少许水拌匀,经口灌服,每只 3~5 毫升。

160. 怎样防治鸡甲醛中毒?

用甲醛和高锰酸钾熏蒸消毒简便易行,而且成本低,效果好,是目前养鸡业中常用的消毒方法。但有些养鸡户对甲醛消毒知识了解不够,也出现了一些中毒现象。

【病因分析】 生产中出现的甲醛中毒主要是因为用药计划不周,安排不当,时间仓促,马虎从事。用甲醛和高锰酸钾熏蒸消毒后,缺乏足够的时间开足门窗把余气排净;尤其是在温度低时虽有余气而无刺激辣味,而当温度升高时甲醛气蒸发,刺激性增强而造成中毒。

【临床症状及病理变化】 因甲醛有强烈刺激作用,当急性中毒时,发病面很快扩散,约有80%的鸡精神不振,食欲、饮欲均明显下降。眼睛结膜发炎,流泪,畏光,眼睑水肿。鼻孔流涕,嗅觉消失,刺激呼吸道而引起呼吸困难,咽喉炎、支气管炎,排出黄色或绿色稀便。高浓度致病的重症者,双眼紧闭,喘鸣声严重,甚至几十米远都能听到。喘气时张口伸颈,呼吸非常困难。喉头及气管痉挛,甚至昏迷死亡。如果甲醛接触时间较长,则鸡只嗜眠,食欲减退,软弱无力。

剖检病尸可见皮下水肿,腹腔积液,肺有散在性、局限性的炎性病灶。

【防治措施】

(1)要严格控制甲醛消毒的浓度和时间,一般每立方米用甲醛28毫升、高锰酸钾14克、水14毫升,熏蒸时间在进雏前4~5天,用塑料布封好门窗,消毒1天后,敞开窗门放净甲醛气体,至育雏舍内在高温下无刺激眼鼻辣味时方可进雏。

(2)发现吸入中毒,立即将鸡移至新鲜空气处,避开中毒环境。

(3)中毒后加强饮水,并在饮水中加入少量尿素、活性炭、牛奶、豆浆等,减轻毒物对黏膜刺激;用3%碳酸铵或1.5%醋酸钠溶液口服。

(4)眼内用清水冲洗,并滴以可的松眼药水恢复眼部健康。

161. 怎样防治鸡砷中毒?

【病因分析】 砷化合物有砷酸钠、砷酸铅和三氧化砷等,常用于毒鼠和杀虫,也是一种农药。若鸡误食了含砷化合物(如砷酸钠、砷酸铅、三氧化砷等)毒饵、吃了毒死的蚱蜢等昆虫或喷洒过农药的谷物,可发生中毒。如砷酸量达到 0.26～0.39 克可将鸡致死。

【临床症状及病理变化】 鸡中毒后翅膀下垂,运动失调,头部痉挛,向一侧扭曲,冠和肉髯变为青紫色,口中流出水样液体,并有恶臭气味。时而下痢,粪便带血,体温偏低,最终因心力衰竭、麻痹、昏迷而死。

剖检可见嗉囊、肌胃和肠道发炎,并有黏液性渗出物,肌胃中可能有液体蓄积,胃壁上的角质膜容易剥落,下面的胃黏膜上有出血和胶样渗出物。肝的质地变脆,呈黄棕色,肾肿胀、变性,脂肪组织柔软,呈橘黄色。慢性中毒的病例,还可见到心脏增大,心肌质地柔软,血液呈深红色和水样,不易凝固。

【防治措施】 发生砷中毒后,可用巯基类解毒药物注射,也可用少量镁乳(氢氧化镁合剂)或氧化镁喂服。

162. 怎样防治鸡有机磷农药中毒?

有机磷农药的品种繁多,已成为防治植物病虫害的重要手段,广泛应用于农业生产和牧草生产,对保护农作物、牧草和蔬菜起着一定的作用。多年来各国都致力于研制高效、低毒或无毒、残毒期短的有机磷农药,但由有机磷农药引起鸡群急性或慢性中毒的事件仍时有发生,甚至造成鸡群成批死亡。因此,预防鸡群有机磷农药中毒,对保证养鸡生产的正常发展具有重要意义。

【病因分析】 如果鸡误食喷洒过有机磷杀虫药不久的牧草或蔬菜;误食拌过或浸过有机磷杀虫药的种子,如为了防治地下害虫而用1605、1059、敌百虫等拌种;用敌百虫、蝇毒磷等溶液杀灭鸡的体外寄生虫时,浓度过大,浸洗时间过长;违反使用、保管有机磷农药安全操作规程,在同一库房内贮存饲料和农药,或在饲料内拌种和配制农药,从而污染了饲料,均可引起鸡中毒。

【临床症状及病理变化】 病鸡表现不安、流泪、流涎、瞳孔缩小,继而废食、下痢、便血,常见嗉囊积食。随后出现痉挛症状,并逐渐加重,不能行走,卧地不起,最后麻痹、昏迷而死。最急性中毒者常未发现症状而突然死亡。

剖检时可在消化道内容物中嗅到有机磷农药的特有气味,如蒜臭味、胡椒味等。胃肠黏膜充血、出血、肿胀,黏膜易剥脱。肝、脾、肾肿大,肺充血、肿大。

【防治措施】 在饲料库内不能存放农药,用有机磷农药作为鸡体外杀虫药时,必须严格控制用药浓度和剂量,最好先以小群作试验,确认安全后再给大群投药。对于怀疑被有机磷杀虫药污染的饲料,应立即停止饲喂。

发现中毒病鸡时,应用特效解毒剂,肌肉注射硫酸阿托品0.1~0.25毫升;或肌肉注射解磷定0.8~2毫克。若中毒严重者,应两种药物多次反复使用。

163. 怎样防治鸡磷化锌中毒?

【病因分析】 磷化锌是一种常用的灭鼠药,鸡群常在灭鼠期间误食毒饵或污染磷化锌的饲料而引起中毒,鸡每千克体重误食7~15毫克磷化锌即可致死。

【临床症状及病理变化】 鸡磷化锌中毒时,不出现任何症状便突然死亡。急性中毒,在1小时内病鸡精神沉郁,羽毛松乱,腹泻,口渴,共济失调。后期病鸡呼吸困难,冠呈紫色,倒向一侧,两脚外伸,头颈屈向背后部。剖检时可嗅到消化道内容物有磷臭味(似大蒜味),并可发现肝脏病变严重。

【防治措施】 平时对毒物应有专人负责保管和使用,最好在夜间投放毒饵,白天除去;被毒死的老鼠应予深埋或烧毁,不要乱扔,以防鸡误食中毒。

发现中毒鸡,可灌服0.1%的高锰酸钾溶液,另灌服0.1%~0.5%的硫酸铜溶液,使磷化锌形成无毒的磷酸铜,而起到解毒作用。磷化锌严重中毒,重症鸡难以治愈。

164. 怎样防治鸡氨气中毒?

【病因分析】 在通风不良的鸡舍中高密度饲养,如果清粪不及时,其中含氮有机物可分解形成氨气并蓄积而引起中毒。

【临床症状及病理变化】 当鸡舍内氨气浓度达30~45毫克/升时,鸡群就表现出食欲不振,个别鸡咳嗽、流涕,呼吸困难,成年鸡产蛋减少,逐渐消瘦等。中毒进一步加深,病鸡表现为食欲废绝,鸡冠发紫,张口喘气,站立困难,昏迷,眼睛流泪,角膜和结膜充血,尖叫,共济失调,两腿抽搐,呼吸频率变慢,最后麻痹而死。病死鸡尸僵不全,皮下及内脏浆膜有点状出血。喉头水肿、充血,并有渗出物。气管黏膜充血,气管内有多量灰白色黏稠分泌物,肺瘀血、水肿。心包积液,心肌变性、色淡,心冠状脂肪有点状出血。肝脏肿胀,颜色变淡,质地脆而易碎。大脑皮质可见充血。

【防治措施】 在生产过程中,要加强鸡舍通风,及时清理粪便。密闭式和半开放式鸡舍要有上、下排气孔,最好使用排风扇等机械装置以保证空气流通。

目前,对鸡氨气中毒尚无特效药物治疗。轻症鸡可移至空气新鲜的鸡舍中,给予充足饮水和全价饲料,精心管理使其尽快恢复。

165. 怎样防治鸡一氧化碳中毒?

【病因分析】 冬季鸡舍特别是育雏舍常烧火炕、火墙、火炉取暖,若煤炭燃烧不完全时即可产生大量的一氧化碳,如果鸡舍通风不良,空气中一氧化碳浓度达到 0.04%～0.05%就可引起中毒。

【临床症状及病理变化】 鸡一氧化碳中毒后,轻症者表现为食欲减退,精神萎靡,羽毛松乱,雏鸡生长缓慢;重症者表现为精神不安,昏迷,呆立嗜睡,呼吸困难,运动失调,死前出现惊厥。

病死鸡剖检可见血液、脏器呈鲜红色,黏膜及肌肉呈樱桃红色,并有充血及出血等现象。

【防治措施】 在生产中,应经常检查育雏室及鸡舍的采暖设备,防止漏烟倒烟。鸡舍内要设有通风孔,使舍内通风良好,以防一氧化碳蓄积。鸡一氧化碳中毒后,轻症者不需特别治疗,将病鸡移放于空气新鲜处,可逐渐好转。严重中毒时,应同时皮下注射生理盐水或等渗葡萄糖液、强心剂,以维护心脏与肝脏功能,促进其痊愈。

十一、鸡其他普通病的防治

166. 怎样防治雏鸡脱水？

雏鸡脱水是指雏鸡出壳后，在第一次得到饮水之前，身体处于比较严重的缺水状态，它直接影响雏鸡的生长发育和成活率。

【病因分析】 种蛋保存期间失水过多；孵化湿度过小，使孵蛋失水过多；雏鸡出壳后未能及时得到饮水；在雏鸡运输过程中，运雏箱内密度过大、温度过高，造成雏鸡大量失水。

【临床症状】 脱水幼雏表现为身体瘦弱，体重减轻，绒毛与腿爪干枯无光泽，眼凹陷，缺乏活力。一般来说，雏鸡因脱水直接渴死的较少，多数在得到饮水后可逐渐恢复正常。但若失水严重，雏鸡则持续衰弱，抗病力差，死亡率增加。

【防治措施】

(1) 种蛋保存期要短，一般不应超过 7~10 天。种蛋存放时间过久，将使胚盘活力减弱，孵化率降低，失水也比较多，影响雏鸡体质。种蛋保存的相对湿度以 75%~80% 为宜。

(2) 孵化器内相对湿度应保持 55%~60%，出雏器内保持 70% 左右，不宜过于干燥。

(3) 为了使雏鸡出壳的时间比较整齐，在 24 小时之内基本出完，不仅要求种蛋新鲜，大小比较均匀，而且孵化器内各部位的温差要求不超过 0.5℃。如果限于条件做不到这一点，出壳时间持续较久，对于出壳的雏鸡应在出壳后 12~24 小时给予饮水，但开食应由饲养场、饲养户运回后进行。

(4)在运雏过程中,要尽量缩短运输时间,并防止运雏箱内雏鸡拥挤和温度过高。若雏鸡出壳已超过 24 小时,运到育雏舍后应抓紧开始饮水,并一直供水不断。如有失水比较严重的雏鸡,应挑出加强护理。

167. 怎样防治鸡脂肪肝综合征?

鸡脂肪肝综合征又称脂肝病,其特征是肝细胞中沉积大量脂肪,鸡体肥胖,产蛋减少,个别病鸡因肝功能障碍或肝破裂而死亡。

【病因分析】 造成鸡脂肪肝综合征的具体因素主要有以下几个方面:

(1)饲粮中玉米及其他谷物比例过大,碳水化合物过多,而蛋白质尤其是富含蛋氨酸的动物性蛋白质及胆碱、粗纤维等相对不足,失去平衡,造成能量过剩而产生部分脂肪在肝细胞中蓄积。

(2)在鸡群营养良好、产蛋率处于高峰时,突然由于光照、饮水不足及其他应激因素,产蛋量较大幅度地下降,于是营养过剩,转化为脂肪蓄积。

(3)鸡体营养良好而运动不足,导致过于肥胖,使之肝细胞内蓄积脂肪。笼养鸡因为缺乏运动,发生本病的较多。

(4)饲料发霉,含有大量的黄曲霉毒素,会引起肝脏脂肪变性而导致发病。

【临床症状及病理变化】 鸡脂肪综合征多发于高产鸡群。鸡群发病时,大多数精神、食欲良好,但明显肥胖,体重一般比正常水平高出 $20\%\sim25\%$,产蛋率明显下降,可由产蛋高峰时的 $80\%\sim90\%$ 下降到 $45\%\sim55\%$。急性发病鸡常表现吞咽困难,精神萎靡,伸颈,并出现瘫痪、伏卧或侧卧。口腔内有少量黏液,冠髯苍白、贫血。死亡率一般在 5% 左右,严重时可达 80%。

剖检可见皮、肠管、肠系膜、腹腔后部、肌胃、肾脏及心脏周围沉积大量脂肪。肝脏肿大,呈灰黄色油腻状,质脆易碎,肝被膜下常有出血形成的血凝块。正常鸡肝脏含脂肪为36%,患脂肪肝综合征时可高达55%。卵巢和输卵管周围也常见大量脂肪。

【防治措施】 对发病鸡群中未发现症状的鸡,要喂饲低能量日粮,适当降低玉米的含量,增加优质鱼粉,提高蛋氨酸、胆碱、维生素E、生物素、维生素B_{12}等成分的含量。可适当限饲,一般根据正常采食量限饲8%~10%,产蛋高峰前限饲量要小,高峰过后限饲量可大些。添加5%的苜蓿粉和20%的麸皮有助于预防本病。

发病鸡治疗价值不大,应及时挑出淘汰。

168. 怎样防治笼养鸡产蛋疲劳症?

笼养鸡产蛋疲劳症是笼养鸡多发的一种病症,常发生于产蛋高峰期,主要与日粮中钙、磷和维生素含量不足及环境条件有关。

【病因分析】 蛋鸡笼养对钙、磷等矿物质和维生素D的需要量比平地散养鸡都相对高些,尤其鸡群进入产蛋高峰期,如果日粮中不能供给充足的钙、磷,或者钙、磷比例不当,满足不了蛋壳形成的需要,母鸡就要动用自身组织的钙,初期是骨组织的钙,后期是肌肉中的钙。这一过程常伴发尿酸盐在肝、肾内沉积而引起代谢机能障碍,影响维生素D的吸收,进而又造成钙、磷代谢障碍。另外,笼养鸡活动量小、鸡舍潮湿、舍温过高等,也是发生本病的诱因。

【临床症状及病理变化】 病初无明显异常,精神、食欲尚好,产蛋量也基本正常,但病鸡两腿发软,不能自主,关节不灵活,软壳蛋和薄壳蛋的数量增加。随着病情发展,病鸡表现精神萎靡,嗜睡,行动困难,常常侧卧。日久体重减轻,产蛋减少,腿骨变脆,易于折断。病情严重时可导致瘫痪和停产。剖检可见肋骨和胸廓变形,椎肋与胸肋交接处呈串株状,腿骨薄而脆,有时也有肾肿胀、肠炎等病变。

【防治措施】

(1)笼养蛋鸡的饲粮中钙、磷含量要稍高于平地散养鸡,钙不低于 3.2%～3.5%,有效磷保持 0.4%～0.42%,维生素 D 要特别充足,其他矿物质、维生素也要充分满足鸡的需要。

(2)上笼鸡的周龄宜在 17～18 周龄,在此之前实行平地散养,让鸡自由运动,增强体质,上笼后经 2～3 周的适应过程,可以正常开产。

(3)笼养鸡一般分为轻型鸡(白壳蛋系鸡)和中型鸡(褐壳蛋系鸡)2 种,后者不可使用前者的狭小鸡笼。

(4)舍内保持安静,防止鸡在笼内受惊挣扎,损伤腿脚。夏季舍内温度应控制在 30℃以下。

(5)对病情严重的鸡可从笼中取出,在地面平养,并喂调配好的饲料,待健康状况基本恢复后再放回笼中饲养。

169. 怎样防治鸡痛风?

痛风是以病鸡内脏器官、关节、软骨和其他间质组织有白色尿酸盐沉积为特征的疾病。可分为关节型和内脏型 2 种。

【病因分析】 禽类从食物中摄取的蛋白质,在代谢过程中产生的废物,不像哺乳动物那样是尿素而是尿酸。鸡摄取的蛋白质过多时,血液中尿酸浓度升高,大量尿酸经肾脏排出,使肾脏负担加重,受到损害,机能减退,于是尿酸排泄受阻,在血液中浓度升高,形成恶性循环,结果发生尿酸中毒,并生成尿酸盐在肾脏、输尿管等许多部位沉积。

鸡日粮含钙过多时,常在体内生成某些钙盐,如草酸钙等,经肾脏排泄,日久会损害肾脏;饲料中维生素 A 不足,会使肾小管、输尿管和黏膜角化、脱落,造成尿路障碍。在这些情况下,血液中尿酸浓度即使比较正常也不能顺利排出,同样能引起痛风。

在饲养实践中,本病的具体病因主要有以下几个方面:

(1)饲料中蛋白质含量过高,例如达30%以上,或者在正常的配合饲料之外,又喂给较多的肉渣、鱼渣等,持续一段时间常引起痛风。

(2)鸡在18周龄以内,日粮中钙的含量有0.9%即可,如果喂产蛋鸡的饲料,含钙达3%~3.5%,一般经50~60天即发生痛风。

(3)饲粮中维生素A和维生素D不足,会促使痛风发生。

(4)育雏温度偏低,鸡舍潮湿,饮水不足,笼养鸡运动不足,也会引起痛风。

(5)磺胺类药用量过大或用药期过长,造成肾脏机能障碍,引起痛风。

(6)鸡碳酸氢钠中毒和球虫病、白痢病、白血病等,会损害肾脏,引起痛风。

【临床症状及病理变化】 本病大多为内脏型,少数为关节型,有时两型混合发生。

(1)内脏型痛风 病初无明显症状,逐渐表现精神不振,食欲减退,消瘦,贫血,鸡冠萎缩苍白,粪便稀薄,含大量白色尿酸盐,呈淀粉糊样。肛门松弛,粪便经常不由自主地流出,污染肛门下部的羽毛。有时皮肤瘙痒,自啄羽毛。剖检可见肾肿大,颜色变淡,肾小管因蓄积尿酸盐而变粗,使肾表面形成花纹。输尿管明显变粗,严重的有筷子甚至香烟粗,粗细不匀,坚硬,管腔内充满石灰样沉淀物。心、肝、脾、肠系膜及腹膜等,都覆盖一层白色尿酸盐,似薄膜状,刮取少许置显微镜下观察,可见到大量针状的尿酸盐结晶。血液中尿酸及钾、钙、磷的浓度升高,钠的浓度降低。

内脏型痛风如不及时找出病因加以消除,会陆续发病死亡,而且病死的鸡逐渐增多。

(2)关节型痛风 尿酸盐在腿和翅膀的关节腔内沉积,使关节肿胀疼痛,活动困难。剖检可见关节内充满白色黏稠液体,有时关节组织发生溃疡、坏死。通常鸡群发生内脏型痛风时，少数病鸡兼有关节病变。

【防治措施】 对于发病鸡，使用药物治疗效果不佳，只能找出病因并消除，防止疾病进一步蔓延。为预防鸡痛风病，应适当保持饲粮中的蛋白质，特别是动物性蛋白质饲料含量，补充足够的维生素，特别是维生素 A 和胆碱的含量。在改善肾脏机能方面要多注意对其影响的因素，如创造适宜的环境条件，防止过量使用磺胺类药物等。据资料介绍，用中草药治疗有一定疗效，方法为：车前草、金钱草、金银草、甘草各等份煎水，加入 1.5% 红糖，连饮 3～5 天。

170. 怎样防治鸡圆心病？

鸡圆心病为初产鸡的急性或亚急性疾病，其特征为心室扩大而心肌变薄，心脏衰竭而突然死亡。

【病因分析】 本病的致病因素目前尚不十分清楚。有人认为，该病可能由遗传因素所致。但也有人认为，该病是在维生素 D、维生素 E 缺乏时，因锌盐中毒引起变态反应的结果。

【临床症状及病理变化】 本病主要发生于 4～8 月龄的鸡。病程不长，病鸡突然衰弱，沉郁，丧失食欲，鸡冠呈暗红色，并向侧方垂下。成年鸡发病后产蛋量降低，使用抗生素不见效果，即使康复也不健壮，难以恢复产蛋性能或正常发育，肉用鸡的胴体等级下降。

剖检可见心脏增大，常呈圆形（压迫所致），心脏内充满不凝固或凝固不良的黑色血液。心肌灰色或呈暗玫瑰红色。有时在心脏表面出现条纹状，血管过度充血，心包内含有大量浆液。大多病例肺有水肿。肝脏充血明显，有时破裂，此时血液流入胸腹腔内。肾和脾充血。公鸡睾丸缩小，母鸡卵巢卵泡不发达。

【防治措施】 雏鸡避免使用已知有毒的物质、金属类药物、过量的盐类等。如无其他传染病，不应使用抗生素。至于本病的预防,应加强饲养管理。饲粮中加用维生素E、硒,饲喂含有丰富维生素的制剂、酵母、发芽谷粒、鱼肝油、胡萝卜及干草粉等。

171. 怎样防治鸡饥饿综合征?

【病因分析】 鸡饥饿综合征的致病因素主要有以下几个方面:

(1)育雏室内应保持一定的温度。若温度过低,雏鸡因畏冷而挤堆,影响采食。同时因温度低,鸡的代谢速度加快,能量消耗增加。反之,如室温过高,则饮水增加,采食量减少,影响正常代谢,这些均可造成雏鸡处于饥饿状态。

(2)在一般情况下,雏鸡在出壳后24小时内可依靠存留在腹中残余的蛋黄来维持机体的能量需要。但若种鸡营养不良,种蛋质量差,则雏鸡体内蛋黄的营养成分不足,使其处于半饥饿状态。雏鸡出壳后24小时左右应开食,如开食过晚,也可造成雏鸡饥饿。

(3)在长途运输种苗时,若事先不给予充足的饲料和饮水,在运输途中无法补充,也可造成饥饿状态。

(4)饲养管理不当,也是造成鸡只饥饿的原因。如长期饲料不足,营养不全,则可使部分鸡只长时间处于饥饿状态;又如采食青饲料过多,鸡啄食垫料等,造成摄入精饲料不足;再如把大小不一、强弱不等的鸡只混养,强者多食,弱者被排挤,也能造成弱者处于饥饿状态。

(5)鸡本身的一些疾病,如许多传染病、寄生虫病等,均可不同程度地影响鸡的采食或造成食欲不振,甚至完全废绝,而使鸡处于饥饿或部分饥饿状态,促使病情恶化甚至引起死亡。

鸡若长期处于饥饿或部分饥饿状态时,摄入的营养物质不足,往往机体不得不消耗体内的糖贮存,致使贮存的脂肪和蛋白质分解加快,使含氮物质在体内增加,造成酸碱平衡失调,进而影响机体各系统的正常功能,而出现一系列症候群。

【临床症状及病理变化】 长时间轻度饥饿的鸡,大多呈现慢性经过,病鸡日渐消瘦,精神沉郁,呆立不动或走动无力,羽毛松乱而无光泽,鸡冠和肉髯苍白,生长停滞,生产力下降。严重饥饿的鸡,病初由于其明显的饥饿感,而表现为兴奋不安,到处乱走,继而由于营养摄入严重不足而表现体温降低,羽毛松乱、脱落,精神沉郁,衰弱无力,最后倒地不起,衰竭而死。

剖检可见尸体消瘦,肌肉萎缩,颜色变淡,嗉囊、腺胃、肌胃和肠道空虚或有少量液体,心包和腹腔积水,皮下、心冠沟及肠系膜等处脂肪消失,胆囊常充满淡绿色胆汁。肾脏肿大而色淡,肝、脾脏有不同程度的萎缩。

【防治措施】 全面加强饲养管理是预防本病的关键。首先,必须用全价饲料饲喂种鸡,选用新鲜、大小适中、蛋形及蛋壳结构正常的种蛋进行孵化,控制好孵化温度和湿度。其次,要尽力抓好育雏工作。雏鸡出壳后 12~24 小时应开食,早出壳的早开食,不要等出齐后才一起开食,雏鸡应按强弱分群饲养。饲料用量要适当,同时要喂清洁的饮水。

对已发生轻度和短时间饥饿的鸡,只要及时消除病因,即可恢复正常。但对于严重饥饿且已造成极度消瘦和衰竭,无特效药可治,况且价值不大,应及时淘汰。

172. 怎样防治鸡应激综合征?

鸡应激综合征又称鸡惊恐症,是指鸡只受到频繁而短暂的急剧刺激后所表现出来的机能障碍,多发生于育成阶段的蛋鸡。其特征为极端神经质、惊恐及间歇惊群。

【病因分析】 在养鸡生产中,导致鸡群应激的因素较多,一般来说,主要有以下几个方面:

(1)环境因素 温度、湿度、光照、噪声以及有害气体均可导致鸡群应激,如严寒或酷暑,温度、湿度的急剧改变,光照时间不适宜及突然的改变,氨气、二氧化碳等有害气体浓度增大,机器响声及怪声等噪声的影响等。

(2)营养因素　饲料配合不当,营养成分不全面甚至缺乏,饲料中含有毒成分,饲养期内饲料的改变、水质质量的差异等,也可导致鸡群应激。

(3)管理因素　管理不善很容易导致本病的发生。如喂料方式和时间的突然改变,饲养密度过大,采食和饮水位置过小,限制饲养与强制换羽、断喙、断爪、截翅,接种疫苗或投药,传染病及其他疾病的发生等因素。

【临床症状】　患本病的鸡常表现乱飞,好像正在被肉食兽追逐攻击一样又跑又飞,并发出"咯咯"的怪叫声。体重减轻,产蛋量下降,产软壳蛋、无壳蛋,甚至换羽。由于发育不正常、生长停滞等原因,往往大批被淘汰。

【防治措施】

(1)根据环境条件,从育雏阶段开始培养鸡群的适应性,例如使雏鸡适应各种声音,饲养员多与鸡群接触。此外,饲料营养要全面,不要经常捕捉鸡只。禁止陌生人进入鸡舍,鸡舍内的小气候要适合鸡的生理要求,千方百计为鸡群创造安静而适宜的环境。

(2)在气候突然变化、防疫注射或其他干扰因素出现之前,最好在饲料中增加1%~3%蛋白质,添加适量的赖氨酸和多种维生素,以减少应激的发生。

(3)降低光照亮度,调整光色,蓝光可延迟鸡惊恐症的发生。

(4)出现症状要及时治疗,以盐酸氯丙嗪效果最佳,口服每千克体重1~2毫克。补给对神经系统有保护作用的烟酸和维生素B_1以及口服补液盐,亦有一定的辅助治疗作用。

173. 怎样防治鸡滑腱症?

滑腱症是一种以腓肠肌腱或跟腱从其腱鞘中滑脱形成异常定

位为特征的疾病。常为群发,除鸡之外,也可发生于火鸡、鸭、鹅等。

【病因分析】 造成鸡滑腱症的因素很多,包括营养、遗传、环境及一些病原等,其具体因素主要有以下几个方面:

(1)锰、钙、磷 在低锰日粮中添加锰能有效防止滑腱症的发生,若用缺锰日粮喂鸡可导致滑腱症和骨短粗症。日粮中钙和磷含量过高可促使滑腱症的发生。

(2)胆碱 胆碱缺乏可使鸡和火鸡发生滑腱症,饲料中添加0.2%的胆碱能完全防止该病发生,而且以氯化胆碱效果最好。

(3)蛋白质、氨基酸和维生素 B_6 等 胆碱预防滑腱症必须有足量的甘氨酸存在;维生素 B_6 缺乏时,如果日粮中蛋白质含量过高会促使鸡发生滑腱症;日粮中蛋氨酸和胱氨酸含量升高时,滑腱症的发生率也相应升高。此外,尼克酸、叶酸、维生素 B_2、生物素、赖氨酸、肌酸等均与滑腱症有关。

(4)遗传因素 有人用杂交、回交等方法证明了滑腱症与遗传有关,并且对有关的基因进行了定位。

(5)环境条件 如高密度笼养和网上平养发病率高,地面平养发病率低。

(6)病原 某些病毒感染可加剧生物素、叶酸、尼克酸等维生素缺乏,从而导致骨腱症的发生。

【临床症状及病理变化】 病鸡膝关节、胫跗关节异常肿大,胫骨的远端部和跗骨的近端部向外方弯转,最后腓肠肌腱脱出原来的正常位置,从而导致鸡不能正常行走,严重影响了幼龄鸡的生长发育和成年鸡的产蛋。

【防治措施】 鉴于引起鸡滑腱症的原因非常复杂,在生产中应采取综合防治措施。要使用营养丰富的全价饲料,尤其要有足够的与滑腱症的发生有关的锰、胆碱、维生素等。饲料中钙、磷含量和比例要适宜,同时,还要做好疫病的防治工作,特别是滑液囊霉形体病和病毒性关节炎。

对重症病鸡没有治疗价值,应予淘汰。

174. 怎样防治鸡嗉囊炎?

【病因分析】 本病又称软嗉症,多发于幼鸡,以 2~7 日龄的雏鸡较多发。成年鸡和青年鸡虽也有发生,但较雏鸡少。其发病原因,主要是平时饲养管理不当引起,如舍温经常过低或者忽高忽低,饲料突然变换使鸡难以适应,喂给的饲料腐败、发霉、变质等。此外,一些慢性疾病、内脏疾病和传染病也能诱发本病。

【临床症状】 病鸡表现嗉囊膨大,似皮球,其中充满白色或黄色液体,触之有波动感,捉住鸡倒提时,可从口中流出液体,故称之为"水胀"。也有的病鸡嗉囊中主要充满气体,称之为"气胀"。本病除嗉囊有明显症状之外,病鸡还常表现食欲减退或废绝,羽毛蓬乱,精神萎靡,不愿走动,行走和叫声都显得虚弱无力。有时还出现呕吐、狂饮和下痢等症状。

【防治措施】 要加强鸡群的饲养管理,维持适宜的育雏温度,保证饮水充足、清洁,不喂霉败、变质的饲料,并注意饲料合理搭配,使之易于消化吸收。

治疗时,对比较大一些的鸡,可将其倒提,轻轻挤压嗉囊,使嗉囊内的液体和气体经口排出,再灌入 0.2% 的高锰酸钾溶液或 1.5% 的小苏打(碳酸氢钠)溶液,灌至嗉囊膨大时,揉捏嗉囊一二分钟,再倒提排出药液,口服土霉素半片至一片,大蒜瓣一小片。此法可隔日再进行一次。对于雏鸡,除更换饲料外,可饮用 0.01%~0.02% 的新鲜高锰酸钾溶液,口服少许土霉素片和加 10 倍水的大蒜汁,还可用较细的注射针头刺嗉囊几下,促其收缩。

175. 怎样防治鸡嗉囊阻塞?

【病因分析】 本病又称硬嗉症,多发生于雏鸡,如治疗不及时，死亡率较高。引起本病的原因主要有以下3个方面：

(1)饲料搭配不合理，日粮突然改变，使鸡饥饱不均，过食、积食而诱发本病。

(2)饲料粗糙变质，如喂给低劣、含粗纤维多或发霉变质的饲料，使之蓄积在嗉囊内产生大量的液体和气体。

(3)由于鸡有异食癖，吃了难以消化的杂物，如头发、鸡毛、橡皮、麻绳等，使之在嗉囊内蓄积。

【临床症状】 病鸡嗉囊膨大而坚硬，长时间不消化，食欲减退或废绝，精神萎靡，不愿活动，垂翅，冠青紫色，触及嗉囊有异物感。由于嗉囊内存有气体，常从口腔中吐出酸败难闻的气味，如不及时采取有效措施，数日后可死亡。

【防治措施】

(1)保证饲料质量良好，定时、定量饲喂；经常清扫环境，清除各种有害异物，以防本病发生。

(2)病情不严重时，可灌服1.5%的小苏打溶液，直至嗉囊膨满，然后倒提鸡，使其头朝下，用手轻压嗉囊，以排出积食和水，如此反复几次，以排尽内容物。也可向嗉囊内灌生理盐水、植物油等，然后按摩，使之排出，但效果常不理想。

(3)手术治疗 病情严重时，为收到满意的治疗效果，最好施行手术疗法。方法是：先将手术部拔毛，用碘酊消毒后避开血管将皮肤切开2~3厘米，然后与皮肤切口错开位置将嗉囊切开，取出堵塞物，并用0.1%高锰酸钾冲洗。最后用连续缝合法将嗉囊缝合，皮肤作结节缝合，创口涂以2%碘酊。术后禁食、禁水12小时，喂少量易消化的饲料，适当多喂些青绿饲料，经5天可拆除缝合线。

176. 怎样防治鸡嗉囊下垂？

【病因与临床症状】 本病是由于鸡异食而使嗉囊位置异常，

如鸡长期吃不到沙砾,使其消化功能减退,一旦见到煤渣、沙子便大量食入,使嗉囊下垂成袋状,食物不能移行到胃,消化受阻,食物长期蓄积在嗉囊内腐败发酵。因此,病鸡精神沉郁,食欲减退或废绝,羽毛松乱,步态不稳,最后因衰竭而死亡。

【防治措施】 饲料营养要全面,经常喂饲沙砾,消除环境中可能引起本病的有害异物。

本病使用药物治疗没有根治效果,只能施行手术治疗将异物取出,还原下垂变形的嗉囊。其手术方法与嗉囊阻塞手术相同,区别只是将多余的嗉囊切除,缩至正常大小。治愈率可达95%左右。

177. 怎样防治鸡腺胃黏膜炎?

【病因分析】 腺胃黏膜炎的发生与饲喂霉败或腐蚀性饲料有关,某些寄生虫的寄生也是一个诱因。

【临床症状及病理变化】 病鸡软弱无力,食欲减退,顽固性腹泻,进行性消瘦。剖检可见各种类型(从卡他性到纤维性、出血性和化脓性)的腺胃黏膜炎。

【治疗方法】 首先要纠正饲养上的错误,饮0.1%硫酸亚铁溶液,2~3天后饮0.01%(即每10千克水加0.5克)碘化钾溶液,可获得良好疗效。

178. 怎样防治鸡肌胃糜烂?

鸡肌胃糜烂是由多种致病因素引起的一种消化道疾病。其特征为病鸡呕吐黑色物,肉眼可见肌胃角质膜糜烂、溃疡。

【病因分析】 引起本病的主要原因,是饲粮中的鱼粉质量低劣或数量过多。鱼粉中都含有一些组胺及其化合物,不同的鱼粉含量不同,组胺在鸡饲粮中的含量达0.4%可引起典型的肌胃糜烂。如果鱼粉腐败、发霉、变质和掺假,会含有多种有害物质,协同引起肌胃糜烂。饲料中缺乏维生素 E、维生素 K、维生素 B_6、维生素 B_{12} 及硒、锌等,以及鸡群拥挤、卫生条件不佳,都会促进本病的发生。发病多见于 5 月龄以内的雏鸡和青年鸡。

一般来说,劣质鱼粉在饲粮中占 5% 以上,就可能引起肌胃糜烂;质量较好的鱼粉如果用量过大,在饲料中占 15% 以上,也会引起肌胃糜烂。

【临床症状及病理变化】 本病一般在饲喂劣质鱼粉或过量鱼粉 5～10 天之后出现症状。病鸡食欲减退或废绝,羽毛松乱,行动迟缓,闭目缩颈,喜蹲伏。呕吐黑褐色样物,嗉囊外观多呈淡黑色,故俗称"黑嗉子"病。排稀便,重者排褐色软便。喙褪色、冠苍白、萎缩,腿脚黄色素消失。本病虽然直接死亡比较少,但日久营养不良,体质衰弱,易感染传染病和寄生虫病,造成较大损失。

剖检可见嗉囊扩张,有多量黑色液体,腺胃、肌胃及肠道及肠道内容物呈暗棕色或黑色。肌胃内缺少沙粒,角质膜病初增厚、粗糙,继而糜烂、溃疡,严重时肌胃较薄处穿孔。十二指肠有轻度出血性炎症。

【防治措施】

(1) 选用优质鱼粉,且在饲粮中鱼粉含量不得超过 10%。

(2) 日粮中各种维生素和微量元素要充足,饲养密度不要过大,搞好鸡舍内卫生,消除本病的诱因。

(3) 对病鸡立即更换饲料,经 3～5 天一般可控制病情,并渐趋康复。

179. 怎样防治鸡肠炎?

【病因分析】 本病主要由于饲养管理不当、饲喂霉败变质饲料、青饲料过多、不定时饲喂或喂得过多以及缺乏沙砾等引起;天气突然变化、受寒、中暑、食物中毒,某些寄生虫如球虫、蛔虫、绦虫也能诱发本病。

【临床症状及病理变化】 本病多发生于2~3周龄的雏鸡。病雏精神萎靡,低头闭目,羽毛松乱,两翅下垂。食欲减退或废绝,虚弱无力,腹泻,排白、黄、绿或棕色的稀便。排出的稀水便黏附肛门周围的羽毛,最后因衰竭而死亡。成年鸡因病因不同而症状各异,一般表现为食欲减退,口渴,喜大量饮水,行动迟缓,体弱无力,嗜睡喜卧,排黄白色软便、稀水便,腹下羽毛常被稀便玷污,产蛋量显著减少,或者停止产蛋。病鸡剖检可见肠黏膜发生急性炎症,往往侵入黏膜下层、肌层和浆膜。

【防治措施】 加强鸡群的饲养管理,搞好环境卫生,喂食要定时、定量,饲料要合理搭配,防止喂霉败变质的饲料。

鸡群发病后,可在饲料中拌入氟哌酸粉,每千克体重10毫克(内服1次量),每天2~3次,连用2~3天。另外,在饲料中拌入2%的木炭末也有一定疗效。

180. 怎样防治鸡输卵管炎?

【病因分析】 本病多发生于产蛋多的低龄鸡。造成本病的主要原因有饲料中缺乏维生素A、维生素D、维生素E,饲喂动物性饲料过多,鸡舍卫生条件太差,泄殖腔被细菌污染,产蛋过多、过大或蛋在输卵管中破裂等。

【临床症状及病理变化】 病鸡肛门周围及下面的羽毛常被输卵管排出的黄、白色脓性分泌物污染,并刺伤肛门,产蛋时疼痛、困难,蛋壳上带有血迹。随着病情逐渐发展,病鸡开始发热,之后自行消退,痛苦不安,羽毛松乱,两翅下垂,呈昏睡状,以腹部擦地。剖检可见输卵管炎症,管径变粗,内有大量色、黄色脓性分泌物,炎症延及腹腔时可引起腹膜炎。

【防治措施】 加强鸡群的饲养管理,合理搭配饲料,并适当喂些青绿饲料,以预防本病的发生。

发现病鸡后应及时隔离,若经检查有卵滞留在泄殖腔中,可应用油类物质,促其排出体外,然后用温盐水或2%～4%硼酸溶液或0.1%～0.3%高锰酸钾水,使用注射器向肛门内冲洗。若由大肠杆菌、白痢杆菌或副伤寒杆菌等感染所致,可用抗生素治疗。青霉素肌肉注射,每只成鸡2万～4万单位;或按每千克体重第一次口服土霉素50～100毫克,第二次减半,或按0.2%混于饲料中喂给。

181. 怎样防治鸡泄殖腔炎?

【病因分析】 泄殖腔炎是鸡的泄殖腔和肛门部分发生溃疡性的炎症,大多由细菌感染所致。

【临床症状】 病鸡的肛门中流出一种白色的黏液分泌物,具有难闻的臭味,病鸡的肛门红肿,周围羽毛污染,肛门的边缘常有假膜形成,严重时肛门部分的组织发生溃烂脱落,形成溃疡。有时炎症可以蔓延到直肠部分。

【防治措施】 治疗时,先把病鸡肛门部分的溃烂组织除去,伤口用温和的消毒药液冲洗,再涂敷5%金霉素软膏。一般涂敷2～3次即可痊愈。

病鸡必须隔离饲养,以防鸡群发生啄食和引起感染。严重病鸡不能留种,应予淘汰。

182. 怎样防治鸡卵石症?

【病因与临床症状】 本病多由卵巢炎和输卵管炎所致。剖检病鸡可见输卵管内或腹腔中有卵黄结石(这种卵黄结石是由卵黄形成的),切开后,切面呈同心圆,像树轮状。卵石的大小和形态各异。有时在输卵管和腹腔可同时发现若干大小不等的结石。卵石沉着于腹腔时,可引起腹膜炎,腹腔有大量脂肪沉积。

【防治措施】 加强鸡群饲养管理、维持良好的环境卫生,避免一些疾病如大肠杆菌病、白痢病等的发生,是预防本病的基本措施。

对发病鸡无治疗价值,应予淘汰。

183. 怎样防治鸡脱肛?

【病因分析】 蛋鸡的脱肛多发生于初产期或盛产期,并多见于高产鸡。其原因主要有以下几个方面:

(1)育成期运动不足,鸡体过肥。在育成期,饲粮中能量水平过高或上笼过早,运动不足,使母鸡体内脂肪沉积过多,鸡体过肥。由于耻骨间和下腹部的大量脂肪压迫输卵管,阻塞产道,使输卵管肌肉过度紧张,每次产蛋都强力努责而造成脱肛。

(2)过早或过晚开产。母鸡过早开产,鸡体发育与性成熟不相适应,鸡体小,骨骼肌肉发育不良,难以维持产蛋。过晚开产,往往一开产就产大蛋,易因难产而脱肛。

(3)饲粮蛋白质供给过剩。母鸡开产后,产蛋率呈上升趋势,这一时期若喂饲大量的高蛋白饲料,使产蛋量剧增,蛋重加大或出现较多的双黄、三黄蛋,难产脱肛的发生率相应增加。

(4)饲粮中维生素A和维生素E缺乏。在盛产期,若维生素A或维生素E摄取不足,性激素分泌不平衡,输卵管及泄殖腔黏膜上通畅,产蛋时用力过度造成脱肛。

(5)光照不当或维生素D供给不足。过早的补充光照或无规律地延长光照时间,增加光照强度,造成母鸡过度兴奋,神经敏感,互相啄斗,提早产蛋或搅乱产蛋规律而引起难产脱肛。此外,在盛产期饲粮中钙质含量较高,若光照不足或维生素D缺乏,钙、磷比例不当,使饲粮中的钙不能充分吸收利用,剩余的钙沉积肠道,刺激肠黏膜发炎,排粪时强力努责造成脱肛。

(6)病理因素。输卵管与泄殖腔炎症、白痢、球虫病及腹腔肿瘤等均易引起母鸡脱肛。

(7)不利环境的影响。母鸡产蛋时受到外界环境的惊吓,有啄食癖的鸡趁产蛋鸡肛门外翻之际去啄其肛门,都可造成脱肛。

【临床症状】 脱肛初期,肛门周围的绒毛呈湿润状,有时肛门内流出白色或黄白色黏液,以后有3~4厘米的红色物脱出,鸡常作蹲伏产蛋姿势。时间稍久,脱出部分由红变绀,若不及时处理,可引起炎症、水肿、溃疡,并容易招致其他鸡啄食而引起死亡。

【防治措施】 加强鸡群的饲养管理,合理搭配饲料,适当控制光照时间和强度,适时进行断喙,保持环境稳定,以消除一切致病因素。

发现病鸡后应立即隔离,重症鸡大都愈后不良,没有治疗价值,应予淘汰。症状较轻的鸡,可用1%的高锰酸钾溶液将脱出部分洗净,然后涂上紫药水,撒敷消炎粉或土霉素粉,用手将其按揉复位。比较严重经上述方法整复无效的,可采用肛门胶皮筋烟包式缝合法缝合治疗。即病鸡减食或绝食2天,控制产蛋,然后在肛门周围用0.1%普鲁卡因注射液5~10毫升,分三四点封闭注射,再用一根20~30厘米的胶皮筋做缝合线(粗细以能穿过三棱缝合针的针孔为宜),在肛门左右两侧皮肤上各缝合2针,将缝合线拉紧打结,3天后拆线即痊愈。

184. 怎样防治鸡难产?

本病又称蛋滞留,是母鸡产不下蛋的一种疾患,多发生于初产的青年鸡和过肥的老年鸡。

【病因分析】 蛋形过大,特别是初产的青年鸡产大蛋、双黄蛋时易难产;由于输卵管疾病,如输卵管发炎或狭窄、扭转,使蛋难以在输卵管中通过,或因病造成输卵管的分泌作用障碍,致使黏膜不滑润,干涩,蛋不易通过;过肥的老年鸡腹内有大量的脂肪,受其压迫使输卵管发生紧张而难产。

【临床症状】 病鸡常伏于巢内不出,做产蛋姿势,但产不出蛋。如连积几个蛋于输卵管内,则常使蛋破裂,引起鸡蛋腐败,产生毒素,造成中毒死亡。

【治疗方法】 对于一般性难产可进行人工助产,即将滑润剂如蓖麻油、石蜡油或凡士林涂于肛门内以减少产蛋阻力,再用一手指轻轻地小心插入母鸡泄殖腔内,然后用另一手压迫鸡的腹部,帮助将蛋产出。

如上述方法无效果,则先把鸡的体位和蛋的位置拨正、固定好,使蛋的一端朝外,用一锐物将蛋弄破,随之可见蛋黄、蛋清及碎蛋片流出。然后用消毒药0.1％的高锰酸钾溶液冲洗。

对输卵管狭窄或扭转造成习惯性难产的母鸡,因无法治疗,应予淘汰。

185. 怎样防治鸡畸形蛋?

母鸡有时会产出一种不正常的蛋,称为异常蛋或畸形蛋。这种蛋多发生于当年盛产的青年鸡。常见的畸形蛋有无蛋黄、双黄蛋、无壳蛋、不定形蛋等。

(1)无黄蛋 无黄蛋比正常蛋小,有的似鸽蛋,形状不定,有的过长,有的过圆,也有的正常。这是由于异物落入输卵管后使输卵管的蛋清分泌部受到刺激而分泌出蛋清和蛋壳包裹着异物形成一个没有蛋黄的无黄蛋。有时,由于蛋黄成熟脱落时母鸡受到惊吓飞动,蛋黄一部分落入腹腔,一部分落入输卵管伞,形成蛋清包裹着一部分蛋黄的现象。

(2)双黄蛋 即一个蛋中有两个蛋黄。这种蛋都比正常蛋大,且在中间有个明显可见的沟状。此种蛋多产于当年高产母鸡。形成双黄蛋的原因是两个蛋黄在体内同时成熟,或在前后很短时间内相继成熟,排出一个,而另一个因惊吓或受其他物理性压迫促使也被排出,便形成双黄蛋产出体外。由于双黄蛋的蛋形较大,因而鸡产蛋时容易造成输卵管破裂或肛门撕裂等。

(3)无壳蛋 无壳蛋也称软壳蛋,即产出的蛋无硬壳,仅为一层软膜包裹,多发生于产蛋多的高产母鸡。主要是由于饲粮长期缺乏钙质;或维生素D不足,或钙磷比例失调,或蛋壳腺机能失常,不能分泌充足的钙质;也可能由于鸡受惊吓所致。

预防鸡产软壳蛋,主要是针对原因采取措施。要在饲粮中供应充足的富含钙质的矿物质饲料,如硫酸钙、贝壳粉、蛋壳粉等。同时,使产蛋母鸡得到充足光照或补充维生素D添加剂,以促进对钙质的吸收。产蛋时要保持环境安静,以免受惊吓。

(4) 其他畸形蛋　除上述畸形蛋外,还有蛋包蛋,即一个蛋内包裹一个小蛋,小蛋在结构上和正常蛋一样。产下这种蛋的原因是,当蛋形成后尚未产出时鸡受惊和某种生理反常现象,使输卵管发生逆蠕动,使已形成的蛋又被推回到输卵管上部,输卵管恢复正常后,又按照蛋的形成过程重复一次,结果形成了蛋包蛋。鸡产这种蛋很困难,容易发生难产。此外,因输卵管生理机能失常,产生过圆、过长和扁形的蛋,有时也产双壳蛋,这些均属畸形蛋。

186. 怎样防治鸡抱窝?

母鸡"抱窝"特性也叫抱性或就巢性,是鸡在自然条件繁殖后代的方式,是一种正常的生理现象,不属于疾病。但是,母鸡抱窝会造成多日不产蛋,影响养鸡的经济效益。鸡的抱性具有高度的遗传性,可通过淘汰的办法逐步克服。例如目前商品鸡中,来航鸡各个品系完全不抱窝,褐壳蛋鸡有2%～4%在春季抱窝。鸡的抱性受环境条件的影响也比较大,在温暖而阴暗的环境中,鸡容易抱窝。

【防治措施】　主要是改变环境,消除其抱窝条件,采用药物及其他刺激等。

(1) 改变环境,消除抱窝条件　这是最简单而有效的办法。如将抱窝鸡装进单一的笼子或筐里,放在阴凉通风处或挂在凉爽而明亮的空中;或将鸡放在浅水盆里,这样经3～5天鸡可醒抱。

(2) 穿羽、针刺、缚脚、通风等刺激法　拔一根翅膀上的长羽毛,穿鸡的鼻孔;或用缝衣针在鸡的冠点穴、脚底穴深刺2厘米,一般经抱窝3天后可下窝觅食;或用软绳将鸡的双脚捆在一起,促其醒抱;或用20～25伏电压,一极夹在冠上,一极夹在肉髯上,通电10秒,间隔10秒后通电10秒钟,可醒抱。

(3) 药物刺激法　每千克体重胸肌注射12.5毫克丙酸丸素,注射后4小时即可醒抱;内服止痛、退热药物,在鸡停产开始抱窝的当天,口服1片去痛片或安乃近,第二天再服1片,即可醒抱。

对抱性强、反复抱窝的母鸡应予淘汰。

187. 怎样防治鸡啄癖?

啄癖是鸡群中的一种异常行为,常见的有啄肛癖、啄趾癖、啄羽癖、食蛋癖和异食癖等,危害严重的是啄肛癖。

【病因分析】　引起鸡啄癖的因素主要有以下几个方面:

(1) 营养缺乏　日粮中缺乏蛋白质或某些必需氨基酸;钙、磷含量不足或比例失调;缺乏食盐或其他矿物质微量元素;缺少某些维生素;饮水缺乏;日粮大容积性饲料不足,鸡无饱腹感。

(2) 环境条件差　鸡舍内温度、湿度不适宜,地面潮湿污秽,通风不良,光照紊乱,光线过强;鸡群密集、拥挤;经常停电或突然受到噪音干扰。

(3) 管理不当　不同品种、不同日龄、不同强弱的鸡混群饲养;饲养人员不固定,动作粗暴;饲料突然变换;饲喂不定时、不定量;鸡群缺乏运动;捡蛋不勤,特别是没有及时清除破蛋。

(4) 疾病　鸡有体外寄生虫病,如鸡虱、蜱、螨等;体表皮肤创伤、出血、炎症;母鸡脱肛。

【临床症状】

(1) 啄肛癖　成鸡、幼鸡均可发生,而育雏期的幼鸡多发。表现为一群鸡追啄某一只鸡的肛门,造成其肛门受伤出血,严重者直肠或全部肠子脱出被食光。

(2)啄趾癖　多发生于雏鸡,它们之间相互啄食脚趾而引起出血和跛行,严重者脚趾被啄断。

(3)啄羽癖　也叫食羽癖,多发生于产蛋盛期和换羽期,表现为鸡相互啄食羽毛,情况严重时,有的鸡背上羽毛全部被啄光,甚至有的鸡被啄伤致死。

(4)食蛋癖　多发生于平地散养鸡的产蛋盛期,常由软壳蛋被踩破或偶尔巢内地面打破一个蛋开始。表现为鸡群中某一只鸡刚产下蛋,就相互争啄鸡蛋。

(5)异食癖　表现为群鸡争食某些不能吃的东西,如砖石、稻草、石灰、羽毛、破布、废纸、粪便等。

【防治措施】

(1)合理配合饲粮　饲料要多样化,搭配要合理。最好根据鸡的年龄和生理特点,给予全价日粮,保证蛋白质和必需氨基酸(尤其是蛋氨酸和色氨酸)、矿物质、微量元素及维生素(尤其是维生素A和烟酸)的供给。在母鸡产蛋高峰期,要注意钙、磷饲料的补充,使日粮中钙的含量达到3.25%～3.75%,钙磷比例为6.5:1。

(2)改善饲养管理条件　鸡舍内要保持温度、湿度适宜,通风良好,光线不能太强。做好清洁卫生工作,保持地面干燥。环境要稳定,尽量减少噪音干扰,防止鸡群受惊。饲养密度不能过大,不同品种、不同日龄、不同强弱的鸡要分群饲养。更换饲料要逐步进行,最好有1周的过渡时间。喂食要定时、定量,并充分供给饮水,平地散养鸡舍内要有足够的产蛋箱,放置要合理,定时捡蛋。

(3)适当运动　在鸡舍或运动场内设置沙浴池,或悬挂青饲料,借以增加鸡群的活动时间,减少相互啄食的机会。

(4)食盐疗法　在饲料中增加1.5%～2.0%的食盐,连续喂3～5天,啄癖可逐渐减轻及至消失。但不能长时期饲喂,以防食盐中毒。

(5)生石膏疗法 食羽癖多由于饲粮中硫酸钙不足所致,可在饲粮中加入生石膏粉,每只鸡每天1~3克,疗效很好。

(6)遮暗法 患有严重啄癖的鸡群,其鸡舍内光线要遮暗,使鸡能看到食物和饮水即可,必要时可采用红光灯照明。

(7)断喙 对雏鸡或成年鸡进行断喙,可有效地防止啄癖的发生。

(8)病鸡处理 被啄伤的鸡要立即挑出,并对伤处用2%龙胆紫溶液涂擦后隔离饲养。对患有啄癖的鸡要单独饲养,严重者应予淘汰,以免扩大危害。由寄生虫、外伤、脱肛引起的相互啄食,应将病鸡隔离治疗。

188. 怎样防治鸡的局部脓肿?

【病因及临床症状】 脓肿是由于局部组织受损伤或感染而引起的现象。鸡的脚底部是脓肿最为常见的部位,但其他部位也可发生。脓肿初期局部肿胀,反应敏感,随后肿胀部的中央部位触之变软,并有波动感。待成熟后可行手术治疗。

【治疗方法】 在手术部位涂以碘酊消毒,而后用灭菌消毒好的手术刀行局部切开,将脓排净,并沿划口用消毒液先内后外反复洗干净,内涂以碘酊,必要时撒消炎粉,再包以绷带,防止继发感染。以后隔日1~2日换药1次,一般1周左右可痊愈。

189. 怎样防治鸡皮下气肿?

【病因及临床症状】 鸡皮下气肿发生的主要原因是由于呼吸道损伤或缺损和体壁损伤所致,使空气进入组织间隙而蓄积在皮肤下面,造成鸡整个前躯部从嗉囊、颈部及头部皮下充满气体,膨大如气球状。

【治疗方法】 一般的皮下气肿,只要用一尖头剪刀刺破皮肤,把皮下积气放掉即可。对于骨折(如捉鸡时用力过大,造成体壁损伤)引起的皮下气肿则无治疗意义。

190. 怎样防治初生雏脐炎？

【病因分析】 孵化室卫生条件差,孵化器中的湿度过大或温度太高、太低;雏鸡脐孔闭合不良,致使各种细菌侵入;入孵鸡蛋的蛋壳质量差,没有消毒或消毒不彻底,细菌侵入蛋内。

【临床症状】 病雏衰弱,腹部膨大,脐部潮湿发炎,绒毛蓬乱、污秽、缺少光泽,病雏相互挤在一起。在最初的4~5天内,死亡率高,多数病雏在第一周内死亡。

【防治措施】

(1)孵化室必须清洁卫生,空气新鲜,防止污浊。

(2)入孵前,对孵化室及孵化用具要严格消毒。

(3)对1日龄的雏鸡要精心护理,严防受冷和受热。鸡患脐炎后,鸡舍要用福尔马林和高锰酸钾熏蒸消毒,其剂量是每立方米用福尔马林14克、高锰酸钾7克,熏蒸时需将雏鸡全部赶出鸡舍,待烟散净后再把雏鸡赶进去。

(4)对患有脐炎的鸡,要与强雏分开培育,病雏用消炎药物涂擦患处。

191. 怎样防治雏鸡软腿综合征？

雏鸡软腿综合征是指某些致病因素引起的雏鸡腿部麻痹和瘫痪,造成病雏采食和饮水困难,进而发生消瘦、衰竭和死亡。

虽然引起雏鸡软腿综合征的原因很多,但归纳起来,可分为营养性因素、传染病性因素和中毒性及其他因素等3个方面。

(1)营养性软腿症　营养性软腿症多见于肉用仔鸡。肉用仔鸡3周龄后,随着生长速度加快,营养性软腿症的发病率也增加。其病因与症状表现大致有下列几种:

①脱腱症:其病因比较复杂,饲料中的锰、胆碱、烟酸、叶酸、生

物素、尼克酸缺乏或不足都可导致本病。病鸡骨骺生长板发育受阻,胫骨缩短弯曲,软骨营养不良,骨干骺端增粗,跗关节肿大,胫骨远端与跗骨近端向外弯曲,腿脚畸形,病鸡不能站立,靠跗关节着地移动,最后因采食饮水困难而死亡。

②腔软骨发育不良:该病发生与鸡体内离子平衡有关。饲料中补充大剂量的磷、氯或硫时,阴离子水平提高,发病率也提高;而补充钙、钾、钠、镁时,饲料中阳离子水平提高,则发病率降低。胫软骨发育不良是由胫骨近端和跗趾骨、股骨远端异常引起的。病鸡跗关节肿大,行动摇摆,重者不能站立行走。纵切病鸡跗关节,因未矿化和未血管化的软骨会从生长板延伸至骨干骺端,在切面上可见到一块白色透明的"软骨栓",其形状、大小与病情有关。

③腿扭曲:本病与饲料中的氨基酸和单宁含量有关。腿扭曲包括内翻和外翻:内翻是跗关节向外弯曲,呈弓形腿;外翻是跗关节向内弯曲靠在一起。腿扭曲是胫骨近端与跗骨远端弯曲所致,但病鸡长骨生长正常,骨髓生长板发育良好。

④佝偻病:本病是由于饲料中缺乏维生素 D_3 或钙、磷及其比例失调引起的。病鸡表现两腿无力,步态不稳,跛行,常蹲下,重者侧卧不起,两腿叉开呈"八"字形。有的关节肿大,骨骼变形,骨软易弯,骨髓生长板增宽。喙变软如"橡皮喙",龙骨变形呈"S"形,肋骨与脊柱结合处呈串珠状肿大。

⑤维生素缺乏引起的软腿症

a. 维生素 B_1 缺乏:病鸡腿软无力,行走不稳,脚趾向内弯曲,初期扬头高抬脚行走,随病情发展以跗关节着地移动,重者两肢麻痹或瘫痪,卧地不起,两腿伸直,呈典型"观星状"姿势。

b. 维生素 B_2 缺乏:病鸡行走困难,不愿走动,驱赶时一只脚行走或以跗关节着地行走,为维持平衡而常两翅展开,关节肿大变形,周围有增生的结缔组织硬块,脚趾向内弯曲,呈半握拳式,重者两腿叉开卧地,或一腿向前,一腿向后。剖检跗关节腔内有淡黄色黏液。关节间隙有增生的结缔组织,两侧坐骨神经比正常肿大3～5倍。

c. 维生素 E 缺乏:维生素 E 缺乏与缺硒症状相似。初期走路困难,站立不稳,后期两腿麻痹,倒地侧卧或伏卧,腿外伸,一侧性角弓反张,两腿发生痉挛性抽搐。有时这些症状间歇发作,出现这种症状的鸡不久死亡。

d. 缺锌性软腿症:因饲料中有效锌含量不足引起。病鸡两腿软弱,运动失调,长骨短粗,跗关节肿大,腿脚皮肤鳞片状,重者发生坏死性皮炎。

【防治措施】

①加强鸡群的饲养管理,搞好鸡舍环境卫生,定期消毒防疫,避免疾病或应激发生,减少鸡体对营养物质的过多消耗。

②使用全价配合饲料,保证每天的饲料中含有足量的多种维生素和微量元素。

③饲料应贮存在干燥、阴凉的仓库里,严禁饲喂霉变饲料。

④有些药物能影响机体对营养物质的吸收,如投喂大量四环素类药物能影响鸡对钙、磷的吸收,磺胺类药物可影响鸡对叶酸的吸收。因此,长时间大剂量投喂这些药物时,应补加相应的营养物质。

⑤应了解营养物质之间的协同与拮抗作用,以便调配饲料或防治疾病。如维生素 E 和硒,维生素 D 和钙、磷有协同作用。相反,蛋白质与维生素 B_6,钙和锰有拮抗作用。因此,要注意饲料中养分的充足与平衡,以减少营养性软腿症的发生。

(2)传染病性软腿症

①病毒性关节炎:本病是由病毒引起的雏鸡关节炎,4～6周龄时肉鸡发生率较高。雏鸡患病后主要表现为跛行、瘫痪和生长停滞,跗关节脓肿、出血。患部羽毛脱落,肿胀的关节腔中蓄积有浆液脓样渗出物,肌腱肿胀、断裂,导致患鸡瘫痪和死亡,死亡率

5%左右。

②鸡马立克氏病:神经型的马立克氏病常引起青年鸡腿部麻痹和死亡。流行面较广泛,主要发生于1月龄以上的青年鸡。蛋鸡在开产前最为突出。病鸡表现瘫痪并出现典型的劈叉姿势,单侧腿或翅膀发生麻痹。当颈神经麻痹时,病鸡头颈可歪向健侧。剖检时可发现患侧肢体的神经干肿胀达1～2倍,在腹腔的腰荐神经丛中,可看到肿胀的神经干。

③霉形体病:霉形体中的滑液囊霉形体也可引起病鸡瘫痪和关节肿胀。主要病变为跗关节和足掌常发生肿胀并蓄积有脓样以至干酪样渗出物。病变还常波及龙骨滑膜囊及腱鞘。

鸡霉形体病发生时,还常伴有呼吸道症状及肝脏、脾脏和肾脏的肿胀。

④鸡新城疫:当鸡群中发生慢性新城疫时,病鸡除表现歪颈、肌肉震颤、角弓反张等神经症状外,也有的鸡表现腿部和翅膀麻痹,行走困难。

值得注意的是,在使用新城疫疫苗进行免疫的过程中,有时由于免疫剂量过大,也可造成大批雏鸡发生腿部麻痹和瘫痪。这种情况往往发生于未免疫雏鸡中使用新城疫Ⅰ系疫苗,或Ⅱ系疫苗剂量过大。此外,如果在进行新城疫免疫的同时,鸡群感染了野外强毒,全群中也会发生大批鸡瘫痪。

(3)中毒及其他因素引起的软腿症

①脂肪中毒:采用添加动物脂肪饲喂肉鸡时,如果饲料中未添加抗氧化剂或脂肪酸败,常会引起脂肪中毒。其中毒的主要症状为十二指肠发炎,腿部麻痹和瘫痪,肝硬变和腹水增多。脂肪中毒而导致腿部麻痹的原因是由于酸败脂肪产生毒素直接损伤病鸡的神经系统,或是由于酸败脂肪产生的过氧化物破坏了维生素A、维生素D、维生素E以及水溶性维生素的活力而造成的。

②曲霉菌病:本病主要引起鸡的曲霉菌性肺炎和眼炎。但由

于曲霉菌孢子产生的毒素和细菌毒素相似，可使患鸡产生强直性痉挛和麻痹症状。病鸡表现为腿部麻痹和瘫痪。

③痛风：当鸡群饲喂过量的粗蛋白、高钙饲料或肾脏发生损伤时，雏鸡可表现出痛风症状。患痛风的鸡往往在内脏中布满大量的尿酸盐，并成膜状物。如尿酸盐沉积在关节腔中，病鸡表现出明显跛行和瘫痪。

④脚垫肿：这是由葡萄球菌引起的一种鸡脚部疾病，青年鸡多发。由于肉鸡体重较大，足部负担过重，所以肉鸡比蛋鸡多发。患鸡脚垫部皮下发生囊肿时，极为疼痛，故产生跛行和卧地不起。

192. 怎样防治鸡感冒？

【病因分析】 鸡舍阴暗潮湿，气候骤变，温差变化大，吃冰冻饲料和饮冰渣水，使鸡体局部或全身受到寒冷刺激而发病。

【临床症状】 病鸡精神沉郁，流水样鼻液，眼结膜发红，流泪，打喷嚏，呼吸困难，有时咳嗽。食欲减退或废绝，行动迟缓，低头闭目，羽毛蓬乱。雏鸡身体瘦弱，生长发育停滞，成年鸡产蛋量减少。

【防治措施】 平时要加强鸡群的饲养管理。鸡舍要卫生、干净、保温，舍内温度要基本恒定，防止忽冷忽热，通风换气时要先提高舍温。饲养密度要适宜，防止拥挤，禁喂带冰渣的水和料。

对发病鸡应及时治疗，可用土霉素或四环素，每只60日龄以内的幼鸡8～30毫克，分3次拌在饲料中喂给，连续用药3～5天；也可用磺胺甲基嘧啶或磺胺二甲基嘧啶，按饲料量0.2%拌入，首次加倍，并加等量小苏打，连喂3～5天。

193. 怎样防治鸡肺炎？

【病因分析】 本病多发生于10日龄左右的幼雏，是雏鸡的常见病之一。主要是受寒冷刺激感冒之后处理不及时，肺炎双球菌侵害肺部所致。

【临床症状】 病鸡表现为精神萎靡,体温上升,羽毛松乱,翅膀下垂,低头闭目,离群呆立,呼吸困难,伸颈张口咳喘,食欲减退或废绝,渴欲增加。如治疗不及时常因窒息而死,死亡率较高。

【防治措施】

(1)预防感冒,并及时治疗,防止继发肺炎。

(2)药物治疗 土霉素,每次每千克体重 100 毫克拌料,每天 2 次,连喂 3～4 天;磺胺甲基嘧啶或磺胺二甲基嘧啶,按饲料量 0.2%拌入,首次加倍,并加等量小苏打,连喂 3～5 天。

194. 怎样防治鸡中暑?

【病因分析】 鸡缺乏汗腺,主要靠张口急促地呼吸、张开和下垂两翅进行散热,以调节体温。在炎热高温季节,如果湿度又大,加上饮水不足,鸡舍通风不良,饲养密度过大等极易发生本病。

【临床症状】 病鸡精神沉郁,两翅张开,食欲减退,张口喘气,呼吸急促,口渴,出现眩晕,不能站立,最后虚脱而死。病死鸡冠呈紫色,有的肛门凸出,口中带血。剖检可见心、肝、肺瘀血,脑或颅腔内出血。

【防治措施】

(1)调整饲粮配方,加强饲养管理 由于高温期鸡的采食量减少 15%～30%,而且饲料吸收率下降,所以必须对饲粮配方进行调整。提高饲粮中的蛋白质水平和钙、磷含量,饲粮中的必需氨基酸特别是含硫氨基酸不应低于 0.58%。由于高温,鸡通过喘息散热呼出多量的二氧化碳,致使血液中碱的储量减少,血液 pH 值下降,所以饲料中应加入 0.1%～0.5%的碳酸氢钠,以维持血液中的二氧化碳浓度及适宜的 pH 值。高温季节粪中含水量多,应及时清除粪便以保证舍内湿度不高于 60%。平时应保持鸡舍地面干燥。喂料时间应选择一天中气温较低的早晨和晚间进行,以避免采食过程中产热而使鸡的散热负担加重。另外,要提供充足的饮水。

(2)降低鸡舍的温度 在炎热的夏季,可以用凉水喷淋鸡舍的房顶。其具体做法是:在鸡舍房顶设置若干喷水头,气温高时开启喷水头可使舍内温度降低3℃左右。加强通风也是防暑降温的有效措施,因为空气流动可使鸡体表面的温度降低。如有条件,可在进风口设置水帘,能显著降低舍内温度。

(3)搞好环境绿化 在鸡舍的周围种植草坪和低矮灌木,有利于减少环境对鸡舍的反射热,能吸收太阳辐射能,降低环境温度,而且还可以净化鸡舍周围的空气。但是,鸡舍附近不能有较高的建筑,以免影响鸡舍的自然通风。

195. 怎样防治初产母鸡瘫痪症?

商品蛋鸡群在开产初期一段时间内,常有部分鸡发生一种以瘫痪为主要特征的病症,称为初产母鸡瘫痪症。

【病因分析】 有人从病死鸡的脏器中分离到大肠杆菌,故认为本病是因为感染大肠杆菌所致;也有人认为是因维生素A、维生素D缺乏,或钙、磷缺乏,或输卵管炎症所致。但有人观察认为:在显然不存在上述病因的前提下,仍有本病发生。而更明显的事实是在有运动场的鸡场或饲养密度很低的鸡群,无本病发生。为此觉得本病的发生,主要是因为在育成期缺乏足够的运动,所以在开产时部分鸡显得产蛋无力,或者是因为部分鸡体质弱,不能适应初产这一强烈的应激。临床观察也证明,往往是在产第一枚蛋或产较大的蛋时才发生瘫痪症。至于输卵管炎可能是因蛋在输卵管后段滞留时间过长而引发,部分鸡发生腹膜炎可能是在抵抗力降低的情况下继发大肠杆菌病所导致。

【临床症状及病理变化】 发病鸡群除表现有些鸡瘫痪外,部分鸡还有类似维生素B_2缺乏引起的蜷趾麻痹症(脚趾向内弯曲)。每日发生率为0.2%~0.5%,持续2周左右。

剖检病死鸡可见输卵管中有成熟的蛋或软壳蛋,输卵管后段有炎症,有时还可见腹膜炎。

【治疗方法】 除及时将瘫痪鸡与大群鸡隔离饲养并帮助排出腹中蛋以外,饲料中应加倍添加维生素 B_1、维生素 B_2,同时应适当使用抗菌药物(如氟喹诺酮类药物),以控制输卵管炎等疾病的感染。

(1)2.5%恩诺沙星注射液,每千克体重肌肉注射0.1毫升,一般1次即可;重症者可重复注射1次。

(2)奥福星,每100毫升加水80千克,饮用3天。

(3)强力抗,每瓶加水50千克,任其自饮,连饮3~5天。

196. 怎样防治初产母鸡猝死综合征?

由于本病发生于刚开始产蛋的鸡,生前又见不到任何明显症状而突然死亡,故称之为初产母鸡猝死综合征。

【病因分析】 据观察,本病的病因可能与饲料组成有一定的关系。具体的病因还不清楚,但已初步排除了细菌和病毒感染、化学物质中毒及硒和维生素 E 缺乏。

【临床症状及病理变化】 本病突然发生惊厥和死亡。暴发前无明显症状,鸡外表健康,食欲稍减,粪便较稀薄。

剖检病死鸡可见肉髯、冠和泄殖腔充血,肌肉苍白,肺、肝、脾、输卵管和卵巢严重充血。心脏、右心房显著扩大,暴发后期心脏大于正常数倍,并有大量心包积液。

【防治措施】 目前对本病尚无有效预防措施。

治疗时,在饮水中加入碳酸氢钾,每只鸡0.62克,可使死亡率显著降低。但有痛风并发症时无效。在饲料中加入碳酸氢钾(每千克饲料加3.6克)也能显著降低死亡率。

197. 怎样防治肉鸡猝死综合征?

肉鸡猝死综合征又称暴死症或急性死亡综合征,是一种急性病，以肌肉丰满、外观健康的肉鸡突然死亡为特征。死鸡背部着地，两脚朝天，脖颈歪曲，用多种药物防治无效。

【病因分析】 目前国内外对本病的研究比较多，但对其致病因素还不十分清楚。一般认为，本病是一种代谢病，导致发病的主要原因有以下3个方面：

(1)日粮营养水平过高。

(2)体内酸碱平衡失调。

(3)低血钾引起血管功能变化，导致突发性心力衰竭而死亡。

【流行特点】

(1)本病在不同日龄的肉用仔鸡有2个发病高峰，即3周龄左右和8周龄左右多发；种鸡以开产前后为发病高峰。肉用仔鸡发病80%为雄性，且以所属群中体重较大的多发；种鸡雌雄发病基本一致，发病率低于肉用仔鸡。

(2)本病一年四季均可发生，但以夏、冬季发病较多。

(3)本病发病急，表现为突发性死亡，发病鸡群死亡率为2%～5%。惊吓、噪音、饲喂活动及气候突变等外界应激因素均可增加死亡。

【临床症状】 在发病前，鸡群无明显征兆，采食、运动等均正常，有的病鸡群表现安静，饲料消耗降低，鸡的面部较湿润。发病初期，大部分是在给食时死去，任何惊扰和刺激都可引起死亡，那些应激敏感鸡，受到惊吓时死亡率最高。所有患鸡都是突然发病，特征是失去平衡，翅膀剧烈扇动及肌肉痉挛，从丧失平衡到死亡的间隔时间很短，一般只有1分钟左右，有的鸡发作时狂叫或尖叫。此外，在开始失去平衡时向前或向后跌倒，呈仰卧或腹卧，在翅膀剧烈扇动时能够翻转。死后多数为两腿朝天，背部着地，颈部扭转。

【病理变化】 急性发病的鸡，冠髯充血，体质健壮，肌肉丰满。剖检可见消化道特别是嗉囊和肌胃充满食物，肺弥漫性充血，气管内有泡沫状渗出物,心脏稍扩张,心房充满血凝块,心室紧缩无血。成年鸡,泄殖腔、卵巢及输卵管严重充血,心房明显扩张,心房比正常鸡大几倍,并伴有心包渗出液,偶见纤维素渗出物,十二指肠扩张、无色,内含物苍白似奶油状。腹膜和肠系膜血管充血,静脉怒张。肝脏轻度肿大、质脆,色苍白,胆囊空虚,肾浅灰色或苍白色。脾、甲状腺和胸腺全部充血,胸肌、腹肌湿润苍白。

【综合诊断】 目前对肉鸡猝死综合征尚无特异性诊断方法,只能通过综合判断而确诊。一般认为,在排除细菌、病毒感染及有毒物质中毒的情况下,如果鸡营养状况良好,突然死亡,消化道中积有刚食入的食物,肺脏瘀血,胆囊空虚,嗉囊及腺胃无异常变化,结合心房有血凝块,但无血栓即可做出诊断。

归纳起来,本病的诊断要点有以下几个方面:

(1)外观健康,生长发育良好,死后出现明显的仰卧姿势。

(2)无确诊的传染病和挤压致死迹象。

(3)肠道充盈,嗉囊及肌胃充满刚刚采食的饲料,胆囊缩小或空虚。

(4)呼吸困难,肺瘀血,水肿。

(5)循环障碍明显,心房扩张瘀血,心室紧缩。

(6)后股静脉瘀血,扩张。

【防治措施】 目前对本病尚无理想的治疗方法,有些研究表明,在饲料中按 0.36% 浓度加入碳酸氢钾进行治疗,能使死亡率显著降低。

预防本病应采取一些综合措施,如改善饲养管理,控制饲料中能量和蛋白质给量,增加维生素含量,防止一些应激因素,可有效地控制本病的发生。

198. 怎样防治肉鸡腹水综合征?

肉鸡腹水综合征是近年来新出现的肉鸡的几种重要综合征之

一,它以明显的腹水、右心扩张、肺充血、水肿以及肝脏病变为特征。

【病因分析】 引起肉鸡腹水综合征的病因较复杂,但概括起来,主要有以下几个方面:

(1)遗传因素 肉鸡对能量和氧的消耗量多,尤其4~5周龄是肉用仔鸡的快速生长期,易造成红细胞不能在肺毛细血管内通畅流动,影响肺部的血液灌注,导致肺动脉高血压及其后的右心衰竭。

(2)慢性缺氧 饲养在高海拔地区的肉鸡,由于空气稀薄,氧的分压低,或者在冬季门窗关闭,通风不良,二氧化碳、氨、尘埃浓度增高导致氧气减少,因慢性缺氧易引起肺毛细血管增厚、狭窄,肺动脉压升高,出现右心肥大而衰竭。此外,天气寒冷,肉鸡代谢率增高,耗氧量大,腹水综合征的死亡率明显提高。

(3)饲喂高能日粮或颗粒料 在高海拔地区,饲喂高能日粮(12.97兆焦/千克)的0~7日龄肉鸡腹水综合征发病率比喂低能日粮(0.92兆焦/千克)的鸡高4倍。饲喂颗粒料,使肉鸡采食量增加,可导致因消耗能量多、需氧多而发病。

(4)继发因素 如某些营养物质的缺乏或过剩(如硒和维生素E缺乏或食盐过剩),环境消毒药剂用量不当,呋喃唑酮、莫能霉素过量或霉菌毒素中毒等,均可导致肉鸡腹水综合征。

【流行特点】

(1)季节 本病多发于冬季加早春,这与冬、春舍内饲养通风不良而造成缺氧有关。

(2)日龄 本病多发于4~5周龄,这与此时正值肉用仔鸡快速生长期有关。

(3)品种与性别 虽然本病在各类家禽中均有发生,但最多发、最常见的是肉用仔鸡,特别是快速生长的肉鸡。通常在发病鸡中公鸡占有较高的比例,这与其生长快、耗能高、需氧多有关。

【临床症状】 发病初期病鸡表现精神沉郁、食欲减退或废绝，个别鸡排白色稀便，随后很快（1天左右）发展为"大肚子"，即腹部高度膨大，不能维持身体的正常平衡状态，站立困难，以腹部着地呈企鹅状；行动困难，只能两翅上下扇动。腹部皮肤发紫，用手触摸腹部软如水袋状，有明显波动感。

【病理变化】 死雏外表消瘦，羽毛污浊，个别病例肛门周围羽毛被粪便污染。腹部膨大软如水袋。剖开腹腔可见大量淡黄色腹水，10日龄以内死亡者腹水量在100～200毫升，卵黄吸收不全如软肥皂状；15日龄以后死亡者腹水量在400毫升以上，内含枣大至核桃大淡黄色、半透明胶冻样物质，表面覆有一层淡黄色纤维蛋白薄膜。肝脏高度肿大、紫红或微蓝紫色，表面有一层淡黄色胶胨状薄膜，揭去薄膜可见肝脏有大小不等的点状或片状白色区。胸腔、心包也有积液，并有淡黄色薄膜状胶冻性渗出物，心脏表面有白点状小病灶，心腔内有凝固良好的血凝块。

【防治措施】

(1) 目前对本病尚无理想的治疗方法，使用强心利尿药物对早期病鸡有一定的治疗效果。

(2) 在冬季和早春养鸡，应加强鸡舍的通风换气，并防止慢性呼吸道病的发生。

(3) 饲喂粉料，注意饲料中各种维生素和微量元素的给量，防止食盐及各种药物超量。

199. 怎样防治肉仔鸡胸部囊肿？

肉用仔鸡胸部囊肿是肉用仔鸡胸骨滑液囊发炎而形成的一种常见病，多发于5周龄以后，肉用仔鸡患病后直接影响胴体外观，降低其商品价值和食用价值。

【病因分析】 发生胸部囊肿的原因主要是由于肉用仔鸡生长快、体重大、喜伏卧、不爱活动，在胸羽尚未长好时，或发生软腿症伏地而行,胸部与板结或潮湿的垫料接触,或与笼摩擦刺激或挫伤,引起胸骨滑液囊发炎。

【临床症状】 患有轻度胸部囊肿的鸡,外观与健康鸡无明显差异,精神状态及食欲、饮欲正常,只是腹部龙骨(也称胸骨)处皮肤轻微水肿,面积一般不大。时间稍长,水肿液凝集成豆腐渣样白色块状物质。重症者,精神不振,体温升高,食欲减退,胸部囊肿面积较大。若囊肿部位被细菌感染,则水肿液由稀薄的淡黄色转变为浓稠的灰白色、红色或暗棕色。最后,病鸡由胸部囊肿转为败血症而死,一般死亡率较低。

【防治措施】

(1)改进地面垫料或鸡笼底网的结构和材料,减少胸部的摩擦及挫伤。地面平养,要用锯木屑、稻草、砻糠等作垫料,并有一定的厚度(5~10厘米),同时还要经常松动垫料,以防板结,保持垫料的干燥、松软。对于笼养或网养,可改进底网结构和材料,加一层富有弹性、柔软性较好的尼龙或塑料网片,防止胸部与金属网或硬质网摩擦,这对降低胸部囊肿发病率和减轻病症作用很大。

(2)配合日粮要保证肉用仔鸡的营养需要。日粮中要有足够的维生素A、维生素D及钙、磷等物质,使鸡的骨骼发育良好,减少腿部疾病的发生,不伏地而行,即可控制本病。

(3)加强日常管理,改善环境条件。保持鸡舍清洁卫生,通风良好,温度、湿度适宜。适当增加鸡群的活动量,减少伏卧时间,即可增加饲喂次数,定时趟圈,促使鸡群活动,减少发病机会。

(4)对严重病鸡,可将囊肿部及其周围清洗消毒后,按外科手术处理,并隔离饲养,即可痊愈。

200. 怎样防治肉用仔鸡的腿病?

【病因及临床症状】 肉用仔鸡经常发生各种各样的腿病,包括腿软无力、腿骨和关节变形、腿骨折断、关节和足底脓肿等,造成跛行、瘫痪。愈是增重迅速的高产品种,腿病发生的愈多。其原因有营养、管理、感染、遗传等多个方面,但根本原因是肉用仔鸡躯体生长迅速,腿部的发育不能相应跟上,负担过重。对发生腿病的鸡,应及时挑出,用另一间鸡舍饲养,精心照料,待其体重达到可以屠宰时再处理,以减少损失。

【防治措施】 一般来说,对本病没有什么有效的治疗方法,生产中只能采取一些综合性措施,以减少发病。

(1)在3~4周龄以内,饲养目标应当是长好骨架,使体质健康。这段时期要适当控制饲料的能量水平,不能使鸡体内蓄积过多的脂肪,不要超过该品种的标准体重。在4周龄以后再加速育肥,促进尽快增重。

(2)饲料中各种矿物质必须充足而不过量,各种维生素要充足有余。特别要防止钙、锰缺乏,磷过量,以及维生素D、维生素B_2及生物素缺乏。肉用仔鸡完全在室内饲养,见不到阳光,自身合成维生素D很少,容易缺乏,而维生素D对防止腿病又至关重要,因而饲料中多种维生素应适当偏多,还可以另外添加一些维生素A、维生素D_3粉。微量元素添加剂要选用优质产品,必要时可于每50千克饲料中添加10克硫酸锰。如果饲料中配入油脂、油渣、肉渣等,务必新鲜,腐败变质会破坏生物素,引起腿骨粗短等症状。

(3)饲养密度不宜过大,体重在1千克以上的每平方米不超过12只,使鸡有一定的运动量。

(4)垫草要保持干燥、松软,防止潮湿、板结。

(5)注意对大肠杆菌病、葡萄球菌病及其他腿脚部感染的预防。

(6)舍内保持安静,防止惊群,尽可能避免捉鸡,必须捉鸡时动作要轻。

(7)前期温度偏低,鸡群受冷,会在后期发生腿病,对此需要加以注意。

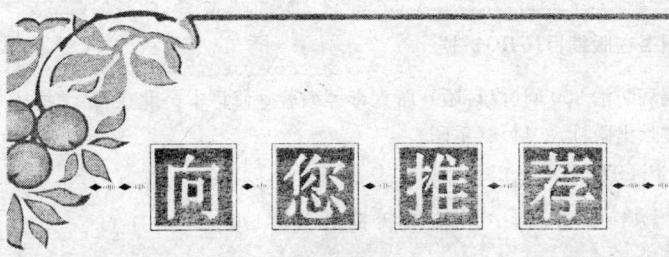

畜禽养殖类

怎样办好家庭养猪场	15.00
怎样办好家庭养貉场	13.00
怎样办好家庭养鹅场	10.00
动物趣谈	24.00
水产品质量安全生产指南	10.00
鸡病鉴别诊断与防治	12.00
果园山林散养土鸡	13.00

注：邮费按书款总价另加 20%

图书在版编目(CIP)数据

鸡病防治200问(修订版)/席克奇等编著.-修订本.-北京:科学技术文献出版社,2011.4(重印)
ISBN 978-7-5023-6350-5

Ⅰ.鸡… Ⅱ.席… Ⅲ.鸡病-防治-问答 Ⅳ.S858.31-44

中国版本图书馆 CIP 数据核字(2009)第 074441 号

出 版 者	科学技术文献出版社
地 址	北京市复兴路15号(中央电视台西侧)/100038
图书编务部电话	(010)58882938,58882087(传真)
图书发行部电话	(010)58882866(传真)
邮购部电话	(010)58882873
网 址	http://www.stdph.com
E-mail:	stdph@istic.ac.cn
策 划 编 辑	袁其兴
责 任 编 辑	袁其兴
责 任 校 对	唐 炜
责 任 出 版	王杰馨
发 行 者	科学技术文献出版社发行 全国各地新华书店经销
印 刷 者	富华印刷包装有限公司
版 (印) 次	2011年4月第1版第8次印刷
开 本	850×1168 32开
字 数	220千
印 张	9.25 彩插6面
印 数	30451～33450 册
定 价	18.00元

© 版权所有　违法必究

购买本社图书,凡字迹不清、缺页、倒页、脱页者,本社发行部负责调换。